装备科技译著出版基金

网络安全研究方法
Research Methods for Cyber Security

［美］ 托马斯·W. 埃德加（Thomas W. Edgar） 著
戴维·O. 曼兹（David O. Manz）

单 纯 毛俐旻 薛静锋 译
胡昌振 审校

国防工业出版社
·北京·

著作权合同登记　图字：军-2021-009 号

图书在版编目（CIP）数据

网络安全研究方法/（美）托马斯·W.埃德加
（Thomas W. Edgar），（美）戴维·O.曼兹
（David O. Manz）著；单纯，毛俐旻，薛静锋译.—北
京：国防工业出版社，2022.10
书名原文：Research Methods for Cyber Security
ISBN 978-7-118-12600-6

Ⅰ．①网… Ⅱ．①托… ②戴… ③单… ④毛… ⑤薛…
Ⅲ．①网络安全—研究方法 Ⅳ．①TN915.08-3

中国版本图书馆 CIP 数据核字（2022）第 170484 号

Atlas of Security and Resilience in Intelligent Data-Centric Systems and Communication Networks
Massimo Ficco and Francesco Palmieri Research Methods for Cyber Security
Thomas Edgar，David Manz
ISBN: 9780128053492
Copyright © 2016 Elsevier Inc. All rights reserved.
Authorized Chinese translation published by National Defense Industrpy Press.
《网络安全研究方法》单纯　毛俐旻　薛静锋　译
ISBN:978-7-118-12600-6
Copyright © Elsevier Inc. and <国防工业出版社>. All rights reserved.
No part of this publication may be reproduced or transmitted in any form or by any means, electronic or mechanical, including photocopying, recording, or any information storage and retrieval system, without permission in writing from Elsevier Inc. Details on how to seek permission, further information about the Elsevier's permissions policies and arrangements with organizations such as the Copyright Clearance Center and the Copyright Licensing Agency, can be found at our website: www.elsevier.com/permissions.
This book and the individual contributions contained in it are protected under copyright by Elsevier Inc. and 国防工业出版社（other than as may be noted herein).
This edition of Research Methods for Cyber Security is published by National Defense Industry Press under arrangement with ELSEVIER INC/LTD/BV.
This edition is authorized for sale in China only, excluding Hong Kong, Macau and Taiwan. Unauthorized export of this edition is a violation of the Copyright Act. Violation of this Law is subject to Civil and Criminal Penalties.
本版由 ELSEVIER INC.授权国防工业出版社在中国大陆地区（不包括香港、澳门以及台湾地区）出版发行。
本版仅限在中国大陆地区（不包括香港、澳门以及台湾地区）出版及标价销售。未经许可之出口，视为违反著作权法，将受民事及刑事法律之制裁。
本书封底贴有 Elsevier 防伪标签，无标签者不得销售。

注　意

本书涉及领域的知识和实践标准在不断变化。新的研究和经验拓展我们的理解，因此须对研究方法、专业实践或医疗方法作出调整。从业者和研究人员必须始终依靠自身经验和知识来评估和使用本书中提到的所有信息、方法、化合物或本书中描述的实验。在使用这些信息或方法时，他们应注意自身和他人的安全，包括注意他们负有专业责任的当事人的安全。在法律允许的最大范围内，爱思唯尔、译文的原文作者、原文编辑及原文内容提供者均不对因产品责任、疏忽或其他人身或财产伤害及/或损失承担责任，亦不对由于使用或操作文中提到的方法、产品、说明或思想而导致的人身或财产伤害及/或损失承担责任。

※

*国防工业出版社*出版发行

（北京市海淀区紫竹院南路 23 号　邮政编码 100048）
北京虎彩文化传播有限公司印刷
新华书店经售

*

开本 710×1000　1/16　印张 19½　字数 335 千字
2022 年 10 月第 1 版第 1 次印刷　印数 1—1500 册　定价 189.00 元

（本书如有印装错误，我社负责调换）

国防书店：（010）88540777　　　书店传真：（010）88540776
发行业务：（010）88540717　　　发行传真：（010）88540762

译 者 序

全球信息化飞速发展，以人工智能、量子信息、移动通信、物联网、区块链为代表的新一代信息技术加速突破应用，促进网络成为社会和经济发展的重要支柱与动力，网络空间成为继陆、海、空、太空之外人类赖以生存的"第五空间"。网络安全发展涉及政治、经济、文化、社会、军事等各个领域的综合安全，涉及政府、企业、个人等各个方面，网络安全问题日益突出，对网络安全人才建设不断提出新的要求。

近些年，党中央、国务院高度重视网络安全学科、专业建设和人才培养工作，围绕网络安全人才队伍建设作出一系列重要战略部署。我国网络安全人才队伍规模不断壮大，人才队伍质量明显提升，有力支持我国网络强国建设不断迈上新台阶，带动数字经济的新业态、新模式以及数字技术蓬勃发展，为提升中国经济韧性、引领经济高质量发展提供了重要支撑。《中华人民共和国国民经济和社会发展第十四个五年规划和2035年远景目标纲要》提出，要推进网络强国建设，加强网络安全保护。对网络安全人才培养提出了更高要求。

美国作为全球网络信息技术的发源地，网络安全研究与实践处于领先水平。作者托马斯·埃德加和戴维·曼兹是美国太平洋西北国家实验室网络安全研究科学家，为增强网络安全研究行为本身的科学性，基于其专业研究经历，借鉴其他学科数千年来发展的科学方法，结合真实研究案例，阐述了网络安全研究方法的选择过程及其逻辑推理，这对于网络安全专业学者很有帮助，许多想法对网络安全开发人员也有一定参考价值。

翻译这本理论与实践结合紧密的书籍，译者感觉充满挑战，也很有收获。感谢崔云老师精心审阅和编辑，欢迎各位专家和读者批评指正。

序　言

　　作为一个既能以冰河般的速度缓慢发展，又能在一夜之间发生翻天覆地变化的领域，安全领域——无论称为安全、网络安全、信息保障、信息安全，还是其他什么名称——均面临诸多挑战。当连接两个以前互不相关的系统时，常常会出现系统安全属性（和缺陷）大相径庭的情况。当改变用户社区时，如从高度规范的政府机构转变成家庭适用的模式，之前的安全方法就变得不可接受。毕竟任何家庭都不会因为一个5岁的孩子写了一个密码而将其开除。作为科学家，我们该如何衡量这些差异呢？

　　安全到底意味着什么，可以非正式地讲，首先意味着明确系统做"我们想要的"，然后可能就是查看系统是否确实做了我们想要的，并采取措施设计安全策略。不过，考虑到安全策略分类，经常需要把"我们想要的"分类为机密性、完整性和可用性等可管理的大模块，以便确定要保留的特性。在这个过程中，即使有一步偏离了纯数学严谨性，安全设计就容易出现问题。安全属性本身并没有好坏之分，其价值判断必须依托具体情境。如果我们试图关闭垃圾邮件僵尸网络，很多人倒是希望其"可用性"被破坏，但是僵尸网络的所有者（或租用者）可能不会同意。有没有通过做一个普通试验就能了解网络可用性的方法呢？

　　此外，新的可能的安全问题一直在出现。目前存在两个争论：一是隐私是否是安全的一个子集；二是网络物理系统是否有所不同。例如，在防止机械故障的容错方法和旨在保持可用性的安全特性之间是否存在清晰的界限，如果我们谈论的是核电站或自动驾驶汽车，是否会有不同。机器学习是一个新的安全问题，它无所不在，又难以检测。如果在求职者选择中使用机器学习算法，就可能导致对某些人群的歧视，这是否是一个安全问题，什么是对抗性机器学习等。可以看出，该领域问题层出不穷，而且似乎是增多而不是减少。作为研究人员和科学家，我们需要决定如何以有效的方式解决这些问题。

　　尽管安全领域不容易找到答案，但是我们在处理有关安全的问题方面已经取得了进展，这已经成为新兴安全科学学术界最重要的贡献之一。由曼兹（Manz）博士和埃德加（Edgar）先生撰写的这本书提供了一种科学方法论，这实际上是在帮助读者使用这种方法论去发现如何提出和回答这些问题。包括许多对研究人员有用的想法，从如何开始进行安全性研究到思考最适用的各种科学调查。其中还有更复杂的考虑因素，包括实验、在真实环境中操作（尤其是当你无法承受为了仔细检查而破坏系统时）以及如何通过复制和其他方式产生可作为其他研究人员参考的结果。作者做了出色的工作，使人们容易理解如何应用传统的科学概念，而这将有助于新的研究人员和更高级的实践者取得经得起时间检验的成果。

  科学和安全一样复杂。我们总是不能控制每一个变量，也总是不能确切地知道应该测量哪些要素。重要的是，要记住安全本身是一个新领域，我们还没有实现人们在物理学等经典学科中可以找到的那种卓越精密测量，即使是最高档的物理实验室，我们目前仍然能够看到使用管道胶带和铝箔进行增强的测量工具与传感器。科学和安全一样在不断完善。我们当中那些对安全问题这一仍然崭新领域进行严谨研究的人，常常像了解安全一样，非常了解如何发展这门科学。非常感谢作者对当今科学研究方法的明确阐述，相信本书能够为目前的研究工作提供有力支持，并使其他人在未来做得更好。

黛博拉·弗里克（Deborah A. Frincke）

前　言

写作目的

在美国国家研究实验室的专业研究经历为我们提供了如下一些独特的视角。首先，我们一直保持与学术、政府和行业研究部门之间的联系，掌握每个方面的看法和进展；其次，我们的工作环境允许我们经常与生物学、化学、生态学、物理学等跨领域的研究人员并肩作战。多年实践经验表明，网络安全领域目前对科学方法的理解和利用还非常匮乏。

网络安全是一个年轻的科学领域，由于与计算机科学的天然联系，使得它在数学科学方面有很强的基础，但其专业还不成熟，也没有传授这门科学的方法。我们认为这是该领域无法产生通用且影响巨大理论的核心原因，所以非常需要有介绍网络安全的科学研究方法和严谨重要性的参考书。

目前，网络安全领域正处于"红皇后"（Red queen）的竞争中，网络防御研究人员正在广泛地拓展资源，以此来维持与网络攻击者之间的平衡关系。然而，阵地正在逐渐丢失，在开发下一个杀手级应用或者充分利用之前研发的应用上面，耗费了巨大资源，而在网络安全基础科学研究方面投入不足。我们意识到，在研究如何定义和测量网络安全问题的过程中，必须使用科学的方法保证该领域的发展。本书的目的就是讲述我和我的同事们进行网络安全研究时发现的有用研究方法。

读　者

这本书的阅读对象可以是进行网络安全研究的相关学者。此外，书中的信息既可以作为网络安全科研人员学习的入门资料，也可以作为进行特定研究的指南和参考。通读本书之后，读者将能够理解网络安全科学的基本概念，并了解如何进行相关研究，如果读者需要就某个特定的研究问题进行快速调查、释难解惑，也可以在本书中找到最适合的章节，从而获得帮助。

书中的信息不仅仅对大学生，而且对专业网络安全从业人员也是有用的，并可以作为网络安全研究人员和开发人员的参考书和进修书。网络取证调查需要依据严格的程序方法进行，因为只有应用科学的方法和概念才能用严谨的方法开发以支持证据，并用批判的眼光看待挑战。网络事件响应和分析的过程很大程度上就是对于事件的提问以及回答假设的过程。观察和实验研究都是有益的方法。我们希望本书能给网络安全领域的研究者和实践者带来全新的视角和思考方法。

结构和风格

使用本书有两种方法。第一种是一般意义上的通读，即学习所有的概念和技术。读者可以按顺序阅读每一章，了解所有理论以及解决研究问题的手段方法。前面几章介绍的信息将在后面几章中进一步举例说明。除此之外，有特定研究课题或项目的读者可能更愿意使用第二种方法，即直接看第3章，这一章是关于选择某种特定的研究方法的逻辑说明和推理，并且提供了相关章节的导引，读者可以根据导引快速获得他们需要的信息。

本书分为引言、观察研究方法、数学研究方法、试验研究方法、应用研究方法、辅助材料共6各部分，每部分都包含一组独立的信息，包含多个章节，每一章都包含一个特定的主题。研究方法的相关章节采用研究实例展示了特定研究方法的选择过程及其逻辑推理，这些实例均来自于我和我的同事们已经完成的课题。所有的数据和结果都是虚构的，用于突出研究过程的要点和问题。

本书特意使用了一种比较随意的语言风格，以一种平易近人、日常的对话方式向读者展示研究的概念和实践。希望这种风格便于读者阅读，并且消除他们的恐惧心理。同时，考虑到专业研究人员可能面临的现实问题，我们还讨论了一些科学哲学的内容以及本书的局限性。

为了引发读者的见解和讨论，我们在全书中设计了两类讨论框。一是"你知道吗？"，二是"深入挖掘"。"你知道吗？"讨论框围绕主题提供了有趣的事实；"深入挖掘"讨论框从更深的层次讨论主题，并引导读者找到有关主题的进一步信息。讨论框的目的是为学生和读者提供趣味性的教学辅助。

致 谢

感谢同事们提供的专业知识和辛勤工作,协助完成如下需要全面探索各种研究方法的主题。

第1章 马克·塔迪夫(Mark Tardiff)

第6章 萨蒂什·奇卡戈达尔(Satish Chikkagoudar)、萨姆特·查特吉(Samrat Chatterjee)、丹尼斯·托马斯(Dennis G Thomas)、托马斯·卡罗尔(Thomas E. Carroll)、乔治·穆勒(George Muller)

第7章 托马斯·卡罗尔(Thomas E. Carroll)

特别感谢爱思维尔出版团队,感谢布莱恩·罗默(Brian Romer)支持本书想法,感谢安娜·瓦洛基维奇(Anna Valutkevich)在帮助我们到达终点的过程中所表现出的极大耐心和指导。

最后,我们最衷心地感谢各位配偶们和孩子们:沙龙·埃德加(Sharon Edgar)、亚历克西斯·埃德加(Alexis Edgar)、凯特琳·曼兹(Caitlin Manz)、马修·曼兹(Matthew Manz)和亨利·曼兹(Henry Manz)。各位妻子们在整个过程中的支持和耐心使这本书得以完成,孩子们在这漫长的过程中脸上始终保持着微笑。另外还要感谢凯特琳·曼兹(Caitlin Manz)编辑的眼光和审阅技巧,把我们教授式的唠叨变成了清晰简洁的文本。

目 录

第一部分 引 言

第1章 科学导论 ... 1
- 1.1 什么是科学 ... 1
- 1.2 科学的类型 ... 2
- 1.3 复杂的科学实践 ... 3
  - 1.3.1 证据分级 ... 5
- 1.4 从托勒密到爱因斯坦——科学与天空本质的发现 ... 6
  - 1.4.1 科学发现连续统一体 ... 7
  - 1.4.2 托勒密模型及其支持假设 ... 8
  - 1.4.3 太阳系的托勒密模型是否有用 ... 10
  - 1.4.4 日心说模型的出现 ... 11
  - 1.4.5 尼古拉·哥白尼 ... 11
  - 1.4.6 哥白尼模型是一种改进吗? ... 12
  - 1.4.7 约翰尼斯·开普勒 ... 13
  - 1.4.8 开普勒对科学发现连续统一体的贡献 ... 14
  - 1.4.9 伽利略·伽利雷 ... 15
  - 1.4.10 伽利略对科学发现连续统一体的贡献 ... 16
  - 1.4.11 艾萨克·牛顿 ... 16
  - 1.4.12 牛顿对科学发现连续统一体的贡献 ... 17
  - 1.4.13 阿尔伯特·爱因斯坦 ... 18
  - 1.4.14 爱因斯坦的贡献是否改进了对行星运动的理解 ... 19
  - 1.4.15 爱因斯坦对科学发现连续统一体的贡献 ... 19
- 1.5 小结 ... 20
  - 1.5.1 在对与错的领域里的发现 ... 21
- 参考文献 ... 22

第2章 科学与网络安全 ... 23
- 2.1 定义网络空间 ... 23

	2.1.1	数据视角	24
	2.1.2	技术视角	25
	2.1.3	控制论视角	25
2.2	定义网络安全	26
	2.2.1	网络安全属性	26
2.3	网络安全基础	28
	2.3.1	漏洞	28
	2.3.2	漏洞利用	28
	2.3.3	威胁	28
	2.3.4	威胁主体	28
	2.3.5	威胁载体	29
	2.3.6	攻击	29
	2.3.7	恶意软件	29
	2.3.8	安全系统设计原则	29
2.4	网络安全控制概述	31
	2.4.1	访问控制	32
	2.4.2	态势感知	33
	2.4.3	密码学	34
	2.4.4	主机安全	36
	2.4.5	计算机网络安全	37
	2.4.6	风险	37
2.5	定义网络安全科学	38
	2.5.1	我们对网络安全科学的定义	38
2.6	网络空间安全面临的挑战	40
2.7	进一步阅读	42
	2.7.1	攻击检测	42
	2.7.2	安全机制设计	42
	2.7.3	软件安全	42
	2.7.4	恶意软件/威胁分析	42
	2.7.5	风险管理	42
	2.7.6	密码学	43
参考文献			45

第3章 开启研究

3.1 开始你的研究 48

3.1.1 初始问题流程 ·· 50
　　3.1.2 研究过程 ·· 50
　　3.1.3 观察研究 ·· 51
　　3.1.4 理论研究 ·· 52
　　3.1.5 实验研究 ·· 53
　　3.1.6 应用研究 ·· 54
3.2 研究前的研究 ·· 55
3.3 选择你的研究路径 ·· 57
　　3.3.1 遍历决策树 ·· 60
　　3.3.2 观察方法选择 ·· 62
　　3.3.3 理论方法选择 ·· 63
　　3.3.4 实验方法选择 ·· 64
　　3.3.5 应用方法选择 ·· 65
3.4 会议和期刊 ·· 65
参考文献 ·· 66

第二部分　观察研究方法

第4章　探索性研究 ·· 68
4.1 推理知识 ·· 68
4.2 研究类型 ·· 70
　　4.2.1 探索性的研究 ·· 71
4.3 收集数据 ·· 72
　　4.3.1 研究问题和数据集 ·· 74
　　4.3.2 数据尺度 ·· 74
　　4.3.3 样本量 ·· 75
　　4.3.4 数据集敏感性和限制 ·· 78
4.4 探索性方法的选择 ·· 79
4.5 探索性研究方法实例 ·· 80
　　4.5.1 案例对照实例 ·· 80
　　4.5.2 生态实例 ·· 82
　　4.5.3 横断面 ·· 84
　　4.5.4 纵向实例 ·· 86
4.6 分析偏差 ·· 88
4.7 寻找因果关系 ·· 89

		4.7.1 图摘要	89
		4.7.2 描述性统计	90
		4.7.3 回归分析	91
	4.8	报告结果	92
		4.8.1 样本格式	92
	参考文献		94

第5章 描述性研究

5.1	描述性研究方法	96
5.2	观察方法选择	98
5.3	收集数据	99
	5.3.1 数据收集方法	100
5.4	数据分析	103
	5.4.1 非结构化数据编码	103
	5.4.2 比例	103
	5.4.3 频率统计	105
5.5	描述性研究方法的案例	105
	5.5.1 案例研究	106
	5.5.2 启发性研究	107
	5.5.3 案例报告	108
5.6	报告结果	109
	5.6.1 样本格式	109
参考文献		111

第6章 机器学习

6.1	什么是机器学习	113
6.2	机器学习类别	114
6.3	调试机器学习	116
6.4	贝叶斯网络数学基础与模型性质	117
	6.4.1 优点与局限	117
	6.4.2 贝叶斯网络中的数据驱动学习和概率推理	118
	6.4.3 参数学习	118
	6.4.4 概率推理	119
	6.4.5 使用 R 中 bnlearn 包作为假设案例	119
6.5	隐马尔可夫模型	124

		6.5.1 R中HMM包的概念示例	125
6.6	讨论		128
6.7	样本格式		128
	6.7.1	摘要	128
	6.7.2	介绍	128
	6.7.3	相关工作	129
	6.7.4	研究方法	129
	6.7.5	评估	129
	6.7.6	数据分析/结果	129
	6.7.7	讨论/未来工作	129
	6.7.8	结论/总结	129
	6.7.9	致谢	130
	6.7.10	参考文献	130
参考文献			130

第三部分　数学研究方法

第7章　理论研究　132

7.1	背景		132
	7.1.1	优秀理论的特征	134
7.2	网络安全科学理论发展的挑战		134
	7.2.1	识别洞察力	135
	7.2.2	确定相关因素	135
	7.2.3	形式化定义理论	136
	7.2.4	内部一致性检验	137
	7.2.5	外部一致性检验	137
	7.2.6	发驳	137
	7.2.7	继续寻求改进	137
7.3	理论研究建设的实例		138
7.4	成果报告		141
	7.4.1	样本格式	141
参考文献			143

第8章　模拟研究　145

8.1	定义模拟		145

8.2 什么时候应该使用模拟 147
    8.2.1 理论模拟 147
    8.2.2 决策支持模拟 147
    8.2.3 经验模拟 148
    8.2.4 合成条件 149
    8.2.5 模拟使用警示 149
8.3 定义模型 150
    8.3.1 模型有效性 150
8.4 实例化模型 152
    8.4.1 模拟类型 152
8.5 示例用例 155
8.6 论文格式 158
参考文献 158

第四部分　实验研究方法

第9章　假设-演绎研究 161
9.1 假设-演绎实验的目的 161
    9.1.1 将归纳过程转化为演绎过程 162
    9.1.2 拒绝一个理论或建立强化证据 162
    9.1.3 确定涉及内容并挑战假设 162
    9.1.4 定义可复制过程并测试确保方法有效 163
    9.1.5 假设-演绎实验的目的与应用实验不同 163
9.2 适当的假设 163
    9.2.1 可观察性和可测试性 164
    9.2.2 清晰定义 164
    9.2.3 单一概念 165
    9.2.4 预测 166
    9.2.5 从理论中产生假设 166
9.3 实验 167
    9.3.1 因变量（测量变量） 168
    9.3.2 自变量（控制变量） 170
    9.3.3 实验设计 172
9.4 分析 177
    9.4.1 假设检验 177

9.5　将理论与结果相结合 ·············· 181
9.6　报告结果 ························· 182
  9.6.1　样本格式 ················ 182
参考文献 ······························ 184

第 10 章　准实验研究 ················ 186
10.1　真实实验与准实验 ·············· 186
10.2　网络驱动的准实验设计 ········· 187
10.3　准实验研究方法 ················ 188
  10.3.1　双重差分设计 ·········· 188
  10.3.2　时间序列设计 ·········· 192
  10.3.3　队列设计 ··············· 195
10.4　报告研究结果 ··················· 198
参考文献 ······························ 198

第五部分　应用研究方法

第 11 章　应用实验 ···················· 200
11.1　从理论出发 ····················· 200
11.2　应用实验方法 ··················· 201
11.3　基准测试 ························ 202
  11.3.1　收集或定义基准 ········ 203
  11.3.2　运行基准 ··············· 206
  11.3.3　分析结果 ··············· 206
  11.3.4　基准测试的问题 ········ 209
11.4　报告结果 ························ 209
  11.4.1　样本格式 ··············· 210
11.5　验证测试 ························ 212
11.6　自变量 ··························· 213
11.7　因变量 ··························· 213
11.8　实验设计 ························ 214
11.9　验证测试问题 ··················· 215
11.10　报告结果 ······················· 216
  11.10.1　样本格式 ·············· 216
参考文献 ······························ 219

XVII

第12章 应用观察研究 220

12.1 应用研究类型 221
12.1.1 应用探索性研究 221
12.1.2 应用描述性研究 224

12.2 应用观察方法选择 225

12.3 数据收集与分析 225
12.3.1 应用探索性研究 225
12.3.2 应用描述性研究 226

12.4 应用探索性研究：压力测试 226
12.4.1 系统 227
12.4.2 行为 227
12.4.3 测试方法 227

12.5 应用描述性研究：案例研究 229

12.6 报告结果 230
12.6.1 样本格式 231

参考文献 233

第六部分 辅助材料

第13章 仪器 234

13.1 了解数据需求 234
13.1.1 保真度 235
13.1.2 类型 237
13.1.3 数量 237
13.1.4 源地址 238
13.1.5 操作测量与科学测量的区别 238

13.2 数据和传感器类型概述 239
13.2.1 基于主机的传感器 239
13.2.2 基于计算机网络的传感器 240
13.2.3 硬件传感器 241
13.2.4 物理传感器 242
13.2.5 蜜罐 242
13.2.6 集中式收集器 243
13.2.7 数据格式 243
13.2.8 传感器校准 245

13.3 受控测试环境 246
13.4 小结 248
参考文献 248

第 14 章 应对对手 251
14.1 对手的定义 251
14.2 对抗性研究的挑战 253
14.3 其他领域的对手 257
14.4 思考威胁的不同方式 259
    14.4.1 对手视角 260
    14.4.2 将对手定义为威胁 260
    14.4.3 溯源 261
14.5 将对手模型集成到研究中 262
    14.5.1 方法 262
    14.5.2 挑战 263
14.6 小结 266
参考文献 266

第 15 章 科学伦理 268
15.1 针对科学的伦理 268
15.2 网络安全伦理史 271
15.3 伦理标准 273
    15.3.1 美国计算机协会 274
    15.3.2 电气和电子工程师学会 275
    15.3.3 IEEE 伦理准则 275
    15.3.4 计算机伦理十诫 276
    15.3.5 认证机构伦理 277
15.4 网络安全专家分类 277
15.5 网络安全和法律 277
    15.5.1 美国 278
    15.5.2 加拿大 279
    15.5.3 英国 279
    15.5.4 法国 279
    15.5.5 欧盟 279
    15.5.6 日本 280

    15.5.7 韩国 ··· 280
  15.6 人类受试者研究 ··· 280
    15.6.1 机构审查委员会 ··· 281
  15.7 数据使用伦理 ··· 282
    15.7.1 许可 ··· 282
    15.7.2 违法发布数据 ··· 284
  15.8 个人责任 ··· 284
    15.8.1 抄袭 ··· 284
    15.8.2 署名 ··· 285
  15.9 小结 ··· 286
  参考文献 ··· 286
作者简介 ··· 290

第一部分 引　　言

第 1 章　科学导论

　　科学是一种强大的工具，人类已经通过科学取得了惊人的社会技术进步。科学使我们了解自己在宇宙中的位置，预防和治疗疾病，甚至创造了互联网。那么，拥有如此强大资源，我们为什么不把更多的科学实践应用到网络安全研究中呢？如果希望网络安全作为一门科学成长和发展，那么，就有必要开始将我们的研究聚焦在更科学的方法上。

　　本书旨在遵循严格和既定的方法向读者介绍在网络安全研究背景下实践科学的意义。本书力图借鉴其他学科数千年来发展的科学方法，增强网络安全研究行为本身的科学性。使用本书的预期成果是开展相关的、可重复的、文档化的研究，以便同行理解和评论研究结果及结论。本书的关注点是科学的实践层面，即用来完成研究的方法。考虑到读者也许是首次涉足科学领域，因此，首先解释什么是科学，以及通过实例说明科学如何随着时间的推移对知识和理解产生重大影响，就非常重要。

　　本章将介绍科学和科学的各种定义，以及不同的研究领域的科学如何发展。还将从科学发现的连续统一体角度来解释不同的方法适用范围。最后，还会通过太阳系的知识演进为例，介绍科学的概念。

1.1　什么是科学

　　科学是一个在许多不同背景下使用的具有多重意义的术语，要理解科学的含义，必须理解 3 个层面：哲学、知识体系（Body of Knowledge）和发现知识的过程。科学哲学（Philosophy of Science）探索的是从宇宙内部观察宇宙的意义，科学知识体现的是我们对宇宙的了解，科学方法则是通过观察世界产生知识传播的证据，这是一个严格的过程。虽然科学的各个方面都是值得深入探索的有趣话题，但本书主要关注科学实践层面，以及如何收集网络空间和安全知识的方法。

科学与工程学有着根本差异。工程学将通过科学获得的知识转化为可用的应用程序和解决方案，以应对挑战或解决问题。虽然科学的技术性应用不是科学，但它却是网络安全的一个关键部分，与科学类似，它也需要严格的过程。因此，本书还会介绍技术性应用的研究方法。

科学发展至今，其目的已经演变成培养我们从观察中学习的习惯和信心。为此，其研究方法具有多重重要特征。首先，研究方法为研究提供严谨而有条理的方法，确保能够全面构思和规范执行。其次，研究方法提供了一个实证基础理论和概念模型的过程。再次，研究方法确保基于逻辑和理性思维收集证据。最后，研究文化充满了健康的怀疑，总是挑战方法和结果，以确保人们对公认知识的信心。

在研究过程中，科学努力获得的知识具有两个价值。首先，知识解释现象，说明过程如何影响系统行为。其次，知识提供了从当前状态和可能的刺激因素预测未来事件的能力。有了这些知识，我们就能有效地设计出解决社会问题或使某些过程更有效的技术。就网络安全而言，科学探索的目的是获取知识，从而可以量化安全指标，并预测哪些工具和做法能够帮助我们挫败或阻止网络攻击者。

1.2 科学的类型

科学有多种形式。人们为了获取知识已经探索了许多不同的研究领域。每个领域代表一组核心问题，回答这些问题会面临独特挑战。由于这些挑战，每个领域都发展了一种科学研究方法，以生成最优实证证据（Empirical Evidence），从而验证理论。这些方法中已经有一系列方法被研究团体用来持续建立自己的知识库。

如表 1-1 所列，每类科学都依赖于不同形式的研究方法。但是，每个领域也都在某种程度上使用了所有方式的研究方法。本书的大部分内容涵盖了这些研究方式和对网络安全特定有效的研究方法，包括观察研究方法、数学研究方法和实验研究方法等。

表 1-1 科学分类

科学分类	研究方法	研究领域实例
物理科学	物理科学是通过对理论的受控实验验证推动的	物理、化学
生命科学	生命科学在了解生命系统的观察方法和探究生物化学如何运作的实验研究之间有交叉	生物学、生态学
社会科学	涉及定性或描述性研究，使用最佳拟合模型和观察来定义操作模型	心理学、社会学、犯罪学
数学科学	使用形式化、逻辑和数学结构来定义和探索抽象空间和概念模型	逻辑学、数学
数据科学	使用算法从经验数据生成模型和假设的计算领域	机器学习、人工智能

观察性（Observational）是指将感兴趣的现象嵌入在一个更大的动态系统中。研究者可以试图减少系统的干扰和复杂因素，但其实验不可能完全脱离不可控变量的影响。通常情况下，人们会开发一个测试平台或缩微仿真，对自然环境进行简化，以便研究感兴趣现象的相关变量之间的基本关系。

绝大多数科学研究都开展某种形式的观察实验，通过简化实验要素提炼知识。例如，在使用实验动物遗传控制菌株来澄清化学药品或药物剂量反应的生物学研究中，用于研究细胞生物学基础的培养组织，都是那些在生物体内没有复杂功能的组织。又如，在用加速器进行的物理实验中，通过控制亚原子粒子碰撞的能量和位置，以便收集有关这些碰撞结果的数据。

在所有这些情况下，人们可能会议论，实验设置是人为的，结果也许无法反映自然界实际发生的情况。然而，去收集自然界中偶发的亚原子粒子碰撞的数据是不切实际的，并且在人身上开展初始实验测试化学物质和药品的行为也是不道德的。因此，为了增长我们的知识，建立测试平台是必要的。

数学研究（Mathematical Research）的基础是逻辑和形式证明，这与实验和观察研究不同。对于数学是否是一门科学一直存在争论，因为科学依赖于证据而不是逻辑。我们暂且搁置争议，因为事实上数学的进步往往导致实验和观察科学的进步，数学也是数据收集、分析和解释所必需的手段。

实验研究（Experimental Research）的所有变量都是已知的，研究者完全掌控观察到的现象和数据收集机制，可以改变或保持变量以评估这些变化对研究现象的影响。例如，对纯物质进行实验，以确定其在各种温度和压力下的状态（气体、液体、固体）。

实验研究和观察研究之间的界限充其量就是一条模糊的界线。实验研究需要进行受控实验来产生基本理解，而观察实验则需要测试基本理解与自然现象的相关性。在这两种情况下，结论均需基于证据产生。

应用研究（Applied Research）是我们讨论的另一种研究方式。应用研究利用其他研究方式的概念和技术来研究与评估我们应用知识解决或处理社会问题的能力。应用研究是网络安全研究的核心主题，因为保护系统的总体目标是应用研究范畴。

1.3 复杂的科学实践

科学的简要定义通常是指通过数据收集和实验，获得物理和自然世界的系统知识。然而，科学实践比科学定义复杂得多。科学的基础是进行实验，研究现象之间的联系和因果关系。在将科学方法应用于网络安全的争论中，一个经常被重复提及的前提是，网络环境是不断变化的，而且是以不可预测的方式。因此，人们往往认为在网络环境中进行可重复实验是不可能的。从根本上说,网络安全研究是一门观察科学,我们可以通过多种方式和多种规模观察到许多现象,但在对操作相关性有意义的规模上,我们却无法完全控制实验。操作性科学的这种困境历史悠久。

我们依靠许多观察性科学来理解周围的世界,并预测即将发生什么事,如大气科学、生态学、水文学、农学和宇宙学研究。进一步来说,经济学等领域不仅具有观察性科学的特点,而且深受人类判断、观念和文化价值观的影响。在这些领域的科学实践中,经常是通过联合跨越多规模的实验和观察而取得进展。例如,大气科学的基础是理解温度和压力之间的关系,以建立不同条件下的水相三点图。可以在实验室中进行受控实验来生成这些图,从实验中得到的见解和结果图结合起来才能形成大气过程模型,这些模型通过简单研究受控实验是无法形成的,我们无法在数千米规模上生成均匀云来研究它们的行为。同样,我们可以对实验室动物进行实验,以深入了解新药的功效和副作用,但没有什么可以替代人体试验来确定对人类的影响。遗传、文化、生活方式选择和营养等方面的差异使得很难将药物对个体反应的影响从人群的差异中分离出来。

如图 1-1 所示,实验可重复性与操作相关性存在权衡,这是观察科学发展的示意图,可以看出,既需要设计可以解释和重复结果的简单实验,又需要考虑实验与要了解的自然过程相关。虽然操作相关性的路径是不确定的,但实验表明,如果不从简单的实验开始,往往会产生干扰和偏差,从而阻碍目标的进展。这种困难的原因在于,我们往往尽最大努力获得的信念,根本就不正确。在没有实验挑战验证假设的情况下,我们所取得的明显进展只是一种幻觉。

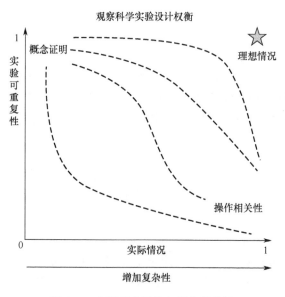

图 1-1　实验可重复性与操作相关性

网络安全科学与上面列出的观察性科学有许多共同之处。简单实验和操作相关性之间的权衡是如何提高研究的科学性以更好地理解网络系统的一部分。下面以太阳系日心说模型为例进行讨论，说明天文学领域知识和基本原理的演变。这个领域我们可以做实验的规模与要了解的自然现象的规模有很大不同，目的是提供一个了解网络系统调查和洞察演变的例子。科学发现的道路必然从系统如何工作的实证描述开始。我们的目标应该始终朝着物理和数学模型发展，用模型阐明物理和系统原理，并概括网络系统的各种实现。太阳系的例子还强调了观察者的视角对所观察事物的影响。浩瀚宇宙，从地心宇宙到日心太阳系的发展过程中，有一些关键进展仅仅是因为研究者能够从不同的角度分析相同的数据。

1.3.1 证据分级

并非所有研究方法提供的经验证据都是均等的，一些研究方法产生的证据比其他方法更强大，而一些研究方法则建立了证据的相对分级，称为"证据分级"。对证据分级的讨论并不意味着一成不变分类"更好"或"更糟"的网络安全研究方法，关于这个主题的讨论有很多。然而，为一个好奇的读者指出本书中介绍的各种研究方法（特别是观察方法）的相对优缺点是有用的。以下讨论希望能鼓励读者从支持或反对的立场上，质疑正在进行或结项的研究类型。回答你将使用何种类型研究或实验，无论其排名如何，这个简单问题都将有助于确定研究方式的实用性和适用性。

其中一个常见的排名来自医学界的特里莎·格林豪尔格（Trisha Greenhalgh），她提出研究界对研究类型的排名遵循以下分级。

（1）"具有确定结果的随机对照实验（Randomized Control Trials，RCT）"的系统评价和元分析（Meta-analyses）。

（2）具有确定结果的随机对照实验（置信区间不与阈值临床显著效果重叠）。

（3）具有非确定性结果的随机对照实验（点量表明临床显著效果，但置信区间与此效果的阈值重叠）。

（4）队列研究。

（5）病例对照研究。

（6）横断面调查。

（7）病例报告[1]。

这里的分级结构适当地强调了随机对照实验。但是，比单个实验更"有价值"的是一组实验，其优势是多个严格实验共享相似发现，即所谓的确定性结果。这就是再现研究在任何领域都如此重要的原因，正是再现研究的缺乏在持续妨碍网络安全领域的发展。对几个实验的大量分析会更有利于我们对该领域的基本理解。

分级结构中较低级别的是各种类型的观察性研究。应该特别强调的是，这些形式的研究非常值得做。他们本身就值得做，但是在其他类型的研究无法进行时（出于经济、技术或道德原因），尤其值得做。价值根本不在于决定进行什么样的研究，而在于帮助研究人员和受众更好地理解如何解释、构建与利用研究结果。例如，一个以行为和反应之间的联系作为结论的案例研究与一个得出相同结论的大型随机假设-演绎实验是非常不同的。它更少地涉及研究的输入和执行，更多的是如何使用结果。

另一个值得一提的分级是来自医学界另一篇关于观察研究的文章[2]，"观察研究：队列和病例对照研究"，作者为宋等人。如表 1-2 所列，该研究探讨了循证研究（医学）的证据分级。

表 1-2　循证医学分级

证据级别	研究资格
Ⅰ	具有充足功效（Adequate Power）的高质量、多中心或单中心、随机对照实验，或系统评价这些研究
Ⅱ	质量较差、随机对照实验，前瞻性队列研究（Cohort Study），或系统评价这些研究
Ⅲ	回顾性比较研究，病例对照研究，或系统评价这些研究
Ⅳ	案例系列
Ⅴ	专家意见，病例报告或临床实例，或基于生理学、工作台研究或"基本原理"证据

1.4　从托勒密到爱因斯坦——科学与天空本质的发现

从文明的曙光开始，夜空吸引了人类的想象力，激发了那些试图航行陆地和海洋的人的好奇心与创造力。一路走来，夜空也成为各种信仰体系的基本元素，从平淡无奇的形式（如占星术）到早期基督教的佃户，他们基于旧约圣经将地球作为上帝创造的中心。自然探寻和超自然探寻之间的界限常常模糊不清或根本不存在。

在文明发展的早期，地球（日）、月亮（月）和太阳（年）的周期成为计时和日历的基础。最早的日历可以追溯到公元前 8000 年。欧洲、亚洲和美洲的所有文明都发展了各自不同的版本。日历对于每年重复的民间活动和宗教活动以及追踪重要的文化历史都是非常重要的。

早期的历法基于月球周期。平均月球周期为 29.5 天，12 个月球周期产生的一年为 354 天，比太阳年少 11.25 天。早期文明通过闰月来适应偏移，以便将日历与诸如春分之类的天体事件重新对应起来。由于这种调整往往是任意的，导致这些日历的准确性很差。埃及人发明第一个广为人知的太阳历。太阳历的挑战是用一个离散的天体事件（Celestial Events）来标志一年的开始。天狼星（Sirius）是天空中最亮的恒星，在一年中有部分时间被太阳遮挡。天狼星在日出前的东方重新出现的时间正好与尼罗河的洪水泛滥时间相一致。天狼星与太阳几乎同时升起的时刻是埃及太阳年的起点。

从古希腊时期到现在的 2500 年间,关于太阳系和宇宙的天文学研究文章已有很多。在亚洲、欧洲、非洲和美洲的文明中,有保存至今的当代论文和天文发现轨迹的历史分析。

以下内容几乎没有涉及我们目前对天体运动理解的丰富性和复杂性。我们的主要目的是通过托勒密(Ptolemy)、哥白尼(Copernicus)、伽利略(Galileo)、开普勒(Kepler)、牛顿(Newton)和爱因斯坦(Einstein)的研究,了解科学实践和文化影响。

1.4.1 科学发现连续统一体

当研究太阳系知识的发展时,将有关信息放在一个理解的连续统一体的背景下考虑将是有益的,这有助于提升对自然系统如何运作的成熟认识。矛盾的是,我们对自己在连续统一体中的位置进行评估的能力常常因坚定的信念而受挫。正是由于这个原因,科学方法对于提升我们对周围世界的认识至关重要,因为科学方法要求信念和偏好从属于数据与信息。

表 1-3 表示了科学发现连续统一体。在努力了解某一特定现象之初,人们对有兴趣研究的事物实际发生了什么以及什么刺激引起了变化,所知有限。随着探索进行,模式通常会出现,为建立概念模型描述事物运作方式提供了基础。这就是采用特定观察方法开发一般模型的归纳过程。

表 1-3 科学发现连续统一体

人们对现象的了解有限	来自具体实例可测试的一般模型	经过验证可操作的成熟模型
探索:描述这种现象	做出预测;挑战概念模型	实施:传感监测
开发概念模型	对可证实的问题进行实验	支持评估决定

一旦开发了概念模型,就会收到关于其准确性的挑战,来自具体实例可测试的一般模型会出现。这是在科学方法的约束下进行经典实验的领域,是一个演绎过程,即通过特定的观察和实验,对一般理解或模型进行挑战和改进。

最后,经过验证可操作的成熟模型会出现,这体现了科学的实用性。正如我们对太阳系和宇宙认知的演变所表明的那样,知识不一定要完美才能有用并产生影响。

虽然表 1-3 中的连续统一体看似有序,但是我们要认识到科学是一个非常混乱的命题。很难准确评估一个系统的成熟度,并且通常单个观察就可以揭示公认模型中的致命缺陷。

从连续统一体的最初部分开始需要勇气和谦逊。在科学领域内也存在着社会压力,阻碍了人们对世界如何运作的更加全面的理解。科学方法通过实际发生的证据挑战我们想要永远正确的愿望。文化信仰体系(Cultural Belief Systems)往往如此

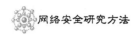

根深蒂固，以至于用证据挑战它们可能会使研究人员处于危险之中。尽管如此，对知识的追求最终体现了一种无法否认的证据重现。

> **你知道吗？**
>
> 常用的商业术语"范式转换"实际上源于科学哲学。在 1962 年出版的《科学革命的结构》一书中，物理学家、哲学家托马斯·库恩（Thomas Kuhn）创造了范式转换，试图解释社会对科学的影响。这样做的前提是某些概念模型和理论在研究文化中变得根深蒂固，并且存在着远离它们的巨大社会惯性。从持有长久信念的研究领域，改变视角或转换范式，需要一个重要的结果或大量的证据。

1.4.2 托勒密模型及其支持假设

地球宇宙中心说，或地心说模型（Geocentric Model），出现在古希腊时期（大约公元前 8 世纪至公元 6 世纪）早期，作为希腊天文学及哲学的一部分，它强烈地影响了整个地中海、西南亚、非洲东北部和欧洲的科学及哲学观念。一直以来，太阳、行星与恒星围绕地球旋转和地球相对于这些旋转明显静止的随意观测，是描述和预测天体位置的数学发展的基础。虽然提出了一些并非以地球为中心的模型，但地心说模型仍占据上风，直到 16 世纪被哥白尼挑战，并最终在 17 世纪被日心说模型（Heliocentric Model）取代。

> **深入挖掘：正向问题和反向问题**
>
> 正向问题始于因果关系知识，然后计算结果。
> 反向问题是通过收集观察数据和估计因果因素来解决的。
> 绝大多数科学问题，包括太阳系中行星的排列和运动都是反向问题。

天体运动（Celestial Motion）的地心模型对我们从多个角度理解科学都是很有意义的。首先，该模型以实证证据（Empirical Evidence）或通过感官获得的知识为基础，古代天文学家在用肉眼测量太阳和行星位置的能力方面表现出色，并且给出了这些测量和运动的数学表达。可以说，最著名、最经久不衰的作家是克罗狄斯·托勒密（Claudius Ptolemy），他在公元 2 世纪的一部名为《天文学大成》（Almagest）的著作中对地心说模型进行了标准化。

除了地球是静止和宇宙中心之外，托勒密模型（Ptolemaic Model）还需要几个假设支持。随着时间的推移，从地球上观察到的行星会划出一条反向的路径。托勒密对这种现象的解决方案是：存在围绕地球的圆形较大轨道（均轮）和围绕均轮旋转的圆形较小轨道（本轮）。如图 1-2 所示，在托勒密天文学模型中，大的虚线圆圈是均轮，小的虚线圆圈是本轮，中心位于 X 处，黑点是为了适应稍微偏离圆心而调整的等分点，而地球与等分点相对。

以方程形式表示托勒密概念模型，提供了如图 1-3 所示的制图方法，该图显示了天文方程应用于太阳、水星和金星，制作其相对于地球的均轮、本轮和等分点，如 1771 年出版的《不列颠百科全书》。图中的主要特征是本轮环，同样有趣的是，太阳和行星都有各自的本轮频率。

图 1-3 强调了行星凭着质量在其环绕地球的复杂轨道内改变方向的假设。伽利略的惯性定律直到 1612 年才为人所知。这个假设的另一个有趣之处在于，没有提出一种能使太阳或行星改变方向的机制。行星改变方向的实证证据就是充分的验证。

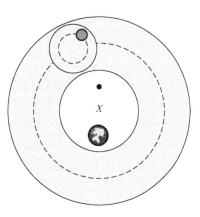

图 1-2　托勒密天文学模型

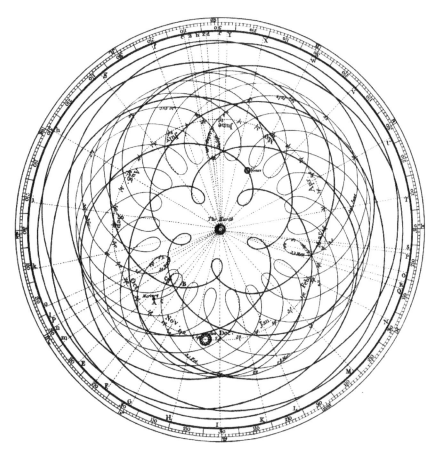

图 1-3　《不列颠百科全书》(1771 年) 中太阳、水星和金星环绕地球的轨道

另一个假设与地球到恒星的距离有关。为地心说模型辩护的一个理由是：如果地球处于运动状态，则星座中恒星的相对位置应根据地球的相对位置的视差而发生变化。这些星座在它们的恒星之间的关系中似乎是不变的。这一系列证据的误差在于，希腊天文学家及其后代认为，恒星离地球的距离比它们实际上离地球的距离要近得多。

托勒密模型中的另一个假设：行星的大轨道（均轮）是圆形的。这种假设植根于一种哲学观念，即圆在某种意义上是完美的。我们相信上帝的创造必然是完美的，因此行星的轨道是圆形的。该模型的另一个假设是天体以恒定速度运动。

深入挖掘：确认偏差

为支持自己的观点或先前存在的观念，而去回忆或强调证据的倾向，有时甚至会错误地拒绝任何挑战这些观念的观察结果。

托勒密模型是建立在对上帝的计划、轨道的形状和恒星的距离等已有信仰的基础上。

科学方法的正确实施是一种机制，要求对假设进行记录并考虑所有数据。只有当有理由这样做时，才可拒绝数据。即使有最好的意图，面对挑战长期假设的证据，确认偏差也可能是一个有害的问题。

1.4.3 太阳系的托勒密模型是否有用

事后来看，我们可以看到古代天文学家完全实现了科学的连续统一体。他们进行了观察，并建立了一个概念模型。这个模型与他们的观察相一致，并且与关于上帝创造的主导信仰体系保持一致。最后，他们实现了预测年度事件的计算。该模型需要进行相当多的修补才能使其与观察结果重新匹配。

从跟踪或预测年度事件的角度来看，该模型不很准确，但确实起了作用。一个完全不同的问题是：托勒密模型在多大程度上代表了太阳系中行星的运动。托勒密模型作为太阳系的一种表现形式，它存在着严重的缺陷。当时流行的观念也认为该模型代表整个宇宙是一个不可信的结论。

重要的是，要认识到大多数科学都是为了解决问题，让科学变得有用是当务之急。复杂问题通常在科学发现的连续统一体过程中产生多次迭代，经常发现最基本的假设是有缺陷的，导致需要从新的角度重新开始观察。我们从来不知道自己是否做得对，总是有更多的观察可以用新的方式来激发新的思维。这是科学家与政策制定者互动的两难选择。政策制定者的愿望是将决策建立在确定性的基础之上，而科学家只能代表数据及其解释。

> **深入挖掘：实证模型和物理模型**
>
> 实证模型（Empirical Models）：基于观察和数据关系来表征和预测系统的状态。
>
> 物理模型（Physical Models）：源于系统的已知属性，并使用测量将这些属性应用于特定系统。
>
> 托勒密宇宙模型是一个实证模型，仅仅基于假设和观察来估计行星和宇宙的排列。通过开普勒和牛顿的研究，基于质量、惯性和动量的基本属性的太阳系物理模型是可能的。

1.4.4 日心说模型的出现

地心说模型主宰了天文学大约 15 个世纪。如前所述，天主教会认为地心说模型与圣经的教导是一致的。例如，《钦定版圣经》中的经文引述，第一代编年史第 16 篇 30 节指出"世界也将稳定，不容动摇"，诗篇第 104 篇 5 节说"（耶和华）他立了地球根基，使地球永远不可挪移"，传道书第 1 篇 5 节说"日出日落，急归所出之地"。

就像希腊天文学家是"自然哲学家"一样，中世纪和文艺复兴早期的科学家也常常是天主教会的牧师。教皇、红衣主教和牧师们积极参与到讨论天文学的机制和与圣经的关系中。因此，探索替代地心说模型的可能性，既挑战了科学，也挑战了宗教正统。文化背景也很重要，教会基于当时的文化背景在 13 世纪和 16 世纪进行了调查，以铲除和惩罚异教徒。提出一个替代地心说模型的方案，可能会有被宗教裁判所判定为异端邪说的风险，其后果包括酷刑和死亡。

1.4.5 尼古拉·哥白尼

从古希腊时期到文艺复兴时期的书面记录中，偶尔会有天文学家提出模型，挑战地心说，尤其是非基督教天文学家，但是直到尼古拉·哥白尼（Nicolaus Copernicus）的作品，他们都没有在欧洲产生影响。托勒密模型的两个方面激励了哥白尼。天文学家对于行星与地球的排列顺序存在分歧，而基于托勒密模型的历法是不准确且有偏差的。

如图 1-4 所示，哥白尼的日心说模型，通过允许行星系统的中心向太阳移动来解决行星的排列顺序。他的模型也让月球围绕地球旋转。他的模型继续假设，行星轨道是圆形的，并且行星以恒定的速度移动，这大大增加了他用日心说模型预测的误差。事实上，他的预测并不比托勒密模型好。

哥白尼模型的非凡成就在于，他将分析夜空的参照系转换为更远的天文系统，并观察太阳和行星的运动。他的模型超越了立足于静止地球上的实验。通过这样做,他能够让地球绕其轴旋转,并将太阳和恒星的视运动归因于该旋转。行星视运动为它们的轨道和地球自转的组合。哥白尼模型的另一个结果是所有行星围绕太阳旋转的方向都是相同的,离太阳更近的行星完成轨道的速度更快。最后,哥白尼模型不需要逆行运动来解决行星随时间变化的经验位置。哥白尼模型的一个有争议的假设是:恒星离地球足够远,以至于由地球自转的视差引起的位置变化不会被观察到。

图1-4 哥白尼的日心说模型

哥白尼对他的研究结果很谨慎,最初只是在 1514 年与他的亲密伙伴分享。他推迟了他的著作《天体运行论》(On the Revolutions of the Heavenly Spheres)的出版,直到 1543 年哥白尼去世的当天,这本书终于面世。教会最初对他的发现极为好奇,但最终将其作为异端文本予以禁止。这部著作的一个修订版本被允许用于计算日历。

1.4.6 哥白尼模型是一种改进吗?

具有讽刺意味的是,由于太阳系哥白尼模型(Copernican Model of the Solar System)圆形轨道和行星恒定速度运动的关键性错误假设,使得其并不比托勒密模型更准确。他的主要贡献在于正确地排列行星,简化太阳系的概念和数学关系。他还把这个问题限制在太阳和 5 个已知的行星上。这与早期试图代表整个宇宙的模型有很大的不同。他研究的另一个关键成果是:解决了地球围绕太阳运动的问题,但没有观察到视差引起的恒星关系的变化。他的主张是到恒星的距离足够大，将无法观察到视差。

重要的是，要认识到哥白尼使用了和他之前的所有天文学家一样的观察结果。他没有更好的测量方法或新的现象来影响模型，他的结果仍然是对天体如何随时间移动的经验理解。考虑到他在工作之前受到的源自几个世纪的教条式教育，这确实是一项了不起的成就。

深入挖掘：奥卡姆的剃刀

威廉·奥卡姆（William of Ockham）（1287—1347）提出了一种启发式的假设，即在众多相互竞争的假设中，假设最少的那个应该比复杂的模型更受青睐。虽然这不是科学方法的一种形式上或逻辑上的要求，但在科学实践中却很有价值，因为它更倾向于使用更简单的概念模型，而这些模型依赖于较少的假设做出正确的预测。

虽然哥白尼早于威廉·奥卡姆，但他对行星运动理解的影响在于减少假设的数量，而这正是奥卡姆剃刀（Occam's razor）概念的应用。

1.4.7 约翰尼斯·开普勒

开普勒（Johannes Kepler）与第谷·布拉赫（Tycho Brahe）合作进行研究。第谷·布拉赫对天文学的贡献是收集了比以前更加精确的经验测量。布拉赫结合地心说模型和日心说模型提出了自己的模型。他正确地认识到行星围绕太阳旋转，月球围绕地球旋转，但他错误地认为太阳围绕地球旋转。

开普勒得到了布拉赫对火星位置的一系列测量数据，其研究着重于提高日心说模型的准确性。他的数据分析最终挑战了行星轨道为圆形并且行星速度恒定的假设。他的研究着眼于火星轨道的不同几何形状，他发现当太阳位于其中一个焦点时，这些数据符合椭圆公式。他的成果于 1609 年发表，其后他继续在 5 颗已知行星上进行这项研究，并确定每颗行星都可以建模为一个椭圆，太阳位于其中一个焦点上，后续研究成果发表于 1617 年和 1620 年。

开普勒除椭圆轨道和变速之外所做出的深远贡献在于，他把自己的研究成果概括为行星运动的三大定律。前两个定律发表于 1609 年的《新天文学》（*Astronomia Nova*），第三个定律发表于 1619 年的《世界的和谐》（*Harmonice mundi*）。然而，在很大程度上，开普勒定律被忽视了大约 80 年[3]。如图 1-5 所示，开普勒定律如下。

（1）围绕太阳运行的行星轨道呈椭圆形，太阳的中心在一个焦点（f_1）上。（椭圆定律）

（2）一条从太阳中心到行星中心的假想线将在相等的时间间隔内扫过相等的面积（A_1 和 A_2 在面积及时间间隔上相等，行星在 A_1 处的速度大于在 A_2 处的速度）。（等面积定律）

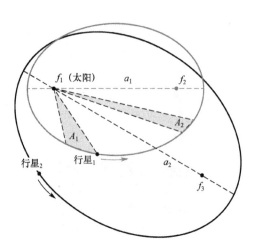

图 1-5 开普勒定律示意

（3）任何两个行星周期的平方比等于它们离太阳的平均距离的立方比。（周期定律）

开普勒第三定律将行星的轨道周期与它离太阳轨道的半径进行了比较。定律规定，周期的平方除以平均半径的立方的比值是个常数。

所有行星的常数都是相同的。这种关系适用于其他轨道天体，如木星的卫星或围绕地球运行的人造卫星。

开普勒的贡献是一个广义的物理模型，它比之前基于圆形轨道的模型更准确地描述了行星的运动。第二定律的一个重要的微妙之处在于，行星的速度必须在轨道的运行过程中以相等的间隔进行变化才能具有相等的面积。行星在靠近太阳时加速，在远离太阳时减速。

1.4.8　开普勒对科学发现连续统一体的贡献

开普勒比之前的研究人员更有优势，因为他的数据比以前的观察结果更准确。随着准确度的提高，他能够研究火星的轨道并建立椭圆模型。令人鼓舞的是，他能够摒弃现有的假设和教条，以更准确的方式表示行星运动。此外，我们能够用他的第三定律推广这个模型，找到太阳系的统一常数。他的第三定律与今天的太空旅行和卫星的探索有关。

从科学发现的角度来看，开普勒的结果证明了从纯粹的实证模型到可用于进行预测的基本物理模型的转变。这个物理模型还很初级，因为他对运动质量的基本性质没有深入的了解，而这是在伽利略和牛顿的研究之后才为人所知。但是，他的第三定律允许在给定系统常数的情况下，预测卫星或假想行星的平均半径或周期。就太阳系而言，这个常数与绕太阳运行的天体有关。也可以利用月球估算地球的常数，使用木星的 4 颗卫星估算木星的常数。

1.4.9 伽利略·伽利雷

伽利略·伽利雷（Galileo Galilei）为行星运动日心说模型的完善做出了两个重要贡献。第一个贡献是发明了一种望远镜，使他能够观察到比肉眼分辨率更高的天体。地心说模型要求所有天体作为上帝设计宇宙的一部分围绕地球旋转。伽利略发现了围绕木星旋转的 4 颗卫星。这种观察结果与地心说模型不一致。这也是地心说模型作为宗教哲学的致命缺陷。他还观察了金星的相位，很像地球的月球相位。金星有相位是地球不可能成为宇宙中心的另一证据。

伽利略对发展和捍卫日心说模型的第二个贡献是他的工作引出了惯性原理。他对这一原理的表述，至少在现代是这样翻译的："在水平面上运动的物体除非受到干扰，否则，将以恒定的速度朝同一方向运动。"正如费曼（Feynman）在加州理工学院的一次讲座中所阐述的那样[4]："如果一个物体没有受到干扰，它就会以恒定的速度沿着直线运动，如果它本来在运动，那就继续保持原有运动；如果它本来是静止的，那就继续保持静止。当然，这在自然界中从未出现过，因为如果我们在桌子上滑动一个木块，它会停止，但那是因为它在摩擦桌子。这需要一定的想象力才能找到正确的规则，而这种想象力是由伽利略提供的。"

在托勒密模型中，倘若没有力"干扰"行星的运动，它们的逆行运动是不合理的。相比之下，哥白尼模型允许行星在简单的轨道上运动。伽利略还进行了实验，以证明抛物体上的重力加速度与抛物体上的推进力无关。实际上，两个抛物体，一个从高处掉落，另一个从同一高度水平射出，它们会同时击中地面。这些力的独立性最终成为行星受到太阳的引力吸引以及其通过太空的速度产生轨道的基础。

伽利略的贡献从几个方面来看都很有意思。首先是他根据观察和实验得出结论。到目前为止，科学史的大部分东西都是观察与哲学的融合。同样值得注意的是，伽利略和开普勒是同时代的人。人们普遍认为，伽利略知道开普勒定律，但伽利略在他自己的研究中忽视了这些定律。伽利略仍继续讨论行星轨道是圆形的。第三个方面是文化背景。伽利略的观察和结论与教会学说不一致。1633 年，他被带到宗教法庭受审。审讯的判决[5]如下。

（1）伽利略持有"极度异端邪说"，即持有这样的观点，太阳静止地处于宇宙中心，地球围着太阳运动，人们可以坚持并捍卫某个可能已被宣布违反了圣经的观点，他必须"放弃、诅咒和厌恶"这些观点。

（2）在宗教法庭的决策下，伽利略被判处正式监禁。第二天，减刑为软禁，他的余生一直被软禁。

（3）禁止他的任何冒犯性言论，并且在没有通过审判的情况下，禁止出版他的任何作品，包括他将来可能写的任何作品。

1.4.10 伽利略对科学发现连续统一体的贡献

伽利略在许多方面对理解天体运动做出了重要贡献。首先，他发明了一种望远镜，使他能够进行观察，从而推翻了已经存在了 15 个世纪的普遍教条。他的第二个重要贡献是将实验结果应用于庞大且超出实验领域的系统，即将惯性定律应用于行星运动。在本章的开头已经提到，在许多科学领域中，受控环境中的实验规模与我们试图理解的系统规模是不同的。天文学（Astronomy）是一门观察性科学，伽利略有能力将他的实验结果应用于行星的运动中。

本章首先讨论了图 1-1 和简单实验对于理解复杂现象的价值。鉴于该模型与实验结果之间的不一致，我们不可能知道伽利略实验会对古希腊时期的天文学家的观点产生怎样的影响，也不可能知道地心说模型是否会持续 15 个世纪。尽管如此，对行星运动的知识的发展证明，在可控规模上的实验可以对理解更大的系统产生深远的影响。

正是由于伽利略的研究与开普勒定律相结合，使得我们有可能建立一个符合观察结果的行星运动模型，并且可以推广到与太阳系规模不同的系统中。

1.4.11 艾萨克·牛顿

据报道，艾萨克·牛顿（Isaac Newton）出生于 1642 年的圣诞节，也就是伽利略去世的那一天。他对循证科学的实践产生了深远的影响，他的开创性著作《自然哲学的数学原理》于 1687 年首次出版，是经典力学的基础。他在书中提出了运动定律并提出了万有引力（Universal Gravitation）的概念。

牛顿的运动定律，在美国宇航局网页上用现代语言重述如下。

第一定律规定，除非外力迫使物体改变其状态，否则，物体将保持静止或匀速直线运动。这通常被视为是惯性的定义。这里的关键是，如果没有作用在物体上的合力（如果所有外力相互抵消），那么物体将保持恒定的速度。如果该速度为零，则物体保持静止。如果施加外力，则速度将因该力而改变。

第二定律解释了当物体受到外力时物体的速度如何变化。这个定律定义了一个力等于动量（质量乘以速度）变化量除以时间变化量。牛顿还发展了数学微积分，将第二定律中表达的"变化"最准确地以微分形式定义（微积分也可以用来确定物体在外力作用下的速度和位置变化）。对于具有恒定质量 m 的物体，第二定律指出力 F 是物体质量与其物体加速度的乘积。

给定一个外部作用力，速度的变化取决于物体的质量。力会引起速度的变化，同样，速度的变化会产生一个力。这个等式是双向的。

第三定律指出，自然界中的每一个作用（力），都有一个相等的反作用。换句话说，如果物体 A 对物体 B 施加一个力，则物体 B 也对物体 A 施加一个相等大小的力。注意：这些力作用在不同的物体上。第三定律可用于解释机翼产生的升力和喷气发动机产生的推力。

牛顿做了两个简化的假设。首先，所有的质量都是空间中的点。其次，空间中的点没有体积。他的第二个假设通常称为惯性参照系。该假设让观察者与关注的运动相对，使得该运动可以用速率和方向（速度）构成的一个简单向量来表示。哥白尼提出了定位观察点的想法，伽利略推动了这一想法，并且该想法还成为了牛顿运动定律的组成部分。

我们有意比较开普勒定律、伽利略惯性与牛顿定律、万有引力，就是来说明一种认识在如表 1-3 所列的科学发现连续统一体下如何成熟。开普勒定律和牛顿定律似乎是在解释同样的现象。他们描述的动力系统的不同之处在于，开普勒能够根据一系列反映行星先前运行轨迹的观测建立模型并预测行星的位置，牛顿利用了开普勒的研究成果，进一步研究了行星偏离直线所需的力。开普勒定律描述发生了什么，而牛顿定律解释了它为什么会发生。牛顿还提出了万有引力的概念，当一个物体围绕另一个物体旋转时，万有引力就会提供一个质心间的向心力。在牛顿定律中，力是物体路径上的影响，用伽利略的话来说，它"干扰"了该路径。

> **深入挖掘：动力学和运动学**
>
> 动力学（Dynamics），在较早的文献中也被称为运动学，是经典力学的一部分，它研究具有质量物体的运动和影响其运动轨迹的力。
>
> 运动学（Kinematics）是经典力学的一个分支，它研究物体的运动轨迹，而不考虑作用在物体上的力来定义运动轨迹。
>
> 开普勒建立了行星运动的运动学，为牛顿建立行星运动的动力学开辟了道路。

牛顿的另一个研究成果是概括了对运动物体的理解。伽利略能够将他关于运动和惯性的实验推广到哥白尼日心说行星系统中。牛顿定律适用于运动中的物体，几乎与质量无关。牛顿对经典力学的发展受到当时所能观察到的事物的限制。对于大多数能用感官观察到的现象，经典定律都足以描述这些现象。

1.4.12　牛顿对科学发现连续统一体的贡献

牛顿对理解行星运动的贡献在于，他将行星轨道的现象学描述，从基于对其位置随时间变化的测量，转变为适用于质量的 3 个基本运动定律的发展，这跨越了许多数量级。点质量的简化假设引入了一定程度的不准确性，但是在大多数情况下，当质量之间的距离远远大于其半径，并且它们的运动速度低于光速时，这种不准确性往往很小。

牛顿对行星运动和预测做出的另一个贡献是发展了微积分（Calculus），以处理变化的力和加速度作用于质量的情况。微积分也是由戈特弗里德·莱布尼茨（Gottfried Leibniz）同时独自发展的。对变化加速度的微积分计算为牛顿定律的形式证明提供了基础。

1.4.13 阿尔伯特·爱因斯坦

由于牛顿成功地将以实验为基础的力学概念扩展到行星的领域，因此人们很自然地会问，在多大程度上可以将牛顿的惯性概念扩展到非常小的原子领域以及行星之外的非常大的领域。牛顿所描述的质量、惯性和引力之间的基本关系，在超越人类感官感知框架的领域内是否一致？事实证明，并非总是如此。经典力学的框架必须加以扩展。

阿尔伯特·爱因斯坦（Albert Einstein）是框架一致性的倡导者，也是那些前人的继承者。牛顿定律是两个世纪以来物理学研究的基础，它很可能定义了爱因斯坦在学生时代所接触到的大部分内容。对牛顿所考虑的领域之外的前沿研究，如麦克斯韦（Maxwell）和法拉第（Faraday）所研究的电磁场（Electromagnetic Fields），在牛顿定律的适用性方面遇到了困难。这些困难早在爱因斯坦出生的几十年前就被发现了，这也激发了他的好奇心。

从古希腊时期到牛顿时代，对世界和天体的认识在很大程度上都是依赖于人类感官的观察。伽利略的望远镜有力地展示了一项新兴技术对如何感知周围世界的影响。牛顿定律和经典物理学面临的挑战是，研究人员提出了一种新的方法来感知自然界的现象，而这些现象是人类无法直接感知的。随着仪器增强人类的感官的能力，新现象和新问题不断出现，挑战人类对事物运作方式主流的理解。观察与观察者的观点有关，哥白尼日心说模型（Copernican Heliocentric Model）提出的这个想法，对于开普勒的椭圆模型来说是至关重要的，伽利略曾对此进行了讨论，也激发了爱因斯坦的想象力。

对今天如何理解运动物理学，爱因斯坦做出的一个基本贡献是：光速为一个常数。他进一步提出，即使所有的测量和观察都依赖于一个参考系或相对于被观察物体的观察点，光速仍然是恒定的。这个简单的陈述有深远的影响。如果两个观察者测量光速，其中一个是静止的，而另一个快速朝向光源运动，那么，它们都获得相同的光速值的唯一方法就是时间对运动的观察者变慢。这种现象称为时间膨胀（Time Dilation）。牛顿理论中的绝对时间不再有效，时间是相对的。同样，牛顿定律中的绝对空间也是可塑的，实际上，时间和空间是一个四维连续统一体。在时空连续统一体中的大质量物质会引起扭曲，以至于作为人类观察者所看到的行星和卫星的轨道实际上是弯曲时空结构中两点之间的最短距离。在时空的背景下，引力不是一种力，而是质量沿着最短路径运动的产物。

爱因斯坦研究的另一个成果是把质量与能量联系起来，并从相对意义上确定它们是同一事物的实现。著名公式 $E=mc^2$ 简单地说明了物质能量等于质量乘以光速的平方。我们之前讨论过光速是一个常数，这意味着，如果物质能量增加，其质量一定会增加。煮沸水制作咖啡，水的质量增加量等于使水沸腾而添加到水的能量除以光速的平方。虽然这对制作咖啡没有实际影响，但它对亚原子粒子具有重大影响，对现代化学和材料科学具有重要意义。

1.4.14 爱因斯坦的贡献是否改进了对行星运动的理解

爱因斯坦的相对论以多种实际方式影响着我们的日常生活。一个例子是，与 GPS 相关的卫星以一定速度绕地球飞行，足以需要进行与时间膨胀相关的时间调整。如果不这样做，在 24h 内将导致超过 1km 的定位误差。但是，相对论是否会增加我们对行星位置的理解和预测呢？

牛顿对经典物理学基础的发展，为利用力和关系的因果联系建立物理模型，准确预测天体运动提供了方法。从这个角度来看，牛顿的经典运动定律是充分的，如果行星运动是唯一的目标，那么，问题就是可以解决的。然而，所有实验科学本质上总是存在误差。无论误差是来自测量系统还是被观察到的系统的固有摆动，都会出现问题。相对论公式实际上解释了在行星轨道上牛顿系统无法捕捉到的误差。

爱因斯坦感知到的宇宙是巨大的，可能超出了今天大多数人的想象。他的理论对于太阳系中行星的位置是重要的。太阳系实际上是他的理论的一个简单的原理证明。爱因斯坦发表了两种相对论。第一种称为狭义相对论，它讨论的是恒定速度下的质量。10 年后，他发表了另一种称为广义相对论的理论，其中包含了运动中质量的加速度。直到最近几年才证实广义相对论与黑洞碰撞产生巨大能量密度有关。最近，激光干涉仪引力波观测台（LIGO）（图 1-6）对引力波的观测进行了量化，引力波是时空结构中的涟漪，理论上是由两个黑洞的碰撞引起的。为了使这种观察成为可能，它需要理解发生在比原子更小的领域上的噪声。爱因斯坦于 1915 年发表的理论在 2016 年 LIGO 实验中得到了验证。

图 1-6 位于华盛顿州汉福德的 LIGO 实验室

1.4.15 爱因斯坦对科学发现连续统一体的贡献

爱因斯坦的相对论和对经典力学局限性的讨论扩展了参照系，有助于从亚原子

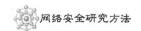

粒子和波到黑洞,不同尺度下理解质量和能量。爱因斯坦的深远影响是:在他的那些理论发表100年后,我们还在继续探索证实或反驳它们的方法。

爱因斯坦理论的出现有一个悖论。在本章的开头,我们考虑了一个科学发现连续统一体,在这个连续统一体中,如果对现象的理解不透彻,就需要通过观察,得出一个关于该现象如何起作用的一般概念或概念模型。概念模型为需要修改和改进的具体实验或观察提供了基础。模型的成熟带来了理论和定律,就像开普勒和牛顿定律。爱因斯坦从前辈的研究中学到了很多东西,特别是哥白尼、开普勒、伽利略和牛顿等。以前辈的研究为基础,他提出了更大领域的理论,这需要几十年的时间来发展检验这些理论的方法。矛盾的是,对于大多数这种理解的演变,定律和理论都源于观察和实验。爱因斯坦却能够利用以前的研究来为他那个时代无法观察和实验的领域设定理论。

一个有趣的问题是:爱因斯坦在多大程度上影响了我们对行星运动和太阳系的理解?哥白尼、开普勒、伽利略和牛顿的研究挑战了宇宙的地心说模型,并提供了太阳系存在的证据,太阳系可以被定义和建模为宇宙的一部分,但不是宇宙的中心。从太阳系和行星运动的角度来看,爱因斯坦的研究对于更新我们在行星级尺度上理解太阳系不是必需的。爱因斯坦的研究确实改进了预测计算和模型。爱因斯坦的研究和理论对于将行星运动置于所有物质和能量的背景下是必不可少的。从这个角度来看,爱因斯坦的研究大大增强了我们在宇宙背景下对太阳系的理解。

1.5 小结

本章概述了科学及其如何发展,然后简要回顾了太阳系行星运动的研究史。有几个关键概念,在开展网络安全研究的科学中是必须考虑的。

科学连续统一体为科学研究提供了一个关于感兴趣现象认识成熟度的背景。这很重要,因为基于不充分的信息和解释形成的不完善概念模型,科学结果应用到操作环境中往往会失败。行星围绕地球运动的地心说模型和地球是宇宙中心的观念就是一个很好的例子。

我们也可以看到,在认识太阳系的过程中,操作模型不一定要完美才有用。地心说模型用于记录历史事件和预测季节变换。虽然存在严重缺陷,需要定期进行修补,以便与已知事件重新对齐,但它仍被使用。作为对行星运动的描述,地心说模型是完全错误的。有意思的是,对行星运动的曲解并不妨碍基本历法的发展。

发展行星运动的日心说模型需要哥白尼改变参考点或视角。从哥白尼到爱因斯坦,改变视角的概念是一个开创性的概念,也是广义相对论的基础。

验证日心说模型和摒弃地心说模型需要两个贡献。第一个是伽利略发明的望远镜，它具有足够的分辨率来发现木星的卫星。这些卫星足以证明所有天体都绕地球运行的观念有致命缺陷。第二个贡献是伽利略实验提出的惯性概念，以及他将实验结果应用于行星运动中。关键点在于测量能力的提高和一个基本的物理定律的出现，该定律在没有外力的情况下挑战了行星的逆行运动。

文化信仰系统对地心说模型和日心说模型发展的影响表明，将发现与信仰区分开来是多么具有挑战性。这是遵循科学方法进行科学调查的根本原因。日心说模型也改变了模型的尺度，从整个宇宙到太阳和 5 颗可见行星。

伽利略和开普勒的研究为牛顿发展经典运动定律奠定了基础。这是从行星运动的实证模型到基于物理定律的模型的关键转变。该模型还可以推广到太阳和行星以外的任何运动质量。

爱因斯坦对我们认识行星运动的影响是进一步扩展了太阳系的背景，并把其置于一个跨越亚原子粒子到黑洞的参照系中。

1.5.1 在对与错的领域里的发现

经过 2500 年的探索与发现，我们有理由问，人们对太阳系和质量运动的认识是否完整。此外，科学哲学中关于牛顿是否错了和爱因斯坦是否对了的争论还在继续。重要的是，要考虑到牛顿在对地球上的质量运动的物理解释是正确的，这个解释可以扩展到其他天体上。当其他人试图将这种解释扩展到其他时空领域时，他们发现了不足之处。爱因斯坦的相对论能够通过对物理世界的感知方式的显著变化来解决这些不足。重要的是，爱因斯坦的感知参照系是人类感官无法直接观察到的。

科学是收集证据支持发现的基础。科学不能提供绝对的答案。要问牛顿是否错的，爱因斯坦是否对的，这是没有意义的。牛顿提出了一套足以在许多情况下描述和预测质量运动的定律。在非常小和非常大的尺度以及在接近光速的速度上，这些定律失效。爱因斯坦的理论与牛顿定律是一致的，它扩展了空间和时间尺度。在科学的背景下，考虑充分性和有效性比考虑对错更有意义，因为科学不是绝对的。

从给出的例子可以看出，科学发现可以提高我们对宇宙的认识。这些认识导致技术的进步，使我们在社会上习以为常的许多日常活动能够开展。现在你已经知道什么是科学以及科学实践的影响力，在讨论研究方法之前，我们再介绍一章。第 2 章是关于网络安全的介绍和网络安全科学的观点。如果你对网络安全没有基本的了解，第 2 章将提供一个速成课程。如果你已经具备了强大的网络安全知识基础，那么，至少可以阅读其中有关定义网络空间和网络安全科学的部分，以了解我们的观点，这是本书其余部分的基础。

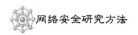

参考文献

1. Greenhalgh, T. "How to Read a Paper. Getting Your Bearings (deciding What the Paper Is About)." *BMJ: British Medical Journal* 315.7102 (1997): 243–246. Print.
2. Song, Jae W., and Kevin C. Chung. "Observational Studies: Cohort and Case-Control Studies." *Plastic and reconstructive surgery* 126.6 (2010): 2234–2242. *PMC*. Web. April 10, 2016.
3. O'Connor, J. J., & Robertson, E. F. (1996, Feb. & march). History topic: Orbits and gravitation. Retrieved from http://www-groups.dcs.st-and.ac.uk/~history/HistTopics/Orbits.html.
4. Feynman, R. (n.d.). The Feynman Lectures on Physics Vol. I Ch. 9: Newton's Laws of Dynamics, from http://www.feynmanlectures.caltech.edu/I_09.htm.
5. Linder, D. (n.d.). Papal Condemnation (Sentence) of Galileo in 1633. Retrieved February 25, 2017, from http://law2.umkc.edu/faculty/projects/ftrials/galileo/condemnation.html.

第 2 章　科学与网络安全

网络安全是一个新兴的研究领域。数字计算系统（Digital Computational Systems）存在的历史不足 100 年，网络计算的历史仅有大约 50 年。直到 20 世纪 80 年代到 90 年代之间互联网成为消费级资源时，人们才意识到网络安全问题的重要性。在这段时间里，网络空间的先进性和复杂性呈指数级增长。随着技术领域的扩大，人们对网络安全的担忧在增加。因此，网络安全领域仍在努力追赶网络空间的快速增长及其能力。

在讨论和示例如何进行网络安全研究之前，首要的是定义和描述网络安全的相关概念。在本章中，我们将向你介绍网络安全领域，包括介绍网络空间的构成以及保护此空间的意义。此外，还将简要概述网络安全的核心概念。最后，将介绍网络安全领域的一些研究子领域。

由于网络安全是一个新兴的领域，因此在所有主题上的完全共识还没有达成。本章希望为你提供一个广阔的研究视角。由于本书的目的是让你能够从事本领域研究，因此了解不同观点很重要。为此，本节将提供相对立的想法和观点。作为讨论的一部分，我们还将解释我们自己目前的理解和信念。

本章将与其他科学领域进行类比，以澄清概念并加深对网络安全领域的理解。虽然类比可以很好地解释高级概念，但它们可能是一种危险的工具。类比法通常在抽象的、高度概念化的层面上有很好的效果，但在具体执行层面并不好用。我们已经看到，因为类比在概念层面表现有效，所以，研究人员就在类比有效的基础上执行大型研究计划，花费很大精力试图将来自其他领域的概念运用到新领域，而实际上这些概念很可能并非如此。因此，我们提醒读者，虽然我们为了便于解释而使用类比方法，但是除非你有足够充分的理由相信所用类比有效，不然我们并不建议你将类比方法用于有关研究领域。

2.1　定义网络空间

由于网络安全可以简单地视为使网络空间安全而免受损害或威胁的行为，因此，在讨论网络安全之前定义网络空间非常重要。随着时间的推移和网络的发展，人们对网络空间会有不同的看法，所以这项任务并不像人们想象的那么容易。

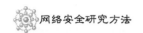

> **深入挖掘：是两个词（CYBER SPACE）还是一个词（CYBERSPACE）？**
>
> 关于网络空间是两个词（Cyber Space）还是一个词（Cyberspace）有不同的观点，其词源是控制论和空间这两个词的结合。本书选择使用两个词（Cyber Space）。网络已经成为一种常用形容词，它将事物与超自然、虚拟或者数字表征联系起来，已成为类似于物理的修饰符。更尴尬的是，有时网络这个词被用来作为网络安全的简写，虽然这在语义上并不真实，但它已经越来越受到关注。"哦，你从事网络工作"意味着是从事网络安全的工作，而不是网络空间或与网络空间相关的领域。最后，现实世界的实例可用于帮助解释一二。例如，国家安全（National Security）、社会安全（Social Security）、物理安全（Physical Security）、住宅安全（Home Security）、计算机网络安全（Network Security）、计算机安全（Computer Security），都是两个词。对网络（Cyber）这个词缺乏理解，似乎在迫使一些人将网络安全两个词（Cyber Security）合并为一个误导概念的词（Cybersecurity）。正是因为这样，我们更喜欢并在本书中使用网络安全两个词（Cyber Security）这样的写法。

虽然国家机构和技术机构对网络空间有很多定义，但大家都认同网络空间具有超自然或虚拟特性。这些定义基本上都围绕着包含或不包含的内容进行组织或聚类。最终区分所有定义一致或不一致的概念集是数据、技术和人。

2.1.1 数据视角

网络空间中的第一个视角是以网络空间中的数据或信息为中心。传输和存储的方式无关紧要，重点是如何将信息进行编码和构造为可传输的数据。这种视角来自信息理论领域，该领域针对信息的数字化和编码。因此，重点是如何在网络空间中生成信息，并为其提供保护措施或访问控制，我们将在后面进一步讨论。信息理论研究是当前系统的基础，它发生在网络和互联网出现之前，所以信息理论中没有真正的网络空间定义。但是，这种以数据和信息为中心的视角仍在使用，并被网络安全领域的一些子集所遵循。后来，信息保障（Information Assurance, IA）这个广泛的主题出现了，部分解决了计算机和网络的一些限制，不再仅仅考虑安全，认为与其保护系统和通信介质，还不如识别、重视和保护正在传输与已经存储的信息本身。

> **深入挖掘：早期的计算机**
>
> 作为第二次世界大战中斗争的一部分，世界上最早的一些计算机设计用于解码德国军队的加密信息。第二次世界大战期间在英国布莱奇利公园（Bletchley Park）所做的工作对计算系统设计的发展和方向产生了巨大的历史影响。

2.1.2 技术视角

网络空间的下一个视角是技术视角（Technology Perspective），在 20 世纪 90 年代形成，那时网络空间正在从一个虚构的概念向定义一个本体论概念的学术术语转变。从技术视角看，网络空间封装了数据或信息以及传输这些数据或信息所必需的技术，包括硬件、芯片和电线以及软件、操作系统（OS）和网络协议。从这个视角看，大多数定义基本上都可以交替使用网络空间和互联网[1]。然而，其中一些定义远远超出了技术，包括任何形式的信息传输，如邮政服务[2]。

2.1.3 控制论视角

网络空间的最新视角是控制论视角（Cybernetic Perspective），这是我们所认同的视角，认为除了数据和技术之外，网络空间还包括人。我们认同这个视角，如图 2-1 所示，网络空间是超自然结构，由系统、数据和人融合而成。这个视角认为，人对系统动态的作用与数据和技术一样多。如果没有人介入，网络系统功能就不能发挥。常见的网络安全声明是用户为安全链中最薄弱的一环，这是因为用户经常直接受到针对其心理行为的攻击，如点击不良链接或执行恶意软件。用户对网络系统的思考和互动是网络空间的一部分，因为他们代表了网络空间内活动的物理表现。

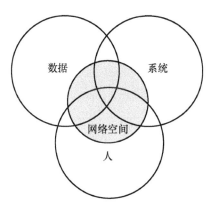

图 2-1　网络空间是数据、系统和人的重叠

你知道吗？
网络空间这个术语最初是在网络化计算系统的背景下创造出来的，并由科学小说作家威廉吉布森首先在其剧本《燃烧的铬》（Burning Chrome）中使用，然后他的小说《神经漫游者》（Neuromancer）更多地使用了这个概念。他说使用这个词的原因是其"令人回味并且不引起歧义"[3]

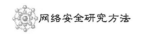

2.2 定义网络安全

网络空间已经融入进了日常生活的方方面面，网络安全是每一次互动的一部分。无论是计算机上的安全机制、在线服务的密码，还是信用卡中的微芯片，网络安全都是支持我们与网络世界互动的一部分。当网络安全工作正常时，没有人注意到它。当它失败时，会变成重大新闻。

有了对网络空间的理解，现在就可以定义网络安全了。在其最简单的定义中，网络安全是网络空间某些相关部分的安全性。安全的一个关键概念，也适用于网络安全，就是没有完全或绝对的安全。声称某物是"安全的"或"受保护的"，是销售宣传或对安全性缺乏理解的明显标志。安全始终是有条件的，也是有限制的。也就是说，一个系统，对于授权用户来说，在局域网络内使文件受到保护而免受远程盗窃的威胁，这种限制带有两个关键信息点。首先，保护来自哪方面的威胁（基于网络的威胁）；其次，需要保护的对象是什么（合法用户的数据被窃取）。这些信息通常隐含在安全性中，但在网络安全中变得至关重要。更全面的网络安全定义是为防止未经授权的访问、操纵或破坏网络资源与数据而采取的措施和行动。网络安全包括保护网络空间的技术、政策和程序。你可能听过其他术语，如计算机安全是指计算系统的安全性，计算机网络安全是指通信介质或其他介质的安全性。网络安全是一个包容性术语，涵盖了网络空间保护的各种不同视角。此外，还有信息保障（IA）这个宽泛的主题。与其保护系统和通信介质，还不如识别、重视和保护正在传输与已经存储的信息本身。在某些情况下，IA 是网络安全的一个子集（网络空间的数据部分）。但 IA 范围更广，因为 IA 包含了所有信息的风险管理，无论是硬拷贝、单独存储还是真实物质世界中的其他形式。IA 还强调业务和任务管理以及连续性，这同样可以使其成为网络安全的子集或超集。然而，就像物理安全（Physical Security）是物理空间的安全一样，网络安全也是网络空间的安全。注意：正如本章后面讨论的那样，很容易陷入陷阱，认为网络安全类似于物理安全。其实，这中间存在明显的差异，网络安全更具挑战性。

2.2.1 网络安全属性

随着时间的推移，网络安全的一系列基本属性已经被定义，这些属性是安全系统的理想特征。最初属性集是机密性、完整性和可用性（CIA）三元组，直到现在仍然经常作为核心集讨论。然而，CIA 三元组的表述太粗略，无法区分网络安全的细微方面，因此增加了额外的属性。

1．机密性

机密性（Confidentiality）是与防止未经授权的用户访问数据的属性。网络安全此属性的关键特征是使网络空间内的信息仅限于那些准许知情的用户。机密性是通过防止用户访问不允许访问的信息的机制提供的；或者，在网络空间的开放通信区域中使用逻辑混淆技术，使得只有授权过的用户才能发现消息的含义。

2．完整性

完整性（Integrity）是指仅允许授权用户修改网络空间中的数据。当数据在网络空间中的参与者之间交换时，通常会经过共享区域，其他参与者能够在数据到达其接收者之前在共享区域修改数据。因此，网络安全的一个关键概念是某些至关重要的数据，必须在发送方和接收方之间保持不变。

3．可用性

可用性（Availability）是网络安全的特征，它表明网络空间内的资源和信息可以及时可靠地进行访问。如果你只将网络安全视为最终目标，那么，最佳结论是你应该关闭所有计算机，将它们装入混凝土，并射入太空，然后一切都将是安全的。但是，计算机具有实用性，必须在运行过程中才有用。因此，可用性是网络安全的关键属性，有助于在系统的限制与实用之间平衡。

4．真实性

真实性（Authenticity）是最初 3 个属性之外的第一个附加属性，它可以确保参与网络空间内资源交换的各方的身份都是它们声称的身份。网络空间中的参与者都是物理对象的映射，物理对象或是人或是系统。为了能够决定什么人和什么系统允许访问资源，关键是有能力验证网络空间中的参与者，一定程度确保与物理现实一致。真实性适用于网络空间内的行为和数据，也就是对来自用户的操作和数据进行身份验证。

5．不可否认性

不可否认性（Nonrepudiation）是网络安全的一个方面，它涉及将网络空间内的行为归因于实际执行者的问题。这超越了真实性和完整性，还应包含可审计的行为日志，因此，网络空间中的参与者难于否认他们的行动。审计和日志记录是网络安全的关键方面，但在网络系统的设计、开发甚至操作过程中，往往没有给予足够的重视。只有在有证据证明事实的情况下，才能确保机密性、完整性。然而，网络安全系统通常依赖于部分或不完整信息，其最终结果因此受到怀疑。

上述属性确定了系统可以定义安全要求的维度。然而，作为一个领域，仍然缺乏可靠的方法来量化系统中这些属性。因此，我们仍然保留了大量定性的安全措施。当能够准确地测量系统安全性时，网络安全领域将逐渐发展成为一个成熟的科学领域。

2.3 网络安全基础

要想全面地了解保护网络空间含义,有必要定义基本概念。具有访问或执行操作的特权或权限是网络安全和一般安全基础的一个基本概念。网络安全通常表明允许授权人员访问或执行操作,并防止未经授权的人员做同样的事情。本节的其余部分将集中于对网络安全基本概念进行概述和讨论。我们将首先介绍攻击者的概念,然后通过设计探索安全性。

尽管 2.2.1 节列出了定义系统安全性的属性,但并未讨论硬币的另一面——安全系统的攻击者。安全可以从防御和进攻的视角来看。围绕进攻的视角,有一些核心概念定义了谁、什么以及如何击败网络安全。

2.3.1 漏洞

漏洞(Vulnerability)是系统在设计、配置或过程方面的弱点,使系统容易受到特定威胁的利用或特定危险的影响。当一个系统为威胁提供机会来破坏其应维护的安全属性时,该系统被认为是易受攻击的。漏洞是由错误和安全系统设计能力局限造成的。系统也是最广义的一个词,用户是系统的一部分,因此会引入漏洞。策略、数据构件和人都可能存在对手可以利用的漏洞,而不仅仅局限于软件、网络或硬件漏洞。

2.3.2 漏洞利用

漏洞利用(Exploit)是指利用系统中的漏洞设计破坏其安全性的一个技术实例,是漏洞的实现。虽然系统中可能存在许多漏洞,但是在威胁主体开发出利用该漏洞破坏系统安全性的工具或方法之前,漏洞利用不会出现。

2.3.3 威胁

威胁(Threat)是任何故意造成潜在损害或危险的来源。网络空间中,威胁造成的损害是对系统运行或系统资源(包括数据)的不利影响。威胁是指有意图和能力伤害系统的人或团体。

2.3.4 威胁主体

威胁主体(Threat Actor)是对网络空间系统进行(或有意进行)或执行攻击的个人、团体、组织或政府。危险与威胁主体之间的关键区别是其意图。威胁主体既有意图又有手段对系统造成伤害,而危险则偶然发生。

2.3.5 威胁载体

威胁载体（Threat Vector）是威胁攻击目标的方法或手段。有些词典错误地将恶意软件（如病毒、蠕虫和僵尸程序）定义为威胁。但是，这些应该更准确地定义为威胁载体。恶意软件只是威胁可以对目标执行攻击并利用其漏洞的一种方法。

2.3.6 攻击

攻击（Attack）就是试图通过威胁获得对系统服务、资源或信息的未经授权访问，或危害系统或其数据的完整性。攻击是针对特定漏洞进行的单一的尝试性行为。一系列长时间的攻击通常称为运动（Campaign）。

2.3.7 恶意软件

恶意软件（Malware）是利用系统漏洞执行未经授权的功能或过程的软件。病毒、蠕虫、僵尸程序、广告软件和特洛伊木马都是恶意软件的形式。恶意软件是网络空间中常见的威胁载体。

2.3.8 安全系统设计原则

萨尔策（Saltzer）和施罗德（Schroeder）[4]描述了一套设计原则，为生成满足高级别安全性的系统提供了良好的经验法则（Rules of thumb），其中包含 2.2.1 节中讨论过的属性。以下所有这些都是理论原则，但请注意，我们仍缺乏有关如何在实际系统中量化这些原则的强有力的经验证据。然而，努力将这些理论实现并在该领域得到普遍接受是一个很好的理想。

1．机制经济性

机制经济性（Economy of Mechanism）原则表明，系统应该具有精简的设计。一般系统设计师都表达了类似的理念：尽量保持简单（Keep It Simple, Stupid, KISS）。它们都基于这样一个前提，即系统越复杂，出现错误或失误的概率就越高。在网络安全中，这些错误是导致漏洞并最终造成危害的原因。因此，系统设计应尽可能简单，以满足安全要求并减少错误的产生。

2．故障保护默认值

故障保护默认值（Fail-safe Defaults）原则是指默认情况下应拒绝访问，并且仅基于显式权限才允许访问。这个原则引发了白名单（Whitelisting）的操作机制。白名单是明确声明应授予哪些权限以及阻止所有未授权的内容的过程，这在防火墙、操作系统权限和基于策略的入侵检测系统中很常见。这是黑名单反向（Inverse of Blacklisting），黑名单指定并防止已知的不安全的操作，通常用于防病毒技术。白

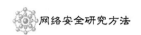

名单是一种很好的做法，因为它迫使人们注意应允许的所有内容，从而减少错误允许不应允许的内容的可能性。然而，实践中系统往往相当复杂，这使得使用白名单理念来操作一切变得非常困难。

3. 完全中介

完全中介原则（Complete Mediation Principle）是指应根据权限检查对每个对象或资源的每次访问。为了验证网络空间中的参与者是否应该进行某项活动，活动必须通过某个过程进行中介处理，以首先确定是否应该发生。这个原则说起来容易做起来难，因为通常是意外的或无计划的行为破坏了保护机制。

4. 开放式设计

网络安全的一个常见问题是隐藏式安全。隐藏式安全（Security through Obscurity）意味着系统安全主要基于其非公开过程和协议。由于总是有人能够发现系统如何运作，因此这被视为安全的可怕基础。相反，正如开放式设计（Open Design）原则所述，安全机制应该接受开放审查，其安全属性应该基于合理的数学和科学属性。也就是说，系统的安全性不应该依赖于其操作或过程的机密性。开放式设计一直是密码学的一个关键原则，因为该领域的专家不会信任那些没有开放并且能够经受多年审查的密码算法。

5. 特权分离

特权分离（Separation of Privilege）原则是指规定网络空间内的权力领域应缩小到尽可能小的空间。需要多个人、资源或资产（如密钥）的机制将更安全。该原则既涵盖参与者的权力（用户应具有的权威权限），又包括安全机制（授权网络空间中的操作所需的流程或资源）。对于参与者而言，这包括减少全局权力，并在某些情况下迫使多个参与者执行一些非常关键的行动。众所周知的例子是核武器发射的职责分离（Separation of Duty）。"两人规则"（Two-person Rule）要求高度关键的职责需要两个独立的、合格的和通过授权的个人来执行，如核武器发射。限制这样的普遍权力对于应对此类大规模行动至关重要。

6. 最小特权

与特权分离原则密切相关的是最小特权原则。最小特权（Least Privilege）是指应仅向网络空间中的参与者和进程提供最小特权以履行其必要职责。通过将特权减少到最小，从而减少能在其中执行的可能操作集、减少可能采取的不良操作的规模。

7. 最不常见机制

最不常见机制（Least Common Mechanism）原则是指安全系统应该限制共享机制的数量。这既适用于安全性（保护功能），又适用于一般机制。这是因为共享功能失败意味着所有共享者的安全性受到一个动作的损害。限定纵深防御（Defense-in-depth）和广度防御（Defense-in-breadth）是网络安全中两个常见的概念，这些概念源于最不常见机制原则。最不常见机制的概念是限制任何安全性故障的影响。纵深防御通过分层安全控制来实现这一点，这样，如果一个安全机制失败，则其他安全层之一将有望检测或阻止该失败。广度防御利用一种控制类型的不同实例，保证一种控制类型中的漏洞不会复制到另一种控制类型中。这是最不常见机制的直接实现方式。也称为系统多样性（System Diversity），其中每个实例以不同方式实现相同的功能（OS、Web 服务器）。显然，这至少在软件级别限上制了常见共享漏洞的能力。

> **深入挖掘：反多样性（ANTI-DIVERSITY）**
>
> 请注意，与网络安全中的大多数概念一样，存在反对系统多样性（因此也是最不常见机制）的反对意见。这种说法是：如果有一个重要的功能，如医院数据库，并且只实现一次，那么，考虑到现实世界存在的限制，就会选择最佳的解决方案。但是，如果由于考虑最不常见机制而实施几种不同的方法，那么，从定义上讲，大多数方法将比"最佳品种"逊色且安全性更低。因此，可以得出结论，最好是争取一个安全的方案，而不是几个可能不太安全的方案。这是一个有趣的研究问题，需要进行调查以确定实际上多样性还是反多样性产生了更安全系统。

8. 心理可接受性

心理可接受性（Psychological Acceptability）原则是指安全性必须尽可能直观且易于使用。这样做的假定是：如果安全性是使用系统的障碍，那么，用户将设法找到绕过安全控制的方法。此外，越复杂的系统（保护和功能）越容易出错，这可能导致安全性能整体下降。

2.4 网络安全控制概述

到目前为止，讨论的网络安全概念都是一些临时的概念。实现这些概念对于实现真实系统的安全性是必要的。网络安全控制是可以将安全属性级别应用于系统的工具和技术。大量的应用研究侧重于建立安全控制。这些是我们在计算机中看到和使用的常用工具。了解当前可用和正在使用的安全控制从而了解如何应用到网络安全的研究是非常重要的。

所有安全控制都必须体现为策略（Policy）。没有策略的控制是没有意义的，没有控制的策略是没有用处的。例如，小型企业可能会声明所有密码应每 6 个月更改一次，这就定义了风险（忘记密码、密码泄露）、机制（域策略控制）和适用性（所有用户）。技术专家通常会在不考虑策略的情况下直接进入控制或机制。如果没有使用这种控制的合理策略，那么，它充其量是毫无价值的，最糟糕的是欺骗性的。策略是一种形式化定义，描述在什么条件、限制、对手和情况下，对企业进行网络安全意味着什么。即使在相同的情况下，这也会因企业而异。

随着时间推移，已经出现了许多不同的控制机制。虽然各种控制有不同的方法和实例，但在此概述中，我们只提供每个控制类别的高阶描述。在大多数情况下，这些控制类别适用于网络空间及计算机系统和通信网络的不同物理介质。

2.4.1 访问控制

通过访问控制可以对网络空间内的参与者身份进行身份验证，然后，授权他们执行操作或访问资源。访问控制（Access Control）的第一个关键步骤是网络空间参与者的身份验证（Authentication）。网络空间内的身份验证需要用某种形式将物理身份映射到网络身份。凭证因素（Credential Factors）是一组数据，代表某种形式的证据，可以用于确认参与者的身份。表 2-1 定义了凭证因素类别、相应的技术实例，以及使用它们的技巧。根据存储和受保护的凭证副本或构件（如哈希），身份验证过程验证用户提供的凭证。

表 2-1 凭证因素类别、实例和技巧

类别	实例和技巧
你有什么	证书、密钥、RSA（Rivest、Shamir 和 Adleman）令牌、智能卡
你是谁	生物识别技术（即指纹、视网膜、面部和语音识别）、打字特征、物理上不可克隆的功能
你知道什么	密码、PIN
你在哪里①	GPS 坐标、蜂窝三角测量、地理标记、国家/地区代码等

①虽然第四个类别的凭证因素不太会被重视，但有时用得很好

深入挖掘：信息安全模型

定义特权集以及用户如何与它们进行交互的信息安全模型有多种。所有这些模型都基于理论逻辑公理来证明它们维护了安全性。贝尔·拉帕杜拉（Bell-LaPudula）[5]、比巴（Biba）[6]和克拉克·威尔森（Clark-Wilson）[7]模型是应用最广泛的，并且通常在网络安全课程中讲授。然而，也有为不同操作范例开发的其他模型，如数据库和防止利益冲突。其他研究模型包括泰克·格兰特（Take-Grant）[8]、格雷厄姆·丹宁（Graham-Denning）[9]、布鲁尔（Brewer）和纳什（Nash）[10]，以及哈里森（Harrison）、鲁佐（Ruzzo）和乌尔曼（Ullman）[11]。

身份验证后之后是授权（Authorization）。授权是基于与网络角色相关联的一组特权来允许或阻止对数据的操作或访问。特权（Privileges）是根据定义为网络角色所允许的内容而被授予或限制的可能操作。如表 2-2 所列，存在多种访问控制模型。

表 2-2 访问控制模型

访问控制模型	描述
强制访问控制（Mandatory Access Control，MAC）	特权由集中管理机构维护，即使对于自己生成的数据，用户也无权更改或授予特权给其他人，活动目录（Active Directory）组策略是 MAC 的一个示例
自主访问控制（Discretionary Access Control，DAC）	特权是根据身份或组定义的，拥有特权的人可以自行决定将特权传递给其他人，Unix 文件系统是 DAC 的一个例子
基于角色的访问控制（Role-based Access Control，RBAC）	先将特权分配给具有已定义职责的角色，再为个人分配角色以获得特权，RBAC 用于整个网络系统，一个常见示例是管理员账户为用户提供超级用户特权
基于属性或规则的访问控制（Attribute- or Rule-based Access Control，ABAC）	特权是根据已批准属性的规则及其与用户、请求的资源和上下文环境信息的关系授予的；ABAC 允许基于动态信息限制访问，如用户来自哪个 IP 地址范围或访问的时间

2.4.2 态势感知

态势感知（Situation Awareness）是监控网络系统以了解其当前状态和状态变化的过程，核心概念是能够从网络空间的数据流中提取重要信息，以产生能够采取行动的知识。如表 2-3 所列，态势感知能够实现的等级不断提高[12]。

表 2-3 态势感知等级

等级	描述	实例
1	感知环境中的元素	防火墙日志、系统事件日志、捕获的数据包
2	了解当前的情况	确定当前威胁或风险等级、确定是什么类型的攻击
3	预测未来状况	预测攻击类型、预测威胁、预测漏洞

态势感知是一个包含许多不同方面的领域。有些传感器可以收集第一级数据。需要科学考虑的内容包括如何收集数据、在何处收集数据、收集多少数据以及如何规范化数据流。通常，基于主机和网络的工具会生成用于网络安全状况感知的日志。防火墙、系统事件日志、防病毒、捕获的数据包、网络流量收集器和入侵检测系统都是常见网络空间传感器的实例。

第二级态势感知（SA）开始从数据生成信息以确定当前情况。通常，第二级态势感知需要将数据整合在一起并执行某种级别的分析。最简单的形式是基于特征的工具（Signature-based Tools），如防病毒和入侵检测系统。这些系统将以前检测到的攻击知识封装到检测特征中，当在操作系统中检测到这些特征时，就会发出警示。安全信息和事件管理器（Security Information and Event Managers，SIEM）等更高级的系统提供了基础设施，可将来自多个传感器的数据集聚合在一起进行关联分析。此外，用于确定系统中存在多少未修补漏洞的分析过程也是第二级态势感知的一种形式。

最高等级第三级是很难实现的级别，因此，这一类有效工具的实例很少。诸如网络威胁情报之类的东西，通过提供活跃威胁主体有关的方法、技术和目标信息，提供某种程度上的预测信息，以便采取先发制人的安全措施。

2.4.3 密码学

密码学（Cryptography）是研究和应用数学结构和协议的科学，为保护数据和通信防止被窃听提供逻辑机制。现代密码学有对称加密和非对称加密两种技术。对称密钥加密技术（Symmetric Key Cryptograph）利用具有快速密码的共享密钥或秘密来加密和解密消息。非对称加密技术（Asymmetric Cryptography）利用计算复杂数学问题来实现加密和解密，而通信双方具有不同的密钥。对称加密速度很快，但需要某种方法安全共享密钥材料。权衡两种技术，最佳实践方法是利用非对称加密技术的优点在通信各方之间交换密钥材料，以便他们随后可以使用更快的对称加密技术进行数据交换。

> **你知道吗？**
>
> 随着加密算法的团体审查和研究成为决定其实力的基石之一，美国政府已经开始通过竞赛选择下一个加密算法标准。美国国家标准与技术研究院（National Institute of Standards and Technology，NIST）在第一次竞赛中选出里恩代尔算法（Rinjdael Algorithm），后来成为 AES。最近，美国国家标准与技术研究院又举行了改进散列函数竞争，即安全哈希算法 3（Secure Hash Algorithm 3，SHA-3）的竞赛，由吉多·贝托尼（Guido Bertoni）、琼·大门（Joan Daemen）、米歇尔·皮特斯（Michaël Peeters）和吉尔·范·阿什（Gilles Van Assche）开发的凯卡克算法（Keccak Algorithm）被选为 SHA-3 标准。美国国家标准与技术研究院目前正在考虑举办针对量子计算能力的加密算法新竞赛。

1．对称加密

有许多不同的对称密码，一些更广为人知的对称密码是高级加密标准（Advanced Encryption Standard，AES）、数据加密标准（Data Encryption Standard，DES）、三重数据加密标准（3DES）、里斯本密码 4（Rivest Cipher 4，RC4）。密码可以以块方式对数据进行操作（块密码，Block Ciphers），对数据块同时执行操作，如表 2-4 所列，块密码存在不同模式。密码也可以以流方式对数据进行操作（流密码，Streaming Ciphers），对每个原子数据执行操作。但是，块密码可以在某些模式下执行，以复制流模式密码的特性。

表 2-4 块密码的模式

模式	描述
电码本 （Electronic Cipher Book，ECB）	每个明文块都是单独加密的，相同的明文使用相同的密钥生成相同的密文；这种模式在某些情况下会导致严重的信息泄漏，因此，电码本模式不应用于实际应用
密码块链接 （Cipher Block Chaining，CBC）	用每个明文块与前一个块的密文进行异或（用于独占且分离的二进制操作），从而创建密码块的链接
密码反馈 （Cipher Feedback，CFB）	密码反馈与密码块链接密切相关，但在加密之前没进行异或运算，而是在加密后，再与明文进行异或，从而创建密文；随机值用作密码的初始输入。通过使用某些技术，密码反馈模式可通过允许小于块大小的同步操作来改进密码块链接
输出反馈 （Output Feedback）	使用密钥生成加密块，从加密一个初始随机值开始，然后对每个后续加密的输出进行加密；密文是通过将明文与加密块进行异或来生成。由于加密独立于明文，因此该模式的行为类似于流密码
计数器 （Counter）	与输出反馈类似，计数器模式也是对一个值进行加密，并通过将明文与加密块进行异或来生成密文；计数器模式的不同之处在于，使用明文块的一半作为随机数来生成加密输入，另一半是一个计数器，每生成一次加密块就加 1，生成新的加密输入；计数器模式也可以像流密码一样运行；当通信信道可能丢失信息时，由于计数器告知接收者在数据流中消息适合的位置，计数器模式还可以正常工作

2．非对称加密

非对称加密（Asymmetric Encryption）使用含有私人密钥（私钥）和共享密钥（公钥）的复杂计算问题。非对称加密是指使用一个公钥加密的消息只能通过其私钥解密，反之亦然。非对称加密通过使通信各方能够共享其公钥并使用复杂的数学方法加密数据以使窃听者无法破译消息，解决了在没有安全通信情况下的共享问题。因此，每个人都可以公开分享他们的公钥以便其他人可以与他们沟通。最佳的做法是：只使用接收方的公钥加密数据，而不使用发送方的私钥加密数据。

非对称加密还能实现数字签名。如果不把私钥用于消息加密，而用于消息身份验证，那么，就可以通过对消息签名来实现。要对消息签名，需要首先对消息进行哈希处理（接下来将描述哈希），然后对该哈希进行加密。加密的哈希与消息一起传输。接收方可以验证哈希，首先通过使用签名者的公钥解密哈希，然后将解密的值与消息的计算哈希进行比较。如果值相等，则消息有效并来自签名者（这里假设私钥没有被盗）。

3．加密哈希函数

哈希函数（Hash Function）是一种计算方法，可以将不确定大小的数据映射到固定大小的数据上。更直观地说，它提供了一组数字来表示输入数据。加密哈希函数（Cryptographic Hash Function）使用单向数学函数，很容易计算生成哈希值，但对生成的哈希执行计算却非常难以重新生成输入数据。生成加密哈希函数的一种常见方法是使用块密码，一些常见的哈希函数是 MD5（已经破解并过时）、SHA-1、SHA-2 和 SHA-3。

4．熵

熵（Entropy）是所有加密函数运行的基础。在网络安全中，熵是衡量数据生成函数的随机性或多样性的指标。全熵数据是完全随机的，并且不能找到有意义的模式。低熵数据提供了预测即将产生的值的能力或可能性。加密函数质量的一个衡量标准是测量其输出的熵。加密和哈希函数都需要高熵算法。

熵对于生成随机输入也至关重要，如用于加密算法的密钥、随机数、初始化向量。这些值必须是不可预测，甚至是完全秘密的，以确保过程的安全性。因此，拥有和使用高熵数据源对安全性至关重要。一些常见的熵源是键盘/鼠标输入、驱动器读取、电路电压和热读数。然而，这些源并不总是足以在所需的时间内生成所需熵材料，因此经常使用加密安全的伪随机数生成器（Cryptographically Secure Pseudo-random Number Generators，CSPNRG）来生成额外的熵材料。CSPNRG 是一种数学函数，它接受高熵的一个种子或某个初始值，以防止被预测，然后产生高熵的数字流。真正熵源的输出通常用于 CSPNRG 的种子。

5．密码分析

密码分析（Cryptanalysis）是研究密码系统以寻找弱点或信息泄漏的过程。密码分析通常被认为是探索密码系统的基础数学弱点，但它还包括寻找实现中的弱点，如旁道攻击或弱熵输入。

> **你知道吗？**
>
> 尼尔·斯蒂芬森（Neal Stephenson）为其获奖的 1999 年科幻小说《编码宝典》（Cryptonomicon）邀请著名密码学家布鲁斯·施奈尔（Bruce Schneier）开发一种加密密码。由此产生的密码纸牌（Solitaire），在小说中称为庞蒂法克斯（Pontifax），使用一组完整的卡片和两个小丑来创建一个密码流来加密和解密消息。卡片组洗牌为一个序列，代表密钥，并用于加密消息，卡片组被放回到密钥的顺序中并随密文一起传送。接受者使用卡片组解密消息。

2.4.4 主机安全

网络空间中的主机代表计算能力的基本单位。主机通常表示计算机，但它也可以表示诸如智能电话、可编程逻辑控制器之类的嵌入式设备（Embedded Device），还可以表示虚拟机（Virtual Machines）等逻辑结构。

主机安全包括提供主机监视和保护的控制，包括主机防火墙、主机入侵检测系统（Host Intrusion Detection Systems，host-IDS）和身份验证机制等。主机安全在不同的事件时序下运行。在网络接口上接收到数据包时，防火墙和主机入侵检测系统会执行；当文件被放入文件系统和软件被执行时，主机入侵检测系统和防病毒系统会执行。

软件安全（Software Security）可以在开发期间使用静态和动态代码分析执行，这会搜索漏洞的可能位置。在操作之前，可以对可执行文件进行模糊测试（Fuzzing Testing）和渗透测试（Penetration Testing）（两种用于查找漏洞的技术）。最后，操作系统有多种技术提供操作时间保护，如只读存储器段。地址随机化（Address Randomization）是一种较新的技术，它在应用程序每次执行时，都会改变程序存储空间的布局，以防止缓冲区溢出跳转到代码已知位置这种常见的软件攻击。

2.4.5 计算机网络安全

计算机网络安全封装了一套安全控制，为计算机网络和在主机之间传输的数据提供保护。计算机网络安全的过程和技术与基于主机安全的过程及技术非常相似，但它不是查看主机，而是查看计算机网络。就像基于主机安全一样，计算机网络安全也有防火墙和入侵检测系统来监控数据流。计算机网络安全还具有入侵防御系统和应用程序代理，其作用类似于主机上的防病毒软件，但在协议级别或交换数据的过程和格式下运行，用来检测和防止已知的不良行为。

计算机网络安全性更加混乱，因为与主机安全相比，传感器的数量和位置通常是有限的。尽管观察到网络中的每一个位置是可能的，但是这种情况很少见。随着网络上传感器数量的增加，诸如同步和数据整合与关联之类的事情变得更具挑战性。通常，用基于主机的日志与网络日志合并这样的方法来提高网络的可见性。

2.4.6 风险

风险（Risk）是网络受到潜在网络攻击的可能性，常用的公式是威胁攻击的概率乘以存在漏洞的概率乘以攻击成功后造成的影响，即

风险（Risk）=威胁（Threat）×漏洞（Vulnerability）×影响（Impact）

其目的是提供一种衡量系统安全性的措施，并确定在何处优先花费资源进行改进。

风险可以通过多种方式处理。首先，可以简单接受风险。如果风险值太高而无法被接受，则可以通过应用安全控制，降低漏洞存在可能性，来减轻风险。最后，风险可以通过保险等机制进行转移。计算机网络安全风险的主要问题是：目前无法衡量威胁攻击的可能性或存在漏洞的可能性。因此，目前的风险度量不是泛化的，

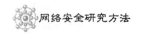

而是提供了更多的局部序数测量。虽然存在这些缺点,但是目前保险公司已经开始为计算机网络安全攻击提供保险。

2.5 定义网络安全科学

至此,你应该对网络空间和网络安全的含义以及一些常见的技术和概念有了一个很好的概览。在本节,我们将描述对网络安全进行科学研究的意义,并在此背景下,提供如何指导研究问题和假设的观点。

一般来说,一个科学领域背后的驱动力是一些悬而未决的研究问题。例如,如果把目光投向我们的领域之外,科学家可能会对特定生物生态系统中相互作用的力量产生疑问,或者对暗物质与物理时空的关系产生疑问,亦或对异常人类行为和心理学认知的研究产生疑问。为了使研究可行,通过研究衍生的、较小的问题,以及围绕解释现象的不同假设,形成不同研究子领域。虽然网络安全仍然是一个年轻的领域,但确定总体的研究目标是非常重要的,以便构建研究框架。

该领域的最新观点:网络空间和物理空间是类似的。这并不意味着存在相同的定律,而是意味着存在更多的定律,只需要去找到它们。从这个角度来看,驱动目标是找到"网络空间中的物理学"。通过发现这些定律、原理和定理(网络物理学,Cyber Physics),就有可能在网络空间中找到具有预测性能的边界,就像今天在物理空间中可能出现的那样。根据这些网络物理学的知识,有可能开发出可以生成风险度量的预测模型,从而可以对网络安全应用和态势做出合理的决策。

随着时间推移,已经有一些尝试来定义网络安全科学。如来自迈特(Mitre)的 JASON[13]报告指出,目前还没有任何关于网络空间的定律,其他领域也没有直接涉及网络安全的独特方面,如无限空间的可能性和快速变化的敌对环境。美国政府资助的大学小型实验室(Lablets)将科学与网络安全中的一系列难题联系起来[14]。美国国家科学院的报告描述了为什么需要对网络安全进行科学研究以及对研究愿景的调查。最后,美国国家科学技术委员会网络与信息技术研究与发展计划(NITRD)[15]最近的一份报告指出,我们仍需要发展一些定义网络空间的强大理论和定律。

2.5.1 我们对网络安全科学的定义

所有报告都提供强有力的观点和良好的想法。然而,我们认为这一努力有点错位。在过去的 10 年中,我们形成了一个关于安全科学意味着什么的新视角。我们提供定义,以帮助在研究人员中培育想法和培养思想。如前所述,流行的观点是网络空间具有可以发现和利用的定律。对此,我们未必同意。我们的假设是:网络空间不存在任何稳定的动态。或者换个方式说,网络空间随着新技术、硬件和软件的发展而不断变化。这样,每次增加都可能以某种方式改变动态。因此,你不能假设有稳定的可供发现的定律。我们确实相信,网络空间的特定配置可以表现出行为定律。因此,有可能找到如何构造网络空间的原理,从而在网络空间内实现理想的属性和原则。这些构造原理将使我们能够创建具有特征的逻辑系统,这些特征在认知上、社会上、逻辑上约束用户进行预期的和可预测的行为。从我们的角度看,网络安全不是理解网络空间的科学,而是理解如何构造网络空间以实现理想特征或定律的科学。我们可以充分了解网络空间的配置,以确定用户何时何地违反所构造的逻辑定律。网络安全科学不是为了回答"网络空间的物理学是什么",而是"需要什么样的网络空间物理学,指导实现我们想要的行为/响应,以及指导如何创造网络空间"。

为了实现这一科学愿景,网络空间的定义至关重要。正如先前所定义的,我们认为,网络空间是硬件、数据和人的结合。因此,每类因素都在网络空间所展示的特征中发挥作用。由于任意类别的每个变化都可能改变系统动态,因此,科学就处于这 3 个领域之间相互作用的地方。我们希望系统在交互时的行为或动态是不变的,这样就可以预测在不同配置下将形成什么样的运动学和动力学。网络空间的任意两个空间之间的每个交集都代表着有希望的开放研究领域。

1. 系统与数据的交集

如图 2-2 所示,系统和数据的交集是目前最富有成效的研究领域。该研究子领域旨在了解如何在网络空间中建立逻辑边界。摩尔定律与密码学的结合,已经获得一个合理的模型,可以预测密码学派生的逻辑边界的适当强度[16]。但是,这个结果也处于过时的边缘,因为越来越接近量子计算的世界,这使我们对计算能力范围的许多理解变得无效。

该子领域下的研究将侧重于理解网络空间在不同情况下以不同方式构建时的行为。了解计算能力如何受到物理系统和软件的影响,将有助于了解逻辑边界在何时、何地以及在何种设计下存在。这些知识将有助于推动开展具有逻辑界限的系统设计,以适合安全应用。

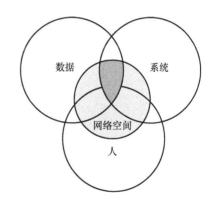

图 2-2 网络空间中系统与数据的交集

2. 人与系统的交集

如图 2-3 所示,人与系统的交集聚焦于了解网络空间中人的行为。随着时间的推移,我们逐渐了解到,将自己投射到网络空间的过程中,会失去一些人的特性。

无论是盗版音乐[17]还是盗版电影亦或者是网络暴力,通过网络空间与物理空间进行交互时,人在身体和情感上的行为似乎有所不同。了解这些差异、造成这些差异的原因以及哪些因素可能会产生影响,将有助于定义一个基于(或不基于)人行为的安全网络空间。

最近的研究[18]表明,如果人和网络空间的融合足够真实,这将开始使我们能在其中产生正常的生理反应。一个有趣的问题是:我们是否可以构造网络空间,使人们产生诸如内疚和羞耻等生理反应?该子领域也囊括从心理学和社会学的角度来理解威胁。有了这种理解,就有可能通过这种方式构建网络空间从而来阻止恶意行为。

3. 人与数据的交集

如图 2-4 所示,人和数据的交集着重于理解人对数据的认知限制和趋势。已经发现,无论社会经济状况如何,人都会产生相同的弱密码[19]。研究人对如何存储、解释和处理数据的认知能力,可以指导我们设计和开发更多更实用和更安全的系统。沿着这些方向进行研究,为了更有效地发现和解决攻击,不仅要研究与安全工具(如身份验证或安全通知)的直接交互,还要研究如何为防御者提供数据的最佳方法。

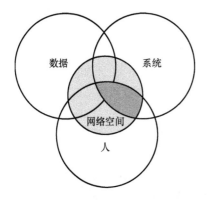
图 2-3　网络空间中人与系统的交集

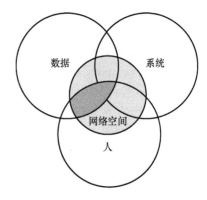
图 2-4　数据与人在网络空间的交集

2.6　网络空间安全面临的挑战

物理系统行为的硬科学、人类行为与反应的社会科学,以及数据编码与信息表示结果的形式科学的相互作用是一个完全独特的研究领域。伴随着这种独特性,一系列具有挑战性的方面随之而来,使得进行研究和应用成果变得困难。以下是研究时可能会发现的一些常见方面。

首先,网络空间完全起源于人类,是一个抽象的、信息化的空间,由代码、元素和交互来定义。我们目前的理解缺乏数学和类似物理学的基础。从哲学来讲，它是一个空间，因为它概念化了移动、行动、创造和描述的能力。

正如在定义网络空间时所讨论的那样，人们可以通过多种视角来研究网络空间，逻辑数据和信息方面包括定义和理解网络空间的软件、接口和构件；或者，可以研究构成网络空间的物理学，研究电子、电线、计算机和其他物理现象学；或者，可以研究网络空间中人们的行为。单独每个研究领域都具有挑战性，而结合起来，则更加困难。

虽然通常很容易将网络空间与物理空间联系起来，但它在多个方面与自然世界不同。首先，虽然人类不存在于网络空间中，但是人们在网络空间中拥有化身并在网络空间中留下存在的痕迹。因此，威胁存在于网络空间之外。所以，想要感知所有网络空间内的相关信息并不总是容易的，甚至是不可能的。

物理域和网络域之间相互作用面临的一个相关挑战是，它们之间的联系是松散且动态的。我们倾向于用来识别人的网络构件（如 IP 地址和用户名）是非绑定的且不是唯一的。IP 是动态分配的，可以通过其他更改 IP 的系统轻松更换 IP。此外，用户名通常是用户自己定义的，并且在不同的服务之间通常是不同的。因此，相同的用户名可以代表不同平台上的不同人。另外，攻击者很容易假冒别人的网络身份，执行看似来自受害者的行为。

网络空间的超自然本质也与自然空间不同，仍缺乏定义网络空间的数学结构。几何（Geometry）是定义物理空间的数学，可以在数学上描述物质块和质量块。但目前人类仍缺乏定义网络空间的能力。长度、距离和其他度量对网络空间是没有影响的。此外，诸如物理空间中的力之类的概念在网络空间中也没有已知的推论。

所有这一切意味着，还没有发现网络空间第一原理。物理安全取决于物理第一原理，通过对力和材料构成的理解，我们可以量化和预测突破物理障碍需要多大的力或者用给定的力量需要多长时间。但是我们目前对网络空间的机制和动态知之甚少。这导致攻击者经常打破网络空间组件设计者的假设，而不是正面攻击防御系统。由于我们缺乏对网络空间的了解，对网络安全的有力处理是不可能的，攻击者在寻找弱点方面具有优势。

这导致网络安全面临最具挑战性的终极问题。研究中的一个主要变量是：随着学习，威胁会发生动态和智能的变化。人类就是威胁，他们很聪明，反应也很灵敏，因此，当我们学习他们的战术和建立防御时，他们也在改变。人们喜欢用于网络安全的另一个类比是医学，虽然病毒和细菌确实会进化并降低我们的免疫系统和药物的有效性，但它们并不聪明，它们的变化相对较慢，预测它们将如何变化是可能的。然而，网络安全威胁交流、共享和销售漏洞，并且像我们一样了解网络系统的工作原理。因此，需要一个可被理解的共同进化过程帮助将来从网络安全研究中获得证据知识。

2.7 进一步阅读

虽然网络安全是一个相对年轻的研究领域,但它已经受到了广泛的关注。围绕不同的网络安全主题有很多期刊和会议。虽然很难完整地总结网络安全研究的所有子领域,但是我们下面还是要简单地介绍一些比较常见的子领域,为你提供一些思路,以便你下一步去何处寻找适合自己研究兴趣领域的想法和主题。

2.7.1 攻击检测

攻击检测(Attack Detection)研究领域是研究攻击的模式和行为以发现攻击行为。该领域中常见的方法是使用统计学方法、专家系统和机器学习等。防病毒和入侵检测系统之类的解决方案源自该研究领域。

2.7.2 安全机制设计

安全设计聚焦于安全属性以及如何将它们应用到系统中以实现一定的安全级别。该领域包含多个子领域,如形式化方法、安全体系结构以及对新应用安全控制的研究。诸如防火墙和访问控制范式之类的东西就是这一研究领域的成果。

2.7.3 软件安全

软件安全研究领域专注于理解软件中为什么存在漏洞、它们通常在哪里显示、如何检测它们,以及如何防止它们。该领域的研究人员研究安全编码实践、静态和动态软件分析以及编程语言和运行时设计等主题。沙箱和静态代码分析器等解决方案都属于这一研究领域。

2.7.4 恶意软件/威胁分析

恶意软件和威胁分析研究重点是了解威胁的行为和策略以及它们使用的攻击载体。研究子领域是网络取证、逆向工程和攻击归因。各种模式匹配攻击工具所需连续签名更新流就是由该研究领域产生的。

2.7.5 风险管理

风险管理研究侧重于如何衡量和量化网络安全状态。这包括量化网络安全对运营的价值、运营面临的威胁程度,以及对缓解措施和安全控制如何影响整体运营风险进行评估。风险管理研究人员也研究,如果部署的安全控制有效,哪些类型的度量和传感器是必要的。

2.7.6 密码学

密码学是一个专注于开发安全通信算法和协议的研究领域。其中的关键部分是密码分析,即研究和发现破解加密算法的方法。密码学包括信息论和形式证明研究,以及如何无漏洞地应用这些技术的研究。加密和数据完整性来自这一研究领域。

我们希望,本章对网络安全进行充分的介绍,为本书的其余部分提供背景。由于本书更侧重于为研究人员和从业人员提供严谨的研究方法,因此并未完全介绍网络安全领域的所有知识。市场上有很多深入地讲授网络安全理论和基本概念的书籍[20-22]。我们还在本章末尾的深入挖掘框中提供了一份开创性的论文清单,我们认为这些论文为网络安全奠定了坚实的基础。

> **深入挖掘:开创性的网络安全工作**
>
> 与每个科学领域一样,正在进行的网络安全研究是未来研究的转折点。
>
> 表 2-5 是一份开创性论文清单,可为你提供网络安全研究的基础。此列表中的研究改变了该领域对主题的思考方式。这份清单并不仅仅是一份好的研究或有趣主题的清单。每个参考文献都提供了一个关于该论文为何具有开创性的简要解释。
>
> 表 2-5 网络安全工作论文清单
>
> | 题目 | 作者 | 开创性之处 |
> |---|---|---|
> | 秘密系统的通信理论 Communication Theory of Secrecy Systems | 克劳德·香农(Claude Shannon) | (1)第一份形式化的现代密码学陈述。
(2)定义保密系统、密码,以及如何从信息理论角度确定保密系统的强度 |
> | 计算机系统信息保护 The Protection of Information in Computer Systems | 杰罗姆·H.萨尔策(Jerome H. Saltzer),迈克尔·D.施罗德(Michael D. Schroeder) | (1)介绍开创性的安全设计原则。
(2)基于描述符的保护系统。
(3)对计算机安全的历史见解 |
> | 《摩尔定律(集成电路中植入更多部件)》(1965)和《数字集成电子学的进展》(1975) Moore's Law (Cramming More Components onto integrated circuits (1965) and Progress in Digital Integrated Electronics (1975)) | 戈登·摩尔(Gordon Moore) | (1)定义了处理器开发和进展的模型。
(2)提供了一种将计算功能映射到未来的方法。
(3)一个可以量化加密安全强度的基本概念 |
> | 密码系统的新方向 New Directions in Cryptography | 惠特菲尔德·迪菲(Whitfield Diffie),马丁·赫尔曼(Martin Hellman) | (1)公钥密码学的第一个想法。
(2)定义了 Diffie-Hellman 密钥协商协议 |

（续）

题目	作者	开创性之处
获取秘密系统数字签名和公众秘钥的方法 A Method for Obtaining Digital Signatures and Public-Key Cryptosystems	罗恩·里维斯特（Ron Rivest），阿迪·沙米尔（Adi Shamir），伦纳德·阿德勒曼（Leonard Adleman）	（1）定义RSA公钥系统。 （2）最常用的公钥加密系统之一
数据银行和隐私同态 On Data Banks and Privacy Homomorphisms（1978）	罗纳德·里维斯特（Ronald Rivest，），伦纳德·阿德勒曼（Leonard Adleman），迈克尔·德图佐斯（Michael Dertouzos）	第一篇定义了同态加密的论文
使用理想网格的完全同态加密 Fully Homomorphic Encryption Using Ideal Lattices（2009）	克雷格·金特里（Craig Gentry）	第二篇定义了第一个实用的完全同态加密方案的论文
拜占庭统一性问题 The Byzantine Generals Problem	莱斯利·兰波特（Leslie Lamport），罗伯特·肖斯塔克（Robert Shostak），马歇尔·皮斯（Marshall Pease）	（1）对抗性威胁协议的理论探讨。 （2）定义了对冗余系统的信任限制。 （3）无法解决常见的漏洞挑战
破坏栈的乐趣和益处 Smashing the Stack for Fun and Profit	阿莱夫·万（埃利亚斯·利维）Aleph One（Elias Levy）	（1）第一次广泛介绍缓冲区溢出。 （2）逐步讨论漏洞和shell代码。 （3）探讨其影响
公众秘钥协议的安全性 On the Security of Public-Key Protocols	丹尼·多列夫（Danny Dolev），安德鲁·姚（Andrew Yao）	（1）攻击公钥协议的理论探索。 （2）定义了Dolev-Yao威胁模型，该模型已成为用于加密协议的威胁模型
一种计算机病毒及其破解方法 A Computer Virus and a Cure for Computer Virus	弗雷德·科恩（Fred Cohen）	（1）第一个病毒的定义。 （2）通过映射到停止问题来证明检测病毒的不可判定性（反证明）
计算机安全基础 The Foundations of Computer Security: We Need Some	唐纳德·古德（Donald Good）	（1）文章指出计算机安全工程缺乏坚实的基础（网络安全还不是一个概念）。 （2）调查了理论上安全系统如何不安全。 （3）在能够设计"安全"系统之前，我们需要更多理论
为撒旦的计算机设定程序 Programming Satan's Computer	罗斯·安德森（Ross Anderson），罗杰·尼达姆（Roger Needham）	（1）对定时、排序和预言机攻击的理论探索。 （2）使用加密技术定义开发完整性和真实性安全协议的原则

(续)

题目	作者	开创性之处
基础概率谬误及其对入侵检测难点的影响 The Base-Rate Fallacy and Its Implications for the Difficulty of Intrusion Detection	斯蒂芬·阿克塞尔森 （Stefan Axelsson）	（1）对 IDS 问题的理论解释。 （2）由于噪声与信号的极端比率（攻击黑天鹅事件），即使拥有准确率为100%的探测器，也仍然需要极低的误报率，以免误报检测泛滥
红药片和蓝药片 Red Pill（2004）Introducing the Blue Pill（2006）	乔安娜·鲁特科夫斯卡 （Joanna Rutkowska）	（1）红药片（Red Pill）演示了一种虚拟机运行来宾的检测方法。 （2）蓝药片（Blue Pill）证明恶意软件成为动态运行操作系统的虚拟机管理程序
猜测的科学：7000 万密码的匿名语料库分析 The Science of Guessing: Analyzing an Anonymized Corpus of 70 Million Passwords	约瑟夫·博诺（Joseph Bonneau）	（1）研究表明，无论亚群如何，每个人都选择等效的弱密码。 （2）攻击者最好使用全局密码列

参考文献

1. Glossary. (January 11, 2017). Retrieved February 25, 2017, from https://niccs.us-cert.gov/glossary.
2. Cyberspace and Security: A Fundamentally New Perspective, Victor Sheymov
3. Dux, E., Neale, M., Gibson, W., In Ford, R., Bono,., Sterling, B., Paine, C., ... New Video Group. (2003). *No maps for these territories: On the road with William Gibson*. United States: Docurama.
4. J. H. Saltzer and M. D. Schroeder, "The protection of information in computer systems," in *Proceedings of the IEEE*, vol. 63, no. 9, pp. 1278–1308, September 1975.
5. Secure Computer Systems: Volume I—Mathematical Foundations, Volume II—A Mathematical Model, Volume III—A Refinement of the Mathematical Model No. MTR-2547. (1973) by David E. Bell, Leonard J. Lapadula.
6. Integrity Considerations for Secure Computer Systems MITRE Co., technical report ESD-TR 76-372 (1977) by Biba.
7. Clark, David D. and Wilson, David R.; A Comparison of Commercial and Military Computer Security Policies, in Proceedings of the 1987 IEEE Symposium on Research in Security and Privacy (SP'87), May 1987, Oakland, CA; IEEE Press, pp. 184–193.
8. Lipton, Richard J.; Snyder, Lawrence (1977). "A Linear Time Algorithm for Deciding Subject Security" (PDF). *Journal of the ACM (Addison-Wesley)* 24 (3): 455–464. doi:10.1145/322017.322025.
9. G. S. Graham and P. J. Denning, "Protection–Principles and Practice," in *Proceedings of Spring Joint Computer Conference, AFIPS*, 1972, pp. 417–429.
10. Dr. David F.C. Brewer and Dr. Michael J. Nash (1989). "The Chinese Wall Security Policy". IEEE.

11. M. A. Harrison, W. L. Ruzzo, and J. D. Ullman, "Protection in Operating Systems," *Communications of the ACM*, vol. 19, no. 8, pp. 461−471, August 1976.
12. Endsley, Mica R. "Toward a theory of situation awareness in dynamic systems." *Human Factors: The Journal of the Human Factors and Ergonomics Society* 37.1 (1995): 32−64.
13. JASON. (2010, November). *Science of cyber-security*. Retrieved February 25, 2017, from https://fas.org/irp/agency/dod/jason/cyber.pdf.
14. Nicol, D. M., Sanders, W. H., and Scherlis, W. L. (November, 2012). *Science of security hard problems: A lablet perspective*. Retrieved from http://cps-vo.org/node/6394.
15. House, W. (2011). Trustworthy Cyberspace: Strategic Plan for the Federal Cybersecurity Research and Development Program. *Report of the National Science and Technology Council, Executive Office of the President.*
16. Barker, E. (January, 2016). *Recommendation for key management part 1: General.* NIST Special Publication 800-57 Part 1 Revision 4. Retrieved from http://nvlpubs.nist.gov/nistpubs/SpecialPublications/NIST.SP.800-57pt1r4.pdf.
17. Robert Eres, Winnifred R. Louis & Pascal Molenberghs (2016): Why do people pirate? A neuroimaging investigation, Social Neuroscience, DOI: 10.1080/17470919.2016.1179671.
18. "Touching a Mechanical Body: Tactile Contact With Intimate Parts of a Human-Shaped Robot is Physiologically Arousing," Jamy Li, Wendy Ju and Bryon Reeves; l International Communication Association Conference, Fukuoka, Japan, June 9−13, 2016.
19. Bonneau, Joseph. "The science of guessing: analyzing an anonymized corpus of 70 million passwords." 2012 IEEE Symposium on Security and Privacy. IEEE, 2012.
20. Charles P. Pfleeger, Shari Lawrence Pfleeger, and Jonathan Margulies. 2015. Security in Computing (5th Edition) (5th ed.). Prentice Hall Press, Upper Saddle River, NJ, USA.
21. Matt Bishop. 2004. Introduction to Computer Security. Addison-Wesley Professional.
22. William Stallings and Lawrie Brown. 2014. Computer Security: Principles and Practice (3rd ed.). Prentice Hall Press, Upper Saddle River, NJ, USA.

第3章 开启研究

仅仅了解科学是什么并不能保证你清楚如何进行研究,仅仅了解网络领域及其安全性问题并不能保证研究人员有实验思路。虽然我们大多数人在小学时就学习过,科学实践可以归结出科学方法,但现代研究的实际情况要更复杂。科学方法是研究人员所经历过程的抽象简化,但没有任何方法是直截了当或简单的。每个研究领域都定义了产生合理结果的通用方法。随着技术的进步和科学家找到更高效和有效的方式,这些方法会随着时间的推移而改变。每种方法都有最适合的研究领域,最好遵循每个领域的标准,以实现结果的可比较和易重复。本章将介绍4类研究:观察研究、理论研究、实验研究和应用研究。我们将解释如何决定哪种形式的研究最适合读者面临的问题和困难,并提供有关如何开始研究过程的建议。

科学已经为世界提供了许多答案,这些答案是我们当前技术和社会的基础。不可避免地,这些答案和创新将导致新的问题和新的探索思路。网络安全领域是一个新兴且快速发展的领域。目前,网络安全缺乏科学基础,我们不知道如何最好地设计系统来产生所需的结果。很大程度上由于这一点,从业者和研究人员往往无法就术语或核心概念达成一致。有两个因素对这门学科不断变化的特性产生了重大影响:人力资源和技术创新。如第2章"科学与网络安全"2.1节"定义网络空间"所述,网络安全涉及系统、数据和人。用户和对手的人为因素构成了一个复杂且难以研究的领域。同样,无论是摩尔定律[1]还是进入市场的新移动设备,快速的技术变革都会产生新的范式、技术能力以及尚未被考虑的机会和安全风险。综合来说,技术社会(Technosocial)元素使得网络防御者和从业者理解与保护其系统的工作变得更加困难。那些致力于研究、实验或理论化网络系统安全的人们面临着相当大的挑战。

决定要研究什么和其他事情一样是一门艺术。没有一个既定的过程能指导如何发现优秀研究课题。在学校里,经常会听到掉苹果[2]和意外打开窗户[3]的故事。不过,现在让我们破除尤里卡(Eureka)科学成就神话吧。研究需要奉献精神和坚持不懈的精神。读者必须认识到,科学进步往往是缓慢而稳定发生的。只有在缓慢而稳定的工作过程中,才能发生尤里卡时刻,产生意想不到的结果。即使发现了重大发现,也必须加以验证、再现和确认。大多数科学家只会循序渐进,不会在成就上突飞猛进,不像从小学习的著名科学家的故事。这就是科学一直存在的方式,独自

研究可能只会取得很小的进步，集体研究才可能获得重大的突破。

科学，就其本质而言，是一种团体努力。传统上，科学家会给同事写信，记录他们的想法并寻求反馈，如勒内·笛卡儿与伊丽莎白、波西米亚公主帕拉蒂尼的通信，或柏拉图写给同时代人的信件。在现代，科学界已经将同行评审、会议和期刊作为一种方式，不仅可以用于审查和验证工作，还可以分享和交流。科学家们努力解决偏差、确定假设并遵循严谨的科学方法。实际上，科学家这样做的方法之一就是团队合作。资深科学家将指导和引导大学、研究实验室及类似机构的初级从业人员。这并不是说科学不能孤立或单独产生，而是说它会受到孤立或单独工作的阻碍。然而，不管有没有指导，科学已经发展到包括外部验证。同行评审过程虽然并非没有批评者，但其旨在确保对研究进行合格、专业、公正的审查，这本身就是团体努力的结果。此外，很难想象现代科学的一些研究领域不将过去的工作或发现作为基础。即使研究人员选择不参加，或被排除出版或交流，但他们研究中使用的灵感、基础和原则都是以现存的、充满活力的科学团体为基础的。

研究的灵感、洞察力和问题可以来自任何地方。虽然好莱坞描绘的是科学家在黑板前或者凝视太空寻找灵感，但现实世界其实是平淡无奇的。科学家经常面临现实问题或疑问，例如，发现了一种新的恶意软件命令和控制范式，或最近一次成功入侵了一家大公司。虽然他们的工作可能不是应用研究来解决这些问题，但理论和实验研究的灵感往往来自科学家的世界和视角。语言和文化范式将对开展研究的类型和方法产生深远的影响。与很少孤立进行研究的方式类似，灵感也不会凭空出现。误解、以往失败的研究和意外事件都能像其他来源一样可以成为灵感。进行研究的关键步骤不是最初的灵感，而是对灵感的不懈追求。仅仅坚持适当的科学方法，而没有勤奋坚持、仔细审查、钻牛角尖和顽强的奉献精神，即便出现了尤里卡时刻，也会是一无所获。缺乏了强有力的证据和容易理解的结果，工程师就不能开发出下一代强大的入侵检测系统。

本章将讨论如何开始你的研究，包括从何处获取问题、如何设计研究方案。这些讨论涉及对研究方法进行宽泛类别的概述，以及说明每种方法适合解决的问题类型。本章还会提供一个决策树，可以帮你确定哪种研究方法最适合当前的研究。确定研究方法后，我们将引导你进入该研究方法类别对应的章节，本书可以按顺序阅读，也可以按图索骥找到与自己研究相关的答案和指导。

3.1 开始你的研究

科学是发现和获取知识的旅程。与寻求设计和开发解决特定问题的解决方案的工程学相比，科学注重于找到问题的答案，直至解释宇宙之谜。在实践过程中，科学与工程之间的界限往往非常模糊，因为追求解决方案的同时需要回答问题，甚至需要工程来提出问题，许多人能够同时扮演科学家和工程师这两个角色。网络安全领域中，角色随着整个项目推进会不断发展和融合，首席研究员（Principal Investigator，PI）可能会设计实验或研究来解决紧迫的问题，但也可能会引导设计软件系统去处理、生成或分析这些问题中的数据集。关键是不要拘泥于工程师或科学家的角色，而是要实现工程实践的适当应用，或者将我们例子中的科学方法应用于手头的工作。

科学研究都是从一个问题开始的。这个问题可能笼统，也可能非常具体，它可能会受到过去的工作或者工作之外某个事件的启发。无论问题如何形成、如何影响后续研究，它始终都是决定研究内容和方式的关键。问题的含义及其形成方式将对整个科学过程产生直接和间接的影响，因此，精炼和完善研究问题所花费的时间会通过减少错误、有效执行来获得回报。正如阿尔伯特·爱因斯坦在历史上所说的那样："如果我们知道在做什么，那就不算是研究，难道不是吗？"在研究过程中，你可能要学习如何修改研究问题。不要担心，这是正常过程的一部分，认识到科研过程的不完美是进行科学研究的重要步骤。追求"完美"的科学方法或"无瑕疵"的研究路径，很容易使研究人员对部分解决方案视而不见，或者更糟糕的是，妨碍研究人员发现或承认方法学或分析结果中的已知缺陷。科学过程的最终结果是与他人分享你努力的成果，确保从一开始就记录所有解释、限制和关注点，这样才能保持科学的完整性，而且允许其他人以你的工作为基础进行合作。如果你遵循这些方法，就不会出现科学意义上的失败，其他人将能够根据你的研究成果去学习。这种勤奋应该从创建科学问题的第一步开始并一直坚持下去。

你所追求的答案类型将引导你采用不同的科学方法。科学实践远比小学课程讲授的简单框架复杂。由于网络安全是社会科学、自然科学和形式科学的混合，可能比其他领域更加复杂，而本书将帮助你解决这些复杂问题并制定严格的研究计划。以下部分将提供一系列包括讨论和示例在内的主要问题，你需要根据自己的研究回答这些问题。根据你的回答，我们将引导你至本书的另一部分，那是你研究的下一个逻辑步骤。希望每位读者都能通过认真应用网络安全科学方法，迎来自己的尤里卡时刻，不辜负自己的勤奋。

如果你正在阅读的文本内容与你对研究方法的期望不符，请返回上一步，并重新评估已采用的路径以及作出的假设或期望，弄清自己的研究问题，思考为什么我们认为你应该做某一件事然而你认为应该做其他事情。我们并非绝对正确，而只是逐步推演一个复杂的过程。你有可能做一些超出我们预期的事情，一旦遇到这种情况，建议你按照时间顺序记录流程，并记载你的假设、问题和结果。只要你清楚地记录你正在做的事情以及决策背后的逻辑，就可以避免错误的路径。另外，请随时与我们联系，我们很乐意与你讨论（联系信息可在作者的传记中找到）。

3.1.1 初始问题流程

你的研究问题是什么？写下来，并思考一段时间。

你的问题会引导你走上研究之路。我们围绕广义科学方法区分出4类研究，即观察研究、理论研究、实验研究和应用研究。有些读者阅读这些内容后认为某些类别比其他类别更"优越"，其实不然，这些类别都是该领域同样重要和必要的组成部分，它们都必不可少并且相辅相成。

接下来是一个示例问题和思考过程。最近，美国白宫一直在推动无密码社会[4-5]。然而，问题仍然存在，如用什么代替密码，密码真的没有价值了吗？这些常见的想法可能会引起以下问题。

不良动机对密码强度有何影响？或者，是否存在固有的用户限制进而阻止强密码的产生？

和"密码死亡"相关的公开文章引发了一系列问题，如密码的脆弱性原因以及脆弱性归咎于什么的问题。在得到问题之后需要进行文献综述来进一步探讨。本章后续内容将会详细探讨文献综述。举个例子，在决定了研究方法后，可以选择与一群大学生进行观察研究。

一般来说，网络安全的相关话题都是好的研究问题。然而，由于回答更广泛普遍的问题比较困难，最好尝试着将研究问题分解为尽可能小的原子块，以集中指导你的研究。"为什么我们不擅长密码学"的问题要比"为什么如今的网络安全会频繁出问题"更容易回答。如果在分解初始问题时产生了大量新的研究问题，不用担心，这意味着你已经在可预见的未来准备好了研究计划。

3.1.2 研究过程

如图3-1（a）所示，当研究过程被讲授时，它往往以理想化的形式呈现。理想化的模型始于对世界的观察，研究人员注意到一些感兴趣的现象后，就会将其存在的原因理论化，并产生一个假设，如果理论正确，那么这个假设就会被证实。为了获得支持或否定理论的证据，研究人员将执行测试或实验来产生证据以确定他们的假设是否有效。有了这些新获得的知识，研究人员可以重新观察世界，重新开始这个过程并完善知识。

理想化的模型实际只能回答最基本的科学问题。现实研究过程要混乱得多。如图3-1（b）所示，现实研究过程和理想化研究过程的一般步骤是相同的，尽管为了完整性，我们在测试应用解决方案时添加了工程（Engineer）作为附加步骤。然而，现实世界的模型要更复杂，研究人员可以从任何步骤开始，而且当前步骤的结果可以引导到任何其他步骤。

关于用户密码行为的观察研究会引出更多问题，通过受控实验可以得到回答。由于无法控制研究中的变量，处理速度进程的形式化理论可能只能通过观察来证实。实验结果可能导致对需要形式化定义的理论模型的新理解。可以随时利用知识来设计应用程序，但这却不是目前网络安全研究领域流行的方法，研究人员更倾向于在假设网络空间如何工作的情况下设计系统，然后弄清如何

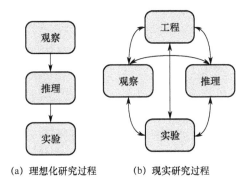

(a) 理想化研究过程　　(b) 现实研究过程

图 3-1　理想化与现实研究过程

测试理论，而这种方法我们并不推荐。更好的方法是用理论基础或研究证据来促进设计和开发。如果没有首先建立坚实的科学基础，你将面临工程失败或部分不确定的风险。有多种因素导致研究最适合作为其中一个步骤。我们将围绕这些变量拟定一些答案，以提供指导并帮助确定最适合你当前研究的步骤。

> **深入挖掘：定义假设**
>
> 与实验数据相关的一个关键概念是假设。虽然我们在第 9 章"假设-演绎研究"中会更深入地探讨良好假设的特征以及如何处理假设，但现在需要对其进行定义，进而指导你确定适当的研究方法。
>
> 假设是关于系统在某些条件下如何表现的预测陈述。这意味着，根据系统的当前知识，你可以就某些条件下发生的情况做出很好的预测。与研究问题的一个关键区别在于，假设必须是可回答的，因为能够凭证据得出假设是真是假的结论。相比之下，完全回答一个研究问题则需要许多假设。

除了在不同阶段之间可以采取任何可能的路径，每个阶段都可被分解为一组研究方法，其中包括严谨和条理清晰的过程，以实现可辩护的结果。对于某些网络安全主题来说，每个阶段的深度都是如此之深，以至于整个研究项目都可以专注于执行研究过程的一个步骤。对于研究类别，某一种研究方法可能最适合用于研究某类问题。本书的核心内容围绕研究类别（作为部分）和研究方法（章节）进行分解。本章的其余部分将重点定义不同的方法，并指导你选择最合适的章节，以帮助你完成当前的网络安全研究。

3.1.3　观察研究

当你试图了解真实的网络系统（以及相关的技术社会行为）时，观察研究则大有用处。这种类型的研究适合回答开放式或相对广泛的研究问题。一般而言，观察研究（Observational Research）方法包括感知真实世界环境和数据挖掘以获得感兴趣的发现。

当你试图掌握系统的行为时，观察是最有效的，这样你就可以生成理论模型或学习足够的知识来做出决策，开展最有希望的实验，进而合理地利用资源。例如，你可能希望研究自然环境下的网络威胁行为，以了解攻击者将使用哪些类型的目标和战术。再如，项目负责人必须首先充分了解对手的行为，为了检测或避开虚拟机，设置包含一系列虚拟蜜罐的实验，然后也许能够验证一个假设，即一类威胁更多针对 WordPress 站点而不是 Django 框架站点。

当你试图研究一些难以构建在受控实验上的内容时，此类别的研究方法也是合适的。在互联网层面上研究事物时，通常很难创建良好的、具有代表性的实验，并且无法复制出一个可控的互联网。因此，就像在天文学中一样，这个主题的研究必须尝试通过监测和分析实际环境来理解现象。

为了便于组织，我们将观察研究分为 3 大类：探索性研究、描述性研究和机器学习研究。多年来，出现了好几种研究框架的学习方法，而且，我们相信未来会有更多。我们的目的不是引入观察研究的所有类别，相反，我们只是将该领域划分为 3 个可管理的部分，以便与读者共享方法论。

（1）探索性研究（Exploratory Study）包括收集、分析和解释关于已知设计、系统和模型以及对抽象理论或主题的观察结果，在很大程度上是一个知识获取的归纳过程。当实验过程从一般理论转变为具体解释时，通过探索性研究可观察特定现象以寻找模式并得出一般意义上的行为理论。重点在于评估或分析数据，以得出观点和相对重要性，而不是创建新的设计或模型。

（2）描述性研究（Descriptive Study）和探索性研究之间的主要区别是观察的范围和普遍性。如果探索性研究涉及整个系统或其中的许多实例，那么，描述性研究会深入研究某个系统的特定情况。例如，探索性研究往往考虑一般的对抗行为，而描述性研究可能会关注一个黑客或一个黑客团队，以便详细了解他们的行为。还有一些应用研究着眼于应用知识对特定操作环境案例的影响，请参阅应用研究部分了解更多详情。

（3）机器学习（Machine Learning）是一组独特的研究方法，用于实现研究周期的各个阶段自动化。由于获得了大量的数据并利用到数据科学，机器学习已经成为科学过程的重要组成部分。虽然在网络安全领域，即便付出努力也很难得到数据，但是当有足够的数据时，机器学习是一种有用且常用的方法。机器学习封装了一组数学技术，以检测相关性或从数据中生成模型。

3.1.4 理论研究

理论研究（Theoretical Research）是对信念系统和假设系统的逻辑探索，包括理论化或定义网络系统及其环境行为，然后探索或展示其定义的含义，非常适合于研究系统边界、边缘情况和紧急行为。理论研究往往被认为与现实脱节，即所谓的

"象牙塔"研究。实际上，任何研究类型或方法都可能存在无相关性的风险。在一些科学领域，理论研究远远超过工程和技术进步，以至于用实验来验证或反驳研究结论需要数百年时间。在网络安全研究中，理论工作经常与数学、逻辑或计算理论重叠，当然，密码学就是一个很好的例子。

> **你知道吗？**
>
> 加密（Encryption）是网络安全的基本组成部分，可以说属于理论领域。今天使用的所有加密算法都是围绕计算能力及其进展的理论信念设计的。加密之所以有效，是因为这些理论一直保持一致性，但随着我们处于实现量子计算（Quantum Computing）等技术突破的悬崖，这种情况可能会发生变化。

理论研究中，科学家可能就规则、条件和网络系统的状态做出假设，而这便是理论网络模型（Theoretical Cyber Model）的创建过程，而且对于如今罕见、昂贵或技术有瓶颈的网络系统非常有用。这些模型同样可用于开发和了解其他类型的网络科学问题，尽管方法不唯一，但理论模型确实很适合推演假设。理论模型能帮助你研究网络系统在某些刺激下的反应，那些对刺激的理论反应很可能成为假设的强有力替代方案，随后可能引起假设-演绎实验。这些测试可用于生成供人类使用的各种密码的理论模型，然后利用该模型的输出作为假设来测试具有受试者的真实网络系统。

（1）形式化理论（Formal Theory）和数学探索是大多数理论研究的基础，这主要是因为理论工作一般处于用某种语言建模和表达的逻辑空间中。数学是适合定义和探索可能性的完美语言，因此，其中的许多工作涉及形式证明和有效性分析。例如，目前存在的大多数访问控制模型都植根并衍生于形式证明的理论模型。形式化方法是形式化理论的另一个例子，多级安全（Multiple Levels of Security，MLS）操作系统领域通常使用形式化方法来设计、开发和验证系统的性能与安全性。形式化理论研究（Formal Theoretical Research）涉及形式化理论空间的定义，其中描述并发展了类似于公理和定理及其证明的形式，通常情况下，所有密码学和形式学方法论文都属于这类研究，但并非所有理论论文都是密码学和形式学方法。

（2）模拟（Simulation）涵盖了此类研究的其余部分，因为网络安全研究经常探索难以正式建模的复杂系统。模拟提供了对大变量空间进行自动采样的能力，以测试和理解理论模型，从而有足够信心向前推进，同时也减小测试空间，使计算成为可能。在制造和测试新通信设备之前，通常要模拟新的通信协议和范式，从而在广泛的情况下测试它们的行为。

3.1.5 实验研究

实验是讨论科学时必不可少的。通过实验研究，科学家从观察和理论中获取概念与定义，并创建有针对性的对照实验，试图产生支持或否定前提的证据。

> **你知道吗？**
>
> 假设-演绎这一术语是由威廉姆·胡威立（William Whewell）在19世纪创造的，是对弗朗西斯·培根（Francis Bacon）开创的归纳模型的改进。胡威立擅长创造流行术语，甚至创造了"科学家"和"物理学家"等术语。

（1）假设-演绎（Hypothetico-Deductive）类型的研究集中在行为假设或预测上。大部分工作是实验设计和严格收集支持或反对假设的证据。这种类型的研究被认为是传统的科学方法，包括：提出假设或问题，设计并运行实验以提供支持或反对假设的证据，修改假设并重复。

（2）准实验（Quasi-Experiment），顾名思义，与之前描述的正式实验相似，但并不完全相同。例如，假设一位研究人员希望进行一项互联网安全通信相关的实验，首先对被测系统的性能行为作出一个假设，但因为研究人员无法控制实验室之外的网络，更不用说互联网服务提供商（ISP）、互联网骨干网以及其他各种因素，故而无法隔离、识别和控制变量。尽管测试仍然可以进行，但如果没有严格控制所有自变量，就无法进行真正的假设-演绎实验，而只能进行准实验。研究人员需要改变其控制范围内的变量，并确认其控制范围之外的变量。准实验的另一个原因是研究人员可以控制实验中的所有已知变量，但本身没有特定的假设。例如，同一位研究人员以前只想在她的实验室内研究安全通信效果，但她当时没有具体的假设进行测试，取而代之，她进行了几次针对不同变量，不同变化的实验。这种研究类型的目标是观察和研究准实验运行来收集足够的信息以创建假设，而该假设可用于随后的假设-演绎实验。

3.1.6 应用研究

应用研究与前面描述的其他方法略有不同，那些方法都被视为基础研究（Basic Research），而应用研究是将从基础科学学到的知识应用到解决某些问题的量化过程。我们使用与基础研究类似的技术，但研究的目标不同。基础研究是严格探索和理解系统中变量相互作用的过程，而应用研究是一个理解和量化工程系统在解决其设计问题方面的有效性的过程，关键区别在于应用研究有一个需要"解决"的先入为主的"问题"。应用研究包括设计、实施和测试系统。应用研究通常注重实验严谨性，尤其是理解工程系统或应用的性能，如入侵检测算法的真正率和假正率。

（1）应用实验（Applied Experimentation）是通过执行受控测试以确定系统如何工作的研究方法，在不同场合下需要将应用实验与其他解决方案选项进行对比，包括使用基准测试或验证测试来研究工程系统的性能。例如，工业研究人员的任务是比较下一代恶意软件反汇编程序，他决定进行一项实验来评估公司上一代产品的性能，对两种竞争产品进行对比。该实验的结果将有助于开发人员和营销人员准备销售技术，如果向公众发布，将有助于其他研究人员了解恶意软件反汇编程序的性能。

（2）应用观察研究（Applied Observational Study）包括应用探索性研究和描述性研究。应用探索性研究是观察和研究工程系统在不同情况下的表现过程。边界测试的目的是研究系统在极端条件下的性能。敏感性分析着眼于了解工程系统对哪些输入敏感以及敏感程度如何。应用描述性研究遵循将工程系统或流程部署到现实世界的情况，以了解其执行情况。在观察研究中，研究人员尽量不注入、影响或偏向观察到的系统或现象，但在别的应用研究中，研究人员却故意在系统中引入变化或扰动。如果它在受控环境中，这种变化可能是一个实验，但在开放系统中，则是一个应用观察案例研究。例如，一位想了解新密码政策如何影响组织的科学家，在获得所有的批准和机构审查委员会评估后，能够说服其大学的管理层实施新政策。如果没有控制整个环境（大学规模）的能力，科学家无法在实际运行的系统中观察和收集有关新密码策略的信息。需要注意的是，案例研究可用于观察科学和应用研究。

3.2　研究前的研究

在建立和运行含有昂贵的研究或实验之前，首先有必要去充分了解已知的内容以及研究界对该主题的立场，随着时间的推移会逐渐形成科学的理解，只有当我们弄清存在哪些知识，才能从新研究中循序渐进获得有用的结果。

回顾文献有助于深入了解感兴趣的网络系统、已有知识以及收集这些知识的途径，进而决定在何处开始研究。有一些问题需要思考清楚：你的课题是否经过深入研究或没有被过多涉及？你对这个问题有新的看法吗？你是否掌握与当前理论不同或相反的网络系统理论？本章的最后部分将解决这些问题以及决定什么是适用于这些问题的最谨慎研究路径。但是，首先你必须充分研究之前的工作，自信地回答这些问题。如果你不确定答案，那么，可能需要继续进行文献检索。

通过一些方法可以进行文献检索。第一个是关键词搜索，大多数出版商都要求每篇论文发表时列出其中的关键词。你需要生成一个围绕研究问题的 5～10 个关键词的列表，要求通过关键词能确定出主题。举个例子，如果你想了解密码的用户认知能力，就可以创建一个关键词列表，如认知负载、密码、计算机安全性、身份验证以及人为因素。一个好的关键词足够具体，足以将结果限制在感兴趣的主题上，但又足够通用，以确保结果搜索包括该主题的广泛工作范围，而并不限于研究的一个小的子领域。

利用在线学术文献数据库和搜索引擎执行关键词搜索非常方便，如 IEEE 探索（Xplore）[6]或美国计算机协会数字图书馆（Association for Computing Machinery Digital Library）[7]等出版商提供的搜索功能都是很好的选择，也可以尝试利用不同数据库中的查询搜索引擎，如工程村 2（Engineering Village 2）[8]、超级引用先知

（CiteSeerX）[9]、随意引用（CiteUlike）[10]等。各个数据库和搜索引擎风格均有差异，涵盖了不同的领域和主题集，因此，最好跨多个数据库进行搜索，并确保为关键词和主题选择最合适的集合。

> **你知道吗？**
>
> 目前，一套优秀的计算机科学搜索引擎包括 IEEE 探索（Xplore）[6]、美国计算机协会数字图书馆[7]、工程村 2（Engineering Village 2）[8]、ISI 知识网[11]、科学直通车（ScienceDirect）[12]、超级引用先知（CiteSeerX）[9]、预印（Arxiv）[13]、斯普林格连接（SpringerLink）[14]和威力在线图书馆（Wiley Online Library）[15]，当然，也有一些涵盖其他领域的搜索引擎和数据库，也可能包括你感兴趣的工作。

回到密码用户认知示例问题，它很容易在传统的计算机科学和工程中进行搜索，但考虑到研究问题的心理学方面，搜索像心理信息（PsycINFO）[16]这样的引擎也许是谨慎的。从使用诸如科学直通车（ScienceDirect）[12]或谷歌学术（Google Scholar）[17]之类的搜索开始是一个不错的开端，因为它涵盖了广泛的期刊和主题。

除了关键词搜索之外，另一种查找论文的好方法是查看你已知主题相关的最新论文。通过这些论文你可以开始对参考文献进行迭代和筛选以寻找其他论文（这实质上是雪球抽样法（Snowball Sampling），将在第 4 章"探索性研究"具体探讨）。查看论文中所引用参考文献的时间及其位置，以确定在下一轮查找中最优先查看的论文。此外，要注意论文的质量，因为好的论文往往是基于对文献的深入理解。以这种方式迭代 5~7 次应该会给你一个能够着手使用的相当大的数据集。

很多情况下，阅读数据库的论文需要收费。提供免费出版物访问的运动正在蓬勃发展，因此，越来越多的出版商提供论文下载和新的开放论文门户（如预印（Arxiv））。理解、建立和比较以前的研究对于知识建构过程至关重要，但鉴于科学界存在不容忽视的商业因素，故而影响最大的一些会议选择了收费出版商，因此，权衡一篇论文的潜在影响非常重要。此外，"免费"/开放出版还有一个黑暗面，一些出版商时不时收取过高的费用，以换取免费订阅和阅读。问题在于，这种付费发布方案会影响到同行评审的诚实性。总体来说，经过充分审查和认可的期刊和会议可以避免这些陷阱，但要注意开放出版继续蓬勃发展的做法。

进行文献综述或"专题搜索"有双重好处：一方面，对以前工作的回顾将有助于你了解自己的方法、想法、理论或假设；另一方面，确保对研究背景进行充分的了解，以便你可以说服自己和与工作相关的任何审稿人，在评估他人的工作基础上进行研究，可以确保不会出现意外的工作重复、重叠甚至是欺骗性地复制他人的工作成果。

如果你有一篇论文要审查，那么，可以从文献检索分析取得的信息中得到一些收获。首要目标的是查阅相关已经完成的研究，确认你提出的问题是否已充分研究过。其次的目标是帮助你确定应该进行的研究类型，以便为学术团体做出最大贡献。这可以包括改变研究方法、以不同的视角理解问题或再现结果以加强对理论的理解。文献调查的第三个目标是为研究完成后编写结果论文做好准备（每个研究方法章节末尾将会深入探讨如何撰写研究报告）。

在很大程度上，你必须学习如何整理论文，使之最适合你的目标和工作流程。一种入门方法是从论文中解析不同类别信息，包括要研究的问题、得出的结论以及用于产生结果的研究方法。以这种方式整理信息有助于快速弄清论文所研究的问题，并确定其是否与你的具体研究相关。如果相关，你就可以评估他们的工作质量，确认他们是否已经完全回答了问题，以及你是否认为他们遗漏了假设或存在偏见。如果有多篇论文与你研究主题吻合，那么学术界是否有共识？如果没有共识，那么就值得继续开展研究来诠释这个问题。如果有共识，那么是否存在一篇论文作出了值得重视的重要论述？用整理论文回顾工作如何开展和记录，对于确定研究路径和结果非常重要。

> **深入挖掘：可证伪性**
>
> 科学哲学的一个基本理解是：受制于我们试图研究的世界原则约束，作为有限观察者，实际上我们无法证明世界模型的存在。为了从自然推理操作中获得更具演绎性的过程，关键在于设立可证伪的假设，要更多地了解科学哲学，请参阅《科学发现的逻辑》[18]。

3.3 选择你的研究路径

本节将帮助你选择适当的研究类别：观察研究、理论研究、实验研究或应用研究。最合适研究类型的选择往往是多种因素共同作用的结果，其中一些因素与科学严谨性有关，如目前已知的主题、对系统行为的期望、规模以及所研究系统的可控性。其他因素还包括实际运用的问题，如可用资源以及实际环境和数据的可用性。严谨性（Rigor）和科学有效性（Scientific Validity）是科学最重要的两个方面，但也必须考虑与你的职业和研究经费有关的实际问题。毕竟没有任何科学是在理想的真空中进行的（隐喻），所有的研究过程都必须考虑到这些现实世界的问题。我们认为承认这些实际因素是很重要的，它们将影响真正的研究如何完成。虽然不可能创建一个通用流程来为所有情况选择合适的研究，但在本节中，我们将带你走过整个过程，并提供一个工作流程，引导你找到一种研究方法。

图3-2是决策树模型，从树的顶部开始，每个分支路径以一类研究结束。每条路径的流程都与一系列问题相交。每个问题的答案都为你提供了下一个问题的路径的方向，并为你提供了研究类别的参考。研究类别决策树帮助你最终发现哪种研究方法最适合应用到你的课题。

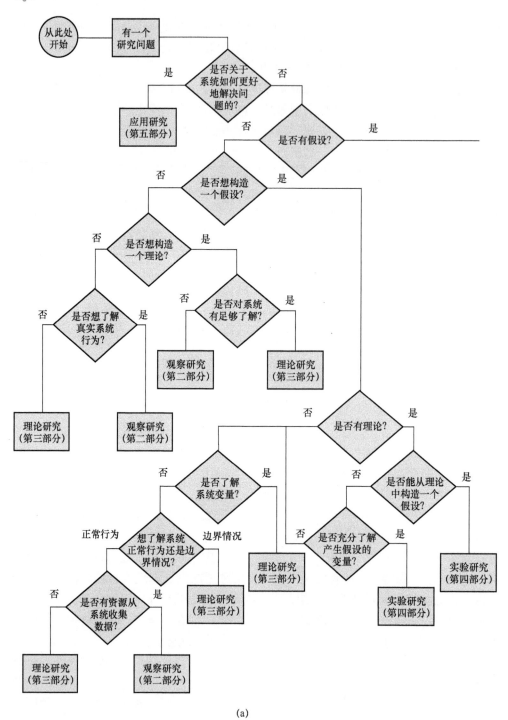

(a)

图 3-2 网络安全

第 3 章
开启研究

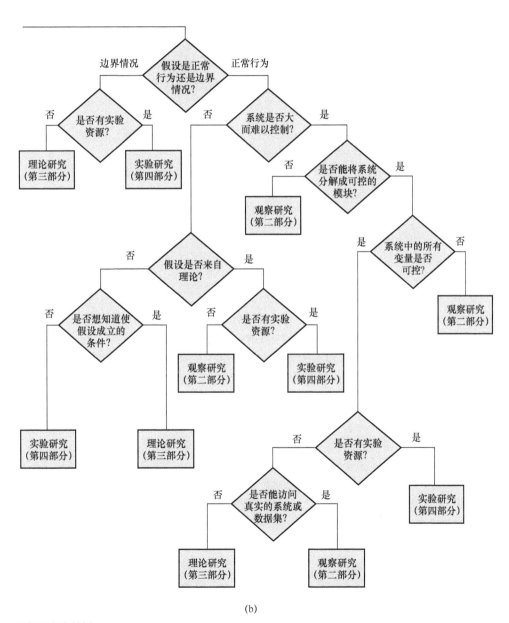

(b)

研究方法决策树

3.3.1 遍历决策树

如图 3-2 所示，决策树（Decision Tree）试图将研究方法中的众多变量转化为图形化问题流。通过回答树中的问题并根据每个答案的路径，你将被引导到一类研究中。但是，每个问题背后都存在需要解释的背景和思想，以便你完全理解和回答。本节将介绍这些问题，以及哪些问题可能会造成障碍。本节的最后将介绍使用决策树确定问题以得出研究类别的示例。

决定研究类别，首先要明确对研究问题的已有知识的储备和期望，如你的研究问题是否与团队开发的系统相关，你的目标是否为了解决某些方面的性能或能力问题？如果这些问题的答案都是肯定的，那这就是应用研究，你不必再进行下一步了。如果想要更好地理解其他研究，那么，你做的就是基础研究，就需要回答进一步的问题以确定最适合的研究类别和方法。

如果你的问题是关于现有系统，你是否有关于它假设？虽然第 9 章"假设-演绎研究"中描述了有关构成一个好假设的因素，但目前你是否对学习的系统有足够的知识储备，是否对研究有信心？如果是，那就说明你已经拥有一个假设。接下来，你的假设是在观察正常系统行为、实际系统中难以创建的边界亦或是非常罕见的黑天鹅？如果想研究独特的例子并拥有创建和控制这些例子的资源，那么，实验研究是一条很好的途径。如果你没有资源，就适合进行理论研究。

网络安全领域通常涉及边缘行为和条件。对手会努力利用突发事件和不被理解的系统行为来获得优势，以追求他们的目标。统计上看，黑天鹅事件是非常罕见的，但需要认识到，当研究网络安全领域时，往往在不知情的情况下就已经在面临边界条件和黑天鹅事件。因为正如塔利布（Talib）博士在他的书《黑天鹅》（Black Swan）[19]中所描述的那样，罕见的事件经常被错误地解释，此外，公众或研究人员很有可能带着臆断或误解去预测罕见网络事件的可能性。出于网络安全研究的目的，很有必要探索异常值。如果确定你提出的问题属于此类，当研究取得进展而且看起来可能会在任何一个方向上发生变化时，请考虑重新分类你的问题。

如果你的假设与正常系统行为有关，则应根据系统的规模和可控性能决定最佳研究类别。你是否拥有控制系统不同变量的资源和能力？如果没有，你是否能够将系统分解成可以独立测试的小块？例如，如果你想研究企业网络行为，可以将其划分为部门或网段，便于查看整个系统的一小部分，有利于研究更加可控，并且更具成本效益。你可以合并每个部分的结果以得到对整个系统的了解（一定要记录这种分离并捕获整个过程中的所有步骤）。如果你无法分解系统，但可以访问真实的系统或数据，那么，观察研究可能是最合适的。你可以利用所在机构的数据或公开可用的开放信息数据集，研究自己的问题。如果你没有资源，或是想探索超出技术（或资金）可行性范围的课题，那么，理论研究是一个很好的选择。最后，如果你能把系统分解成更小的可处理部分，或者你有足够的资源在这种规模的环境中运行，那么实验研究是最好的方向，因为你将能够对最终工作结果拥有最大的控制力和信心。如果你假设的系统是可控的，并且是从理论中生成的假设，那么实验就是最好的研究类型。然而，如果你的假设不是从一个理论推导出来的，并且你想要探索什么样的特征才能使该假设成立，那么，使用理论方法进行探索很适用。

> **你知道吗？**
>
> 虽然访问有用且经过验证的网络安全研究数据仍然不是特别容易，但仍然有一些公开可用的来源，例如：
>
> https://www.predict.org/
>
> http://www.data.gov/
>
> http://www.caida.org/data/
>
> http://www.pcapr.net/

到目前为止，我们已经探讨了，如果对研究问题有一个假设，那么就可以选择研究类别，但如果没有假设呢？如果还没有提出假设，那么你认为对先前研究或文献调查中的主题有足够了解以产生假设吗？如果是，那你或其他人是否有一个或一组理论可以用来产生假设？支持假设生成的理论要么是明确陈述的，要么是能够在给定输入的情况下生成行为预测的模型。如果没有任何理论，或者它们还没有发展到足以产生假设的程度，那么，你是否认为即使没有一般理论，也足以了解变量以创造假设？在任何一种情况下，如果你能提出一个假设，那么，测试这个假设可能是一个很好的方法，而实验研究是可选择的路径。如果没有理论可以帮助产生假设，那么，你是否对该主题有足够深入的理解以能够产生理论？如果没有足够的理解，那么，你想了解系统的边缘情况吗？如果你想了解正常行为，那么，你的资源是否有限，以至于无法从要研究系统中观察和收集数据？如果你对这些问题的回答是肯定的，则理论研究就非常适合，否则，观察研究的方法会更有效。

既然已经讨论了决策树中的每个系列问题，那么，请来看一个选择研究类别的例子。研究往往是从学习开始的，如果你对环境的理解不够充分，或者缺乏涵盖某个主题的研究，那么，学习将有助于获得初步见解并定义未来的研究路径，从而开始定义系统。重新审视 3.2 节中的密码问题，看看决策树将如何引导进入观察研究类别。

不良动机对密码强度有何影响？是否存在固有的用户限制阻碍生成强大功能的密码？

针对以上问题，可以采取什么样的途径来选取适当的研究类别？如图 3-2 所示，从最顶端开始讨论，第一个问题是："是否关于系统如何很好地解决问题的？"我们目前肯定没达到这一步，所以回答"否"。接下来的问题是："是否有假设？"我们目前没有关于这个主题的假设，但确实从一些已经缩小的具体问题有所开始，所以答案也是"否"。再下一个问题是："是否想要构造一个假设？"虽然我们想要走下去，但还没有为这一步做好准备，所以选择"否"。再下一个问题提示考虑理论，"是否想构造一个理论？"这就促使我们弄清楚理论的含义。在回顾了理论研究部分（本书的第三部分）和我们自己的理论研究（在线搜索和回顾一些讨论网络安全理论的论文）后，我们认为还没有准备好产生理论。决策树到另一个层次之后的问题是："是否想要了解真实系统的行为？"我们这次能够很快地回答"是"。我们所有的问题都是处于研究社会上密码使用过程和系统的愿景所驱使的，没有什么比实际的人类用户更真实或现实了。最后，在回答"是"之后，我们应该考虑观察方法并转向第二部分——观察研究方法。

此时，我们已经讨论了类别选择的决策树以及实例。如果你选择了研究问题，你应该能够发现进一步调查的研究类别。然而，了解一个类别并不能给你一个具体的研究方法。每个类别下都有一组可以使用的研究方法。你需要选择与你的工作最相关并且适用的方法以便进一步理解主题。按类别划分的以下系列章节将进一步讨论不同研究方法的利弊和能力，帮助你确认最适合的网络安全研究类型。

3.3.2 观察方法选择

如图 3-3 所示，观察研究可以采用一些不同的方法。传统的探索性观察研究利用统计方法来帮助收集数据并分析数据以推断变量之间的因果关系，描述性研究有助于研究运行中系统的特定实例，当你能够获取大量数据并希望在不完全理解因果推断的情况下对模型自动化以进行预测或生成假设时，机器学习是一种有效的方法。我们接下来讨论一些有助于你确定适当方法的一般性问题。

如果已有数据集，是否要创建模型以生成预测，或者是否想尝试发现并了解因果关系？机器学习技术通常更擅长于获取数据，自动或半自动生成模型，以提供有关未来行为的预测。但是，我们并不总是清楚有哪些突出的数据特征导致模型生成某些预测。传统的观察研究使用统计方法探讨变量之间的关系，并推断出因果关系。通过观察研究，你可能会对某些变量抱有强烈的信念，但却没有完整的行为系统模型。

如果没有数据，则需要根据系统规模和可用于收集数据集的资源量评估你的研究。探索性研究和描述性研究的主要区别是：探索性研究试图观察完整系统或系统的许多实例，描述性研究深入研究系统或系统子集的特定情况。如果你能从整个系统或该系统的所有类别收集数据，探索性研究将是最佳方法。如果你要学习的系统很大，或者难以收集数据，找到该系统的一个子集并进行描述性研究会更合适。

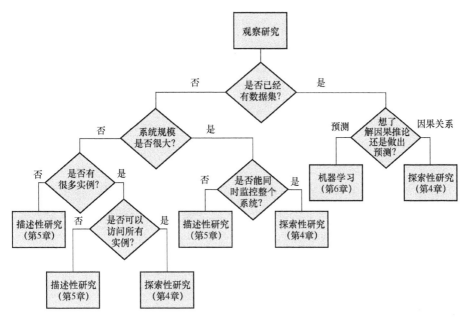

图 3-3 网络安全观察研究方法决策树

3.3.3 理论方法选择

如图 3-4 所示,网络安全理论研究包括两种主要方法——形式化理论和模拟。网络安全研究的理论方面经常涉及其他研究领域。如前所述,密码学和密码分析的研究领域不仅涉及网络安全,还涉及数学、计算理论和语言学。网络安全理论研究的跨学科性质使其与其他研究类别不同。理论研究的关键是定义抽象概念以及网络世界的数学或计算模型。根据那些内在的抽象的宇宙问题可以进行思想练习和预测。

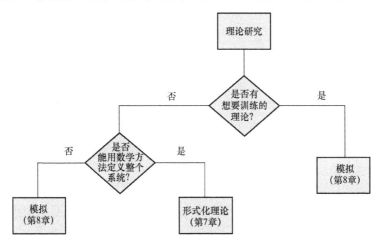

图 3-4 网络安全理论研究方法决策树

决定是否应该采用形式化理论方法或利用模拟方法取决于研究者可获得的利益和资源。首先，如果正在使用现有理论或者一个接近共识的理论并希望用它来评估其在各种条件下是否适用，则可以进行模拟。如果没有明确定义的理论，还是可以使用数学约束或使用数学命名法（如形式化方法）约束和描述情境的情况下，可以进行形式化理论研究。如果既没有理论，也无法用精确的数学符号定义概念，那么，可以创建一个探索性模拟来充实你的概念并进行早期输入，以确定下一步的研究工作。

3.3.3 实验方法选择

实验通常被认为是"科学"范畴，研究人员穿着实验室外套，拿着试管，执行着有据可查的实验程序，以追求科学进步。这无疑是正确的，但网络安全的实验往往因网络领域的独特特征而变得更加混乱和复杂。如图3-5所示，有两种网络安全实验方法，第一种是假设-演绎，第二种是准实验。

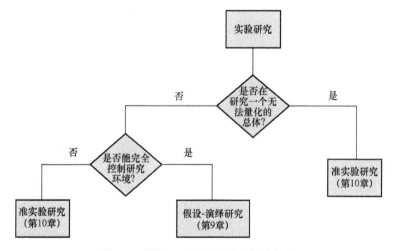

图3-5 网络安全实验研究方法决策树

确定你是否应该进行基于假设-演绎的实验的关键因素有两个。首先，是否有足够精细的假设可以进行测试？是否对假设进行了成熟的修正，使其可以被证伪？也就是说，如果你的实验结果提供了足够的证据，能否最终拒绝你的假设？有时，研究人员可能希望用足够的"容错空间"来编写假设以便将来进行测试。这个模棱两可的空间意味着研究人员对最终结果几乎没有信心。假设越精确，反驳或者证实这个假设就越精确。第二个因素是控制。你必须具有对环境的足够控制权，以确保被测系统仅受计划变量，而不受其他外部因素的影响。

此类别中进行的第二类实验称为准实验。这种调查路线不能称为假设-演绎实验，通常有两个原因。第一个原因是研究人员无法以足够的保真度以控制实验环境，并且无法确保变量在处于测试变化时，外部因素不会意外地混淆产生的结果。

缺乏完全控制的情况很常见。互联网通信或人类受试等问题往往过于复杂,无法在实验室环境中进行复制和充分控制,因此需要采用不同的实验方法。

3.3.5 应用方法选择

应用研究主要应用在测试和评估科学解决现实问题的能力方面。如图 3-6 所示,应用研究有两种方法——应用实验和应用观察研究。选择哪个方法主要取决于你的期望:如果想了解解决方案如何针对特定问题执行,就应该采用应用实验;相反,如果想了解不同条件下系统的性能,就应采用应用观察研究。对于应用实验,如果可比的解决方案领域已经具有并支持基准测试,那么,遵循该标准可能会更好,以便比较不同解决方案。在防病毒领域,人们每年都会使用不同的基准来比较不同的解决方案。然而,基准测试通常缺乏覆盖现实世界的能力,因此,如果你想了解解决方案在现实世界中的工作方式,如果你能够访问一个可以部署解决方案的操作环境,那么,应用观察研究会是很好的选择。如果没有任何已建立的基准,考虑是否可以采用某些类似的解决方案,或者你是否有能力和资源来重建方案?如果有,那么最好开展比较研究,并确定解决方案的有效性以及与其他方案的差异。即使你没有能力与其他解决方案进行比较研究,也要尝试对应用程序进行受控测试,以便将来他人可以使用你的解决方案进行比较研究。

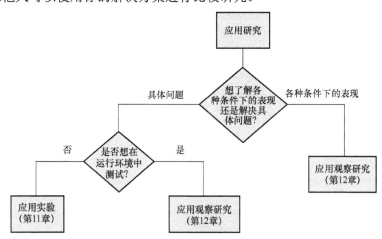

图 3-6 网络安全应用研究方法决策树

3.4 会议和期刊

本章的目标是介绍网络安全科学家可用的各种研究类型。后续章节还将概述各类研究的研究论文。本大纲的目的不是为了约束,而是帮助提供一个有用的框架,你可以在其上建立你的证据并以精心设计和可理解的方式构建研究。出版研究成果的目标是解释一个发现，或使观众相信你的结论。你提供的证据越多，提出的问题越多，你的论文就越有效。大纲是一个模板，可以帮助读者理解论文在该研究方法领域可能需要什么样的证据，并协助以有组织的方式整理一个人的思想和论据。我们要强调的是，大纲并不是规定性的和限制性的，而是可以作为你开始撰写研究结果时的起点。

不同的科学学科以不同的方式发布和传播信息。与其他领域不同的是，计算机科学和网络安全研究发表成果更多采用会议形式，这通常归因于网络领域的动态和快速变化（如第 2 章"科学与网络安全"中所详述）。期刊的出版通常是一个缓慢而渐进的过程，而会议和研讨会通常是一年一次，因此成果公开速度更快。该领域确实由会议主导，一些顶级会议包括：

（1）IEEE 安全与隐私研讨会；

（2）ACM 计算机与通信安全会议；

（3）USENIX 安全。

学习权威安全实验结果（Learning from Authoritative Security Experiment Results，LASER）和网络安全实验与测试研讨会（USENIX CSET（Cyber Security Experimentation and Test））等会议重点关注网络安全的科学和实验，另有如 DEFCON、坎塞韦斯特（CanSecWest）、黑帽子（Black Hat）、RSA 会议以及许多其他发烧友和一般观众参与的大型活动。对学术排名感兴趣的读者可以使用顾国飞博士[20]和周建英博士[21]的排名网站。此外，IEEE 还在全年维护着一个包含重要会议的日程表[22]。在网络安全研究中，使用期刊是为了分享更大的工作语料库，这可能是论文，也可能是个别实验的集合（即单独的会议出版物）。这些会议是动态的，有许多竞争性的想法和主张。理想情况下，这些声明将得到研究领域的证明和确证，并在之后出版的期刊中体现。会议论文非常适合每次研究迭代，但期刊可能包括研究领域内或跨领域的多种互动，以形成强烈的理解共识，并作为网络安全研究对科学界的整体贡献出现。

参考文献

1. Moore, Gordon E., *Cramming More Components onto Integrated Circuits*, Electronics, Volume 38, Number 8, 1965.
2. Stukeley, William. *Memoirs of Sir Isaac Newton's Life*. Taylor and Francis, 1936.
3. Haven, Kendall. *Marvels of Science: 50 Fascinating 5-Minute Reads*. Libraries Unlimited, Inc., PO Box 6633, Englewood, CO 80155-6633, 1994.
4. "The White House Cybersecurity Czar Wants to Kill Your Password." *Five by Five*. N.p., October 09, 2014. Web. October 15, 2015. <http://blogs.rollcall.com/five-by-five/the-white-house-cybersecurity-czar-wants-to-kill-your-password/>.

5. Kemp, Tom. "Despite Privacy Concerns, It's Time to Kill the Password." *Forbes*. Forbes Magazine, July 18, 2014. Web. October 15, 2015. <http://www.forbes.com/sites/frontline/2014/07/18/despite-privacy-concerns-its-time-to-kill-the-password/>.
6. "IEEE Xplore Digital Library." *IEEE Xplore Digital Library*. Web. November 1, 2015. <http://ieeexplore.ieee.org/Xplore/home.jsp>.
7. "ACM Digital Library." *ACM Digital Library*. N.p., n.d. Web. November 1, 2015. <http://dl.acm.org/>.
8. *Engineering Village*. Elsevier B.V., n.d. Web. November 1, 2015. <http://www.engineeringvillage.com/>.
9. CiteSeerX Index. Pennsylvania State University, n.d. Web. November 1, 2015. <http://citeseerx.ist.psu.edu/>.
10. "CiteULike: Everyone's Library." *CiteULike: Everyone's Library*. Oversity Ltd, n.d. Web. November 1, 2015. <http://www.citeulike.org/>.
11. "Web of Science - Please Sign In to Access Web of Science." *Web of Science*. Thomson Reuters, n.d. Web. November 1, 2015. <https://www.webofknowledge.com/>.
12. "ScienceDirect." *ScienceDirect*. Elsevier B.V., n.d. Web. November 1, 2015. <http://www.sciencedirect.com/>.
13. "ArXiv.org." *E-Print Archive*. Cornell University Library, n.d. Web. November 1, 2015. <http://arxiv.org/>.
14. "SpringerLink." *Home - Springer*. Springer International Publishing AG, n.d. Web. November 1, 2015. <http://link.springer.com/>.
15. "Wiley Online Library." *Wiley Online Library*. John Wiley & Sons, Inc., n.d. Web. November 1, 2015. <http://onlinelibrary.wiley.com/>.
16. "PsychINFO." *PsychINFO*. American Psychological Association, n.d. Web. November 1, 2015. <http://www.apa.org/pubs/databases/psycinfo/index.aspx>.
17. "Google Scholar." *Google Scholar*. Google, n.d. Web. November 1, 2015. <https://scholar.google.com/>.
18. Popper, Karl R. *The Logic of Scientific Discovery*. New York: Harper & Row, 1968. Print.
19. Taleb, Nassim N. *The Black Swan: The Impact of the Highly Improbable*. New York: Random House, 2007. Print.
20. Gu, Guofei. "Security Conference Ranking and Statistic." *Security Conference Ranking and Statistic*. N.p., n.d. Web. October 7, 2015. <http://faculty.cs.tamu.edu/guofei/sec_conf_stat.htm>.
21. Zhou, Jianying. *Top Crypto and Security Conferences Ranking*. N.p., September 2015. Web. October 7, 2015. <http://icsd.i2r.a-star.edu.sg/staff/jianying/conference-ranking.html>.
22. "IEEE Cipher S & P Calendar." *IEEE Cipher S & P Calendar*. IEEE Cipher, October 20, 2015. Web. November 1, 2015. <http://www.ieee-security.org/Calendar/cipher-hypercalendar.html>.

第二部分　观察研究方法

第 4 章　探索性研究

观察研究（探索性研究属于其中一种）对于探索网络系统（技术社会行为）的真实情况非常有用。这种类型的研究适合回答开放式或相对宽泛的研究问题。一般情况下，观察研究方法包括感知真实世界环境和数据挖掘以获得感兴趣的发现。如果你是从第 3 章被引导到这里，则意味着你想解答研究问题或更好地理解一个系统，但你不一定有一个预先设想的概念性行为假设；或者，你正在研究一个无法控制的系统。在这些情况下，本章将介绍的研究方法就有助于这方面的研究。

在本章中，我们将介绍第一类观察研究——探索性研究。探索性研究包括收集、分析和解释有关已知设计，并就系统模型或抽象理论以及主题进行观察。研究是获得理解的归纳过程。从一般理论到对特定现象理解的实验过程中，研究着眼于特定现象，寻找模式并得出行为的一般理论，其重点是评估或分析数据，而不是创建新的设计或模型。这通常称为社会和健康科学的定性研究（Qualitative Study），研究重点是观点及其相对重要性。

探索性研究通常是一个研究的突破点。在对系统如何运作没有期望或信念，但想学习和理解它时，探索性研究就是一种有用的方法。通过观察周围的世界，我们可以发现引发基本原则和行为规律的事件模式和序列的知识的灵感。探索性研究也促使研究人员开发系统操作模型。

网络安全的某些方面实际上是无法控制的，如威胁等。当围绕无法控制的变量探索主题和研究问题时，探索性研究是发现系统信息的有用方法。第 10 章"准实验研究"中讨论的准实验方法也可能是有用的研究方法。本章将讨论不同的探索性研究方法以及它们何时有用，其示例将用于概念阐释。

4.1　推理知识

学术界某些学者认为，观察研究的重要性低于硬实验研究。你只要打开电视，情景喜剧就会取笑心理学家、社会学家和其他所谓的软科学。我们认为，科学只是获取知识的过程,并且有一套开展科学研究的工具和方法。并非每个科学问题都可以分解为实验步骤。在开始讨论观察研究的方法之前,理清这些批判性的观念是很重要的。

第一,将变量归因于结果模式是困难的。尽管如此,模式匹配不仅广泛用于机器学习(有关更深入的讨论,请参见第 6 章"机器学习"),而且还用于实验研究。此外,模式适合信息和分析技术,还可以用于识别因果关系。

第二,归纳推理方法似乎已经过时了。虽然纯粹理性的现代科学思想似乎更倾向于假设-演绎推理高于一切,但科学研究人员往往利用他们积累的经验和观察来为他们的研究提供信息。塔勒布提出的黑天鹅场景有时也被用来反对归纳推理[1]。例如,如果一位野外生物学家花费他一生的时间来观察、记录和研究北美白天鹅的特征、行为与生命周期,却只是在晚年才知道澳大利亚存在黑天鹅,这在某种程度上驳斥了他一生的工作。实践上,这与事实相差甚远。在最坏的情况下,它会成为描述迄今为止在北美观察到的各种天鹅颜色的一个脚注。这个脚注并不会意味着对天鹅交配或迁徙习惯的行为研究无效。归纳推理本质上是不确定的,这种不确定性非常适合复杂的网络领域。

第三,观察研究被指责为轶事、故事或一次性观察。最有趣的发现通常始于"虽然这个观察是轶事……"。观察不一定是最终决定,而应成为跳板和进一步探索的起点。从社交媒体到可靠的信息传递,人类叙事已经是网络空间的一个固有方法。关键不在于对归纳证据的关注过多或过少,而在于随着时间的推移,收集的证据能够且应该相当有说服力。人们只需要看看法律界,就可以理解归纳(和演绎)推理在行动中的力量。

第四,据说观察研究过分依赖相关性。事实上,考虑到所有这些问题,这是一个绝对合理的担忧。人们不应盲目地假设第一对相关事件是因果关系。但同样正确的是,人们不应该假设相关事件从来不存在因果关系。观察方法的关键是确保不要急于将可能形成科学问题的雏形与废弃水一起扔出去寻找"科学上正确"的理念。接下来将更详细地探讨相关性及其威力。

我们鼓励读者不要陷入关于一种特定科学方法优于另一种科学方法的教条辩论。要寻找最能解决你迫切需要研究的问题,而且最适合你的资源、技能甚至兴趣的途径。

深入挖掘:关于观察研究的相对优点
萨家瑞(Sagarin)等在其著作《观察和生态学:扩大科学范围以理解复杂世界》中提供了观察研究的局限性和优势的深刻讨论[2]。此外,他们还讨论了反馈观察研究的反驳论点和偏见,例如不使用强推理,并且不可二元证伪。该书的作者将批评概括为以下 4 种类型。

（1）基于观察的研究发现模式，但模式不能用于推断过程。

（2）基于观察的研究得出结论，依赖于有缺陷的归纳方法，而不是更精确的演绎方法。

（3）它们只是一系列未经复制的轶事。

（4）它们过分依赖变量之间的相关性[3]。

萨家瑞等继续指出相关性和归纳推理的效用。虽然完全承认相关性并不表示因果关系可以成立[4]，但有可能通过充分的证据（相关性）和充分的分析来得出因果结论。

中生代白垩纪-新生代第三纪的大规模灭绝事件导致恐龙灭绝就是一个特别典型的例子，它将许多变量联系起来，以确定原因（一个大的小行星撞击和相关的全球冷却导致灭绝）。高度跨学科的团队证实了这个结论，其中包括诺贝尔奖获得者物理学家路易斯·阿尔瓦雷茨（Luis Alvarez）和他的地质学家儿子沃尔特（Walter），他们将地层数据、化石数据和化学数据进行了对比，最引人注目的是在世界的多个地区的同一深度发现了一层稀有元素铱。

……

相关性可能并不总是意味着因果关系，但在这种情况下，足以证明导致恐龙灭绝的因果关系。

4.2　研究类型

观察方法通常用于社会、医学、政治和经济领域。在更大范围上，物理科学关注于科学的假设-演绎实验方法。所有科学都有自己的理论分支，不受定量与定性、实验与观察辩论的影响。

观察研究是一类广泛的研究，涵盖对现象、症状或系统的归纳观察。观察研究与实验不同，因为没有自变量可以从技术、道德或经济上得到完全意义的控制。实验和研究都观察因变量，以便更好地解释结果。例如，在天文学中，开展天体工程以研究恒星寿命终结，显然超出了我们目前的能力。又如，一个希望研究网上犯罪分子行为诱因的首席研究员（Principal Investigator，PI）将无法进行一个鼓励或怂恿犯罪行为（Soliciting Criminal Behavior）的实验。相反，有必要进行观察研究，以辨别网络犯罪行为背后的意图和动机。再如，一位研究人员对了解企业网络用户的网络行为感兴趣，因为难以在网络中设计实验和控制变量，她将不得不收集手头的网络和主机信息，并利用现有资源进行研究。

4.2.1 探索性的研究

探索性的研究通常以更好理解和洞察现象或情景为目标,也称为相关性研究,同时以数据收集方法为特征,数据集要么不受研究者直接控制,要么是事后收集的,通常研究范围和数据集比较大(尺寸或空间规模)。然而,描述性研究(将在第 5 章讨论)关注事先已经确定的行为,目标是描述现象,通常对研究主题有更多的交互和控制。

本节将介绍一系列探索性研究方法,这些方法的概述为本章后面更深入的讨论奠定了基础。本章最后将介绍每种方法的研究实例并对信息进行背景化。

1. 案例对照

案例对照研究是一种观察研究,观察对象被分为两组。第一组是案例组(Case Group),表现出所研究事件或现象的体征或症状。第二组是对照组(Control Group),没有表现出这些状况。在这种类型的研究中,事件或现象已经发生,研究是随着时间推移对被分成不同组的候选者进行回顾。这意味着,最初的漏洞或缺陷被披露或识别,在随后部分群体受到感染或损害之后,研究人员正在检查系统。尽管对照和案例的样本数量需要足够大,但对照的数量(易受攻击但未受到损害)可能大于案例人数(易受攻击和受到损害)。如果可以确定足够大的总体以确保统计严谨性,这种研究可以在一个机构或主机网络/系统中进行,但更传统的方法是将受到破坏的网络放到行业或区域范围内进行研究。

2. 生态

生态研究(Ecological Studies)探索某个特定地理、时间、空间的整个总体。这意味着,除了任何特定或个人观察之外,还需要在整个总体水平上观察。生态研究的目标是,通过评估风险缓解措施和随后影响总体的不利结果,评估网络总体面临的风险因素。对这些类型的研究而言,数据收集往往是次要的,主要目的可能是满足其他需求,例如,为宪法税收目的而收集的美国人口普查数据可用于大规模医学研究。同样,出于资产管理、财务控制或其他原因,可能会盘点计算机和网络设备。但是,该数据集可用于各种网络安全研究。例如,一项关于工作站在预防性防御中的修复有效性研究,可以使用资产清单来识别机构中的所有可能人群。

3. 横断面

横断面研究(Cross-sectional Studies)有时称为人口普查(Census)。横断面研究与生态研究有关,有时也是生态研究的一个分支,因为这类研究从总体中收集时间样本。该技术用于医学、社会和经济观察。这种研究方式选取特定时间段从整个总体中收集样本。横断面研究通常用于描述总体的某些特征的流行程度,或者对手头的信息进行演绎推论。描述性研究有助于探索事件的相关性。

4. 纵向/队列

纵向研究是随着时间的推移对网络系统或网络行为的连续观察，这个时间尺度可能延续数年或数十年，目标是随着时间的推移收集足够的信息，以确保考虑到评估系统的整个生命周期或完整背景。这类研究可以跨越几代人。医学的纵向研究可能会研究后代固有的遗传性疾病。在网络安全领域，如果你能够确保在持续时间内观察相同主体，则可以研究病毒随时间的演变，而这将是一个挑战。队列研究是一种纵向研究，侧重于特定群体，根据时间推移称为队列。该队列具有一些共同特征，如暴露于恶意软件、类似的制造缺陷或相同的编译器版本，并且在一段时间内受到监控。最后，纵向（或队列）研究可以是回顾性的，也就是说，如果数据库足以支持这种水平的调查，研究者可以深入到过去的数据。

4.3 收集数据

在数据收集方面，研究人员应该对他们将要进行的研究问题和方法有足够的把握。毫无疑问，具体问题或分析数据和得出结论的方式将会改变，但如果一开始就不够清晰，那么，就有可能收集到与调查范围无关的数据。数据收集过程受研究人员控制并且不太费力的情况下，迭代方法是可能的，后面会详细讨论。

数据集的多样性是惊人的。从关于收集方法的问题到格式和语法，收集足够数据的任务，甚至知道何时停止，都会使后续分析中涉及的工作相形见绌。为了尽可能地避免这种陷阱，精心设计的研究计划将缓解其中的一些隐患。我们建议首先探讨几个问题，以帮助确定数据收集的范围、目标和可能的挑战。收集数据前要解决的问题如下。

（1）是否已经非正式地与机构审查委员会一起审核了研究设计并寻求指导或反馈？

（2）你问的是什么类型的问题（定性与定量、关系、数量、一次性/黑天鹅或常规事件）？显然，问题必须是可观察的，但数据集可能不存在。

（3）你需要多少数据？是否知道对于你希望得到的结论或答案，多大的数据量会具有统计意义？

（4）谁拥有数据集？隐私、访问、控制、传播和其他问题需要事先解决。

（5）你能轻松地重新收集或重新创建数据集吗？或者是只有某个时间点的数据集？如果数据收集没有成功，能回来重新审视你的初步假设吗？

（6）你在抽样吗？你能收集整个总体或数据集吗？这在网络流量中非常常见。如果你需要采样，采样方法是什么？它可能引入哪些干扰或挑战？

（7）你是否与机构审查委员会一起审查了完整的研究计划？

第 4 章
探索性研究

> **你知道吗？**
>
> 任何使用美国联邦资金进行的研究，或者在大多数大学或研究机构中，涉及人类受试者的研究都需要进行审查。这个过程通常涉及机构审查委员会（IRB），该委员会的目标是确保受试者得到公平对待，不会造成永久性伤害。在网络安全领域，身体伤害当然不太可能，但隐私和精神状态可能是一个问题。机构审查委员会将审查研究计划并推荐对人类受试者的任何保护。有关更详细的讨论，请参阅第 15 章"科学伦理"。

从广义上讲，有收集和利用两种类型的数据集。研究者根据特定研究的目的生成数据集，这称为收集数据集。研究团队可能会为大学 IT 部门安装和管理网络分流器，或者可以聘请公司对被测试对象进行在线调查。无论哪种方式，都是生成和收集手头研究相关的信息的责任方。许多研究是针对"其他人的数据"进行的。也就是说，被授权合法访问为某个研究目的而收集的数据，可以通过许多不同的方式实现，并且方式非常常见。例如，如果 IT 部门已经安装了网络分流器并根据自己的性能原因收集了信息，那么研究人员可以获得批准来访问数据。但是，在此示例中，为研究人员的研究之外的其他目的收集数据的事实可能会引入干扰。干扰实例可能包括降采样（可能 IT 部门每 1000 个数据包才采样一次）、部分覆盖（通常 IT 只会检测核心网络，因此企业整体或部分的流量可能不会被检测）和部分数据（因为收集的数据用于其他目的，可能不包含所有相关信息，如 IPFIX（或 Cisco NetFlow）仅包含头信息）。当然，高效利用数据可以来自自身机构工具之外。关于检测网络环境的概念和问题的更深入讨论请见第 13 章"仪器"；关于如何收集定性数据的详细信息请参阅第 5 章"描述性研究"。

除了数据所有权和收集方法等固有问题之外，数据本身也是一个挑战。必须解决如何存储、查询和管理数据的问题。此外，互联网和网络空间的复杂性可以生成大量信息，而网络安全数据的规模可能令人生畏。莫拉迪（Moradi）等在《关于互联网骨干链接上的大规模多用途数据集》（*On Collection of Large-scale Multipurpose Datasets on Internet Backbone Links*）中介绍了几个在线数据集及其收集方法以及所涉及的规模和隐私问题，并提出了如何探索处理如此大规模的问题。与网络安全研究特别相关的另一个问题是法律和与危险有关的问题[5]。每个研究人员都必须与他们的内部机构审查委员会或类似组织合作，以确保合乎伦理和安全的行为。但机构审查委员会可能不熟悉网络空间中的风险和机遇，因此项目主持人应该花时间确保机构审查委员会充分了解与其研究相关的问题。例如，斯通纳（Stone）等在"透过框架窥视"（Peering through the Iframe）[6]中描述了对名为梅布特（Merboot）的偷渡式犯罪运动（Criminal Drive-by Campaign）的渗透和监控。作者介绍了他们如何在 4 个月内收集信息，并能够在 1 周内直接从总计超过 300GB 的网络中心收集信息。可能的后果包括法律问题（这个例子中系统是在他们的合法权利下）和危险（在公布之后，涉及的罪犯会报复）。

4.3.1 研究问题和数据集

根据研究问题以及涉及的网络空间因素，数据分为不同类型。也就是说，并非所有数据都是平等的。了解将要收集的数据类型、对分析的影响以及可以从中获得什么非常重要，不正确的数据形式可能会限制回答问题的能力。从广义上讲，有定性和定量两种类型的数据。

定性研究（Qualitative Research）包括收集和分析描述性数据。涉及人的研究通常包括有关其情绪状态和社会特征的信息。定性数据（Qualitative Data）可以分类，也可以排序，但不能对数据进行算术量化。

定量研究（Quantitative Research）涉及数值数据的收集和分析。定量研究使数据的量化或统计探索和解释成为可能。定量提供了最大的分析灵活性，在可能的情况下，应寻求高于定性分析的方法。

4.3.2 数据尺度

当你为研究收集数据时，两种类型的数据背后都有一些尺度。每个尺度决定了你可以提取的信息和分析的类型。数据尺度在很大程度上取决于测量的内容和方式。测量尺度表示数据的相关性以及可应用的数学函数。按测量尺度分为 4 类数据[7]。以下数据尺度按证据支持强度的顺序列出。名义尺度的证据强度最小，比率尺度数据强度最大。如下序列允许更多的数学操作和分析。

1. 名义

名义数据（Nominal Data）是可以分类的数据，但不允许任何定量的或数学的测量和比较。名义数据通常称为定性数据。名义数据的示例是网络协议。如果你收集了网络流量数据，则可以根据使用的协议对其进行分类。如果你有恶意软件样本，可以围绕恶意软件类型对其进行分类（有关恶意软件类型的列表，请参阅第 2 章"科学与网络安全"）。恶意软件的样本是二进制，它们本身无法量化。但是，通过分类方法，可以开始对其进行数学分析。分类（Categorization）或约束提问（Constrained Questioning）是一种将定性数据映射到名义尺度并进行分析的方法。

2. 序数

序数数据（Ordinal Data）是可以从相对比较中排序的数据。但是，绝对比较是不可能的，这将妨碍数学函数的应用。因此，可以确定一个值大于或高于另一个值，但不能声称它比另一个值高出某个百分比。例如，通用漏洞评分系统[8]（Common Vulnerability Scoring System，CVSS）就是一种评估漏洞风险的方法。通用漏洞评分系统根据不同的指标建立得分排序，如漏洞利用的复杂程度、启用的特权或利用漏洞所需的启动特权等。由于该分数结合了许多正交或无法比较的不同度量，因此结果值仅提供有关严重性顺序的信息。然而，评分为 6 漏洞的严重性并不意味着是评分为 3 漏洞的 2 倍。

3．区间

区间数据（Interval Data）为值之间的差异提供了意义。使用区间数据，可以添加和减去测量值。但使用区间数据时，值为零的测量值并不意味着不存在，这可以防止对区间数据使用乘法或除法。区间数据的顶峰示例是华氏温度或摄氏温度的温度测量值。在 10～20℃的差异与 90～100℃的差异是相同的，但是，不能说 100℃的热度是 50℃的 2 倍。

4．比率

比率数据（Ratio Data）提供用乘法和除法进行测量的能力。在比率数据中，零值表示测量项目不存在。此外，可以将数量作为比率进行比较，如网络流中的字节数。流中的零字节意味着没有数据传输。但是，具有 100 字节（Byte）的流可以说是具有 50 字节的流的 2 倍。比率数据是统计分析的最佳数据，因为它可以实现全面的数学干预。

4.3.3 样本量

虽然最优数据量的最简单答案就是全部数据，但收集所有数据通常是不可能的，取而代之的是从完整总体中收集数据样本。对样本量（Sample Size）进行深思熟虑和严格检查可以确保研究结果的准确性。本节将概述采用有限总体规模进行抽样的不同概念和方法。第 9 章"假设-演绎研究"讨论了具有无限总体的样本量计算。

深入挖掘：数据采样
统计抽样（Statistical Sampling）是一个深入的研究领域，因为样本的大小和结构对研究结果的强度有很大影响。这本书不能展现采样的全部知识和方法。如果认为研究将使用大量需要不同形式抽样的观察研究，则我们建议阅读诸如抽样统计等书籍进一步研究[9]。

存在概率抽样和非概率抽样两类抽样。概率抽样在结构良好的总体中进行，这也是大多数研究中采用的一般抽样形式。然而，对于研究隐藏或未被充分理解的群体的领域，非概率方法通常更适合。由于网络安全包括对威胁主体的研究，因此需要使用非概率抽样方法。

1．概率抽样方法

基于有价值的属性，可以从不同的角度查看总体，但是这些属性都形成不同分布。例如，看一下美国人口，属性有男性和女性的百分比、每一代人的百分比、种族分布等。概率抽样（Probability Sampling）的目标是创建一个代表较大总体的样本。

1）随机抽样

一旦确定了样本量，随机抽样（Random Sampling）就是从总体中随机选择每个样本。如果设想将总体中的每一件物品或每一个人放入一顶帽子里，那么，一个随机样本就是盲目地从帽子中抓取样本，直到达到所需的样本量。为了使随机抽样有效地生成接近代表总体的样本，确定选择的过程必须是真正随机的，因为随机过程中的任何偏差都会偏离所采集样本的真正特征。

2）系统抽样

系统抽样（Systematic Sampling）是一个抽样过程，它定义了选择每个样本的过程。如果将所有总体都列入一个列表，系统抽样可能就是每3个项目采样1次，直到收集到所需的样本量。为了防止在排序或选择中出现无意的偏差，最好将列表中的采样起始位置随机化。网络流量传感器在第 13 章"仪器"中有更深入的讨论，它是使用系统采样的常见传感器。为了减少存储要求，流量传感器可以设置为仅从用户可配置的流量中采样一个。

3）分层抽样

分层抽样（Stratified Sampling）是围绕一组共同特征定义亚群的过程，以消除影响样本的多数特征的偏差。例如，假设打算研究企业使用的网络安全实践和工具，如果进行系统或随机抽样，很有可能获得样本中的大部分或全部都是小企业。查看美国人口普查数据，可以看到美国 99%[10]的企业是小型企业，因此可能无法获得中型或大型企业的样本。分层抽样会将业务分解为不同的大小，然后从亚群中随机抽样，以确保一个特征不会与结果产生巨大偏差。

2．非概率抽样方法

当研究那些不易观察或与潜在总体相关的问题时，如网络犯罪分子等，概率抽样方法将无法正常工作。当总体分布未知时，非概率抽样（Nonprobabilistic Sampling）就是一种结构抽样。由于网络安全通常研究的是不希望被观察到的亚文化，这类抽样方法是有用的工具。

1）便利抽样

很可能由于被滥用，便利抽样（Convenience Sampling）是非概率抽样最常见的形式。便利抽样是一种对位于便于访问的某个地点附近或处于互联网服务的样本进行收集样本的方法。我们都见过在计算机科学课中利用学生的研究，这是使用不当的便利抽样。可以在某些情况下适当使用便利抽样的方法，如对克雷格列表（Craigslist）、丝路（Silk Road）或其他黑市服务进行抽样，以研究网络犯罪传播。选择一组代表计算机科学学生的样本并不能很好地代表普通公众的其他犯罪通信。

2）目的抽样

目的抽样（Purposive Sampling）是根据对抽样总体的了解选择样本。例如，回到对网络安全实践和工具的业务抽样，因为知道金融部门拥有最先进的实践是一种特殊情况，并且想覆盖它，所以在目的抽样中，从金融业务中收集样本。

3）配额抽样

配额抽样（Quota Sampling）是目的抽样的延伸，可以直观地再现概率抽样。通过配额抽样，可以根据不同的相关特征细分正在研究的总体的工作类别、年龄、教育程度等。对于每个细分类别，可以直观地分配比例，然后，从这些比例中选择样本，以便样本满足这些比例或配额。

4）雪球取样

当最初只有几个潜在客户时，雪球取样（Snowball Sampling）是一种查找数据样本的常用方法。雪球抽样是从几个参与者开始抽样的过程，完成后，向他们询问潜在参与者的列表，以便发现还有哪些人可以适合抽样。然后，可以从该列表中收集数据并从该级别获取其他列表。

3. 计算样本量

每种采样方法都有特定公式计算样本大小[11]。样本大小计算的正确性取决于几个不同的参数。在从总体中计算随机抽样大小的上下文，我们将定义公共参数。

1）总体规模

总体规模决定了想要研究的总体统计，可以通过共同特征来定义总体。可以沿着许多不同的界限定义总体，如组织（公司的所有员工或大学的学生）、地理位置（一个国家的公民或一个州的居民）或人口统计学（所有青少年或女性）。总体规模（Population Size）是总体中成员的近似或绝对数量。

2）功效

功效（Power）是指一项研究准确检测真实效果的可能性。功效越大，错误地断定没有效果的概率越低。实验中充足功效（Adequate Power）意味着实现假阴性的可能性低。与显著性水平一样，功效水平的一般规则是80%以上。在医学界，通常会过度考虑功效分析（>80%）以确保非常低的假阴性率，因为错误地认为自己患有疾病并做更多的检验，也比错误地确定在生病时的某人是健康的更好。网络安全一般不应该有这种程度的关注，但鉴于每种情况都不同，所以用你最好的判断来构建适当的实验。

3）显著水平

显著水平（Significance Level）是指在没有影响的情况下，准确地相信有影响的可能性。

4）标准差

标准差（Standard Deviation）（通常表示为希腊字母 σ）是从测量值的离散度分布导出的统计量。低标准差意味着值紧密地聚集在平均值或平均值附近。高标准差意味着值远离平均值。在其采样公式中，标准差考虑了数据集的变化，以确定样本量。

如前所述，每种研究方法的样本量公式有不同的变化。我们将使用一个常见的样本量公式，并举例说明如何完成。但是，本书的目标不是深入介绍统计方法，我们让读者为其研究找出合适的样本量公式。还有很多免费的在线计算器可以提供帮助，但请确保了解他们使用的公式以及它适合的用例。计算横断面研究样本量的公式为

$$样本量（Sample\ Size）= (Z_{Score}^2 \cdot \sigma^2) / (绝对误差（Absolute\ Error))^2$$

式中：Z_{Score}是显著性水平的标准正常变量。通常，Z评分（Z_{Score}）是远离平均值的标准差的值。对于此样本量公式，它是统计显著性的Z评分。表4-1给出了一些常见显著性水平的Z评分。

σ是所研究值的标准差。该值通常是未知的，因此可以执行小型试点研究来估算它。

绝对误差（Absolute Error）是希望确保能够检测的误差或精度。

表4-1 常见显著性水平的Z评分

显著性水平	Z评分
0.7	1.04
0.75	1.15
0.80	1.28
0.85	1.44
0.90	1.645
0.95	1.96
0.99	2.58

用一个例子来说明这个公式的参数。如果我们想要研究大学的安全实践，特别是学生计算机打补丁（更新）的平均程度，这对于横断面研究来说是一个很好的用途。对于这项研究，我们希望获得95%的显著性水平，并且希望在实际值的±2的范围内。

从其他案例研究中[12]，我们可以估计缺失补丁的标准差为6。通过这些信息，可以计算出样本量，即

$$样本量 = (Z_{Score}^2 \cdot \sigma^2) / (绝对误差)^2 = (1.96^2 \times 6^2) / (2)^2 = 34.57$$

为了执行这项研究，我们需要随机抽样至少35台学生计算机，以获得缺失补丁的数量。

4.3.4 数据集敏感性和限制

在收集研究数据时，亟须了解数据集的敏感性和管理法则。为了保护受试者，已经建立了无数的伦理和法律保护措施。当你设计自己的研究和数据收集方法时，

必须考虑诸如测试对象同意、隐私和数据匿名化要求以及测试对象的保护等事项。

对于涉及人类的研究,无论是美国联邦政府资助还是出版物要求,必须由机构审查委员会审查。建立机构审查委员会是为了确保研究人员在对待人类受试者时行为合乎伦理,并成为测试对象的支持者,他们是来自社区的独立评审机构。在审查研究时,机构审查委员会期望看到完全定义的研究或实验,他们将确定数据的敏感性以及批准执行研究所需的保护措施。有关数据敏感性和机构审查委员会的更深入讨论,请参阅第15章"科学伦理"。

4.4 探索性方法的选择

你可以提出一系列问题来确定进行什么类型的研究[13]。首先,研究的目的是描述或者探索测试中的系统吗?还是要量化、联系或者测量两个因素(非分析或分析)之间的关系?其次,如果研究是根据这些分析过程做出的,分析过程是随机确定的自变量、干预或控制吗?如果是,那么实验(随机对照试验或其他)比研究更有意义。最后,需要确定何时收集观察的结果。如果可以在相当长的一段时间内访问被测系统或总体,并且在事件之前或者事件发生之时,那么可以进行纵向研究。如果无法长时间接触实验参与者进行研究,那么横断面研究可能适合回答一些研究问题。然而,横断面方法限制了理解测序或因果关系的能力。如果事件已经发生,则可以选择进行案例对照研究(或回顾性纵向/队列研究)。案例对照研究允许识别具有特征的系统或群体(如已安装某个入侵检测系统,或者被特定恶意软件病毒破坏)并将其与类似的系统或没有被该因素影响的环境进行比较。

纵向研究提供了对系统最深入的研究。纵向方法捕获随时间变化的变量数据,提供有关个体如何进化和事件时间顺序的信息。这些有助于推断变量的因果关系。然而,纵向方法需要最多的投入,因为需要能够在整个研究期间跟踪总体。纵向研究的一个共同挑战是参与者的减少。参与者通常还需要投入精力进行纵向研究,这可能会对结果的内部有效性产生影响。一些参与者退出研究的原因可能与研究结果有关。将参与者分为群组或共同特征组可以有效地帮助分析。

如果无法执行纵向研究,则横断面方法可以作为一个备用选项。横断面研究只是对参与者进行快照,因此劳动力和成本密集程度要低得多。但是,横断面研究限制了可以推断的信息量,由于数据收集在单个时段,很难确定变量的时间关系,这将会导致群组效应的问题。由于总体通常会有来自不同地区、年龄和经验的参与者,因此很难确定这些差异对数据的影响。消除这种有效性挑战,需要纵向研究这种随着时间推移进行测量的能力,或专注于队列或特定群体的能力。

如果确实想要找出导致特定结果的特例,如计算机的恶意软件感染,可以使用案例对照方法。使用此方法,可以收集有关具有该病例的受试者的数据,在本场景中,这些受试者已被恶意软件感染,而有些受试者是对照,或者尚未被感染。然后,可以回顾性地观察案例的历史,对照总体在特征和条件方面所具有的共性。然而,即使找到共性,也不可能确保存在因果关系,因为难以确定过去导致结果的事件。如果研究中的案例很少且无法收集到足够的样本,这也是一种无效的方法。

如果在个体层面缺乏数据但只有地理或时间的综合统计数据,那么,生态研究是一种有用的研究方法。由于缺乏被攻击公司发布的信息或需要匿名研究数据,致使这种方法可能很常见。通过生态研究,可以研究整个总体,以检测具有共同事件的群体。但是,要小心将发现的生态关系归因于个体,因为个体不必具有此关系。这些常见的不正当关联被称为生态谬误(Ecological Fallacy)。

必须要指出的是,在医学和其他领域,队列研究通常首先通过识别初始感染或事件,然后研究人群来确定死亡率和后果。这在网络安全中是可能的,但也可能会识别和监控人群(即家庭企业),并且随后会收到感染通知。

4.5 探索性研究方法实例

本节将通过实例讨论探索性研究。

观察研究的数据是从没有任何控制机制的现实系统中收集的。更具体地讲,当系统对于受控实验来说过于复杂,或者目标是在没有期望性能的情况下了解系统特性时,通常会进行探索性研究。第一个例子是探查互联网规模的现象。互联网是一个庞大而复杂的流畅动态系统。没有实体控制互联网,因此不可能进行对少数变量严格测试的对照实验。第二个例子[14]是研究人员收集互联网规模的密码语料库,以了解哪些因素对用户密码安全性有影响。第三个例子是评估计算机紧急响应小组(Computer Emergency Response Team,CERT),目标是了解人类团队如何响应和适应系统。对于此实例,将使用传统工具评估 CERT,然后将其与使用下一代弹性功能进行比较,目标不是评估工具或技术的性能,而是研究上下文中的人类行为。

4.5.1 案例对照实例

案例对照研究确定两个系统或组,然后将他们进行比较,以便更好地理解研究中出现的现象或事件。例如,将具有活动病毒危害的网络与不具有活动病毒危害的网络进行比较,或者在危害事件发生之前与其自身进行比较。这些研究的目的是评估和解释导致某些事件或现象的因素。案例代表系统中具有所感兴趣特征或元素的受试者。对照应该是代表整体的相似元素或主题,没有期望的(或观察到的)特征。例如,对病毒传播的研究中,案例是受感染的机器,对照选择的是当前未被感染的机器（具有代表性数量的操作系统、版本和多样性应用程序）。

我们的案例假定开始如下，一家安全公司被偷渡式恶意软件行动（Drive-by Malware Campaign）大规模入侵。初始工作站被感染，但随后恶意软件继续在整个组织中传播，但并非每个工作站都被感染。安全团队最终对源代码进行了逆向处理，并确定目标部分是用混淆操作码编写的。但是，他们无法弄清楚工作站是如何被选择性定位的。进行案例对照研究可以确定使某些群体受到恶意软件影响的特征。

首席研究员审查观察数据问题：

- 你问的是什么类型的问题（定性与定量、关系、数量、一次性/黑天鹅或常规事件）？显然，问题必须是可观察的，但数据集可能不存在。
    - 本研究的目的是确定系统的特征，这些特征使其易于受到所识别的恶意软件的影响。找到一些相关特征将导致一个直接的假设和实验来验证研究结果。也就是说，这项研究的结果很容易通过实验得出结论（具体特征）和运行实验来证实或驳斥这一假设。但是，通过仅考虑共同特征而不是特定变量，这会导致定性数据。
- 你需要多少数据？是否知道对于你希望得到的结论或答案，多大的数据量会具有统计意义？
    - 由于这是一项定性研究，我们需要使用定性分析的样本量公式。首席研究员目前还不确定，但是需要在每个工作站上提供足够的详细信息来确定哪些工作站受感染哪些工作站没有受到感染。这包括操作系统、应用程序、运行进程、本地文件（未收集）、主机入侵检测系统日志、主机防病毒日志、应用程序日志、浏览器历史记录、Windows 系统日志和实时内存捕获（未收集）、事件响应日志和取证分析报告。首席研究员担心，由于他正在使用现有数据集，因此仅凭公司收集的现有这些有限数据，他可能无法深入了解这项工作。但经过审核，该团队能够继续获取可用信息。
- 谁拥有数据集？隐私、访问、控制、传播等和其他问题需要事先解决。
    - 受到感染的公司本着进一步研究的精神，尽可能多地收集信息，以便研究人员做出回应。作为一家安全公司，他们看到了在防御性社区内尽可能分享信息的价值，并主动整理了这些信息，准备好公开。
- 你能轻松地重新收集或重新创建数据集吗？如果数据收集没有成功，能回来重新审视你的初步假设吗？
    - 不可以。数据集不在首席研究员的控制之下，也没有其他信息。首席研究员担心这可能会破坏整个对照研究。与公司合作之后，已经达成了协议确保研究团队可以使用这些信息，并且有足够的机会进行研究。
- 你在抽样吗？你能收集整个总体或数据集吗？这在网络流量中非常常见。

如果你需要抽样，方法是什么？它可能引入哪些干扰或挑战？
- 与上面相同。该数据集由公司收集，首席研究员希望可能已经进行的任何抽样都注明了研究人员的信息。
- 你是否与机构审查委员会一起对此进行了审查？
  - 在审查了这些问题之后，首席研究员及其研究团队起草了一份研究计划并与机构审查委员会分享。

首席研究员从公司收集数据集，并将基于主机的信息分为三类：操作系统（操作系统、Windows 系统日志、内存捕获和本地文件）、应用程序相关文件（应用程序日志、防病毒日志、运行进程）和面向外部的相关文件（入侵检测系统日志、浏览器历史、事件和取证信息）。首席研究员最初打算让 3 个研究生团队进行这些工作，由于时间安排的问题，只有一个团队可安排，这迫使团队使用顺序方法。有超过 6000 个工作站和大约 6%的感染率，团队不得不彻底检查全部受感染的机器记录和至少同样多的未受感染的机器（他们最终查看每一条记录），以确保这项研究具有相同的案例和对照群体数量。但是，直到第三组数据，面向外部（外部聚焦），他们才开始找到可识别的模式（在审查外部流量时，发现在人类不可读的域中发生了 5 台从未使用过的域名系统查找，仅针对受感染的机器。这与特定的体育网站相结合，使感染者与众不同）。事实证明，对于所有受感染的机器，用户习惯于全天浏览与体育相关的网站。研究人员推测，虽然恶意软件没有通过网站感染（它是在本地点对点地感染，本地数据包捕获确定恶意软件不是来自互联网，而是来自网络内的对等系统），但命令和控制是通过网站进行，因此只有人为启动的浏览器查看受感染网站的机器才会最终被感染。这一发现最后由在受控实验环境中复制结果的实验证实。

4.5.2 生态实例

生态研究是一种观察研究，其中至少在总体层面进行一次测量。这意味着，重点不在于个体的健康或表现，而在于整个系统的背景。在生物学、环境科学和生态学中，总体和环境的定义已经确立，但对于网络安全而言，这显然不那么明确。一个研究人员的环境可能是另一位研究人员的个体。这很容易看出，如果一项研究正在研究单个执行的过程保护，则整个环境将是一个单一的操作系统。同样，单个机器可能是企业研究中最少的共同点，甚至企业也可能是全国范围内事件响应评估中的个体。鉴于网络空间的动态、人工设计和对抗性，随着越来越多的研究人员探索和使用这些技术，生态研究的应用和利用可能会随着时间的推移而发展。

我们将提出一个市政网络的生态研究作为案例。我们的调查人员担心由于网络防御的风险，地方市政府可能不堪重负，无法应对网络防御的需求。鉴于这个粗略的目标和主题领域，调查人员在收集数据之前审查要问的问题列表如下。

- 你问的是什么类型的问题（定性与定量、关系、数量、一次性/黑天鹅或常规事件）？显然，问题必须是可观察的，但数据集可能不存在。
  - 首席研究员最感兴趣的是研究一个城市内各个市政机构之间的网络安全实践。初次进行研究的首席研究员非常适合进行定性评估，因为可用于更深入研究的时间和资源有限。这可能包括系统信息（补丁级别、更改和配置管理详细信息）、网络信息（网络拓扑）、使用的安全防范措施（SIEM、防火墙、网络和主机入侵检测系统、防病毒、反恶意软件等）、实践（CERT实践、网络防御策略、取证和事件响应实践等）。
- 你需要多少数据？是否知道对于你希望得到的结论或答案，多大的数据量会具有统计意义？
  - 通常需要足够的数据来回答我们的首席研究员的问题。如果首席研究员愿意根据手头的信息定制和修改研究，鉴于这次研究的定性本质，信息的统计强度不会决定所收集的数据量，而是基于群体和所研究属性的可变性。首席研究员希望能够收集到足够的不同类型的干扰来描绘环境的完整画面，并将使用统计功效分析来指导收集。
- 谁拥有数据集？隐私、访问、控制、传播和其他问题需要事先解决。
  - 在与机构审查委员会交谈后，首席研究员非常关注数据的隐私和所有权将阻止甚至无法进行研究。但是，在与该市的信息主管交谈之后，看起来不仅不会成为一个问题，而且市议会非常支持公开信息并与研究人员合作。结果证明，这是一个意想不到的优势。
- 你能轻松地重新收集或重新创建数据集吗？如果数据收集没有成功，能回来重新审视你的初步假设吗？
  - 最简洁的答案是不。首席研究员只会获得各市政机构已收集的信息。这项工作在很大程度上依赖于其他人已经收集的信息。如果在分析过程中出现任何问题，可以回过头来看看是否有其他数据流是原本没有包括的，但即便最好的情况下这也会是一个长期过程。
- 你在抽样吗？你能收集整个总体或数据集吗？这在网络流量中非常常见。如果你需要抽样，方法是什么？它可能引入哪些干扰或挑战？
  - 本研究的目的是描绘出市政网络防御态势的清晰画面。鉴于二次收集性质（本研究将使用已收集的数据，并可能从中抽样）抽样将发挥重要作用。例如，信息管理（Information Management，IM）部门可能已经完成的抽样干扰将会持续存在。
- 你是否与机构审查委员会一起对此进行了再次审查？有任何改变可能需要第二次审查吗？

- 有了上述问题的答案和修订后的问题（如下），首席研究员已准备好与当地的机构审查委员会讨论这项研究。

在回答了这些问题之后，首席研究员能够改进问题以帮助确定生态研究的范围。具体而言，市政预算和人员配置是否会对城市监控网络事件的能力产生不利影响？这探讨了对于全市范围各个市政机构及其个人 IM 和网络防御团队的预算的影响。首席研究员获得机构审查委员会的批准，联系城市 IM 主管和各市政机构的各种 IM 经理。每个机构的 IM 经理都掌握着自己的预算。现在首席研究员可以收集防御计划、网络拓扑、安全工具设备采购清单和员工清单。IM 主管会编辑任何个人身份信息（Personally Identifiable Information，PII）和私人信息，并将其余信息转交给首席研究员。此时，首席研究员可以开始数据分析阶段，在咨询大学的一位统计学家时，统计学家建议先尝试进行线性回归测试，首先评估预算与网络防御之间的权衡。采纳这些建议，首席研究员能够探索人员配置、采购和感知网络防御的预算分配之间的相互关系。

4.5.3 横断面

横断面研究（Cross-sectional Studies）与生态研究有关，有时也是生态研究的一个分支，因为这类研究从整个群体中收集时间片样本。进行此类研究的目的是确保在一个特定时间点完全覆盖整个总体。一个简单的例子是将此视为网络普查。这意味着选择总体的方法必须确保足够的覆盖面和多样性，以满足当前研究的目标。以下问题的目的是帮助确定这些目标并确保收集适当的数据集。在这种研究方式中，数据集是在一个特定时间点从整个总体中收集。横断面研究通常用于描述整个总体的某些特征，或者能够对当前的信息进行演绎推论。

让我们从一个示例研究开始，以突出横断面研究。假设一所大学的研究人员团队想要探索在特定网站上花费的时间与相对安全状态的相关性。他们可以假设在安全网站和论坛上花时间的大学用户是最不可能被感染的人群。同样，那些花时间在技术相关网站和论坛上的人可能比一般人群更聪明。然后，可以根据需要确定其他主题，如体育、新闻、一般娱乐、不那么引人入胜的主题（如果机构审查委员会涵盖的话）。目标是了解在特定人群中，安全能力是否可以从网站浏览习惯中推断出来。

收集数据前要解决的问题：
- 你是否与机构审查委员会一起对此进行了审查？
  - 大学研究团队在对首次设计他们的研究时与机构审查委员会会面。这次会议最终非常有价值，因为机构审查委员会能够将研究团队与大学 IT 基础设施团队联系起来，以便他们能够立即识别数据的收集来源。
- 你问的是什么类型的问题（定性与定量、关系、数量、一次性/黑天鹅或常规事件）？显然，问题必须是可观察的，但数据集可能不存在。

- 研究人员希望利用现有的信息流和集合，而不是引入任何新的数据集。这与横断面研究收集风格保持一致。通常，考虑到现有信息的利用，这种研究方式可以作为研究主题时的第一步。研究人员想要具体回答的问题是：访问的网站和用户安全之间是否存在相关性？他们预感到有安全意识的浏览将拥有更安全的系统，这可以从浏览习惯中推断出来。

- 你需要多少数据？是否知道对于你希望得到的结论或答案，多大的数据量会具有统计意义？
  - 该研究计划收集所有 DNS 查询信息以及在两周内离开大学网络的 HTTP 获取头信息。此外，还将向大学人群发送匿名调查，询问他们对安全意识的自我评估，并进行小型测试以评估他们的安全能力。为了确保高响应率，完成调查就能获得可打印的优惠券，以便在大学食堂免费用餐。

- 谁拥有数据集？隐私、访问、控制、传播和其他问题需要事先解决。
  - 该信息由大学 IT 部门收集。但考虑到 IT 部门过去与机构审查委员会的合作，以及机构审查委员会的建议，IT 部门已经制定了与研究人员收集和共享信息的程序。此过程确定了保护隐私的机制，并规定了访问、发布和使用的所有相关策略（如果所在的机构尚未解决这些问题，必须成为所有研究人员的倡导者，以确保相关各方了解无论在大学、政府、工业等任何背景下实现此类研究的重要性和价值）。

- 你可以轻松地重新收集或重新创建数据集吗？如果数据收集没有成功，你能重新审视你的初步假设吗？
  - 这种信息可以被重新收集，但由于它是一个单一快照（这种研究方式的整个目的），因此无法确定该数据集是否仍然有效。但是，即便不可重复，该研究应该是可以重新再实现的。

- 你在抽样吗？你能收集整个总体或数据集吗？这在网络流量中非常常见。如果你需要抽样，方法是什么？它可能引入哪些干扰或挑战？
  - 这种研究的优点是没有抽样或下选。整个信息总体在一个单一时刻收集。然而，重要的是要指出即使收集"一切"也存在限制。例如，如果 IT 部门的传感器没有覆盖每个学院和部门，那么，这些用户将被排除在外。在这种情况下，收集点将位于大学网络的边缘，并将收集所有出站 Web 流量。然而，即便如此，这也不会抓住一切。例如，这不会获得加密流量（超出 DNS 查询），也不会获得任何不通过外部的内部流量。任何浏览到主机在大学内的论坛或网站都将被排除在本研究之外，这个问题可能会成为未来的问题。

- 你是否与机构审查委员会一起对此再次进行了审查？有任何改变可能需要第二次审查吗？

- 完成所有准备工作后，大学团队已准备好从 IT 网络周边收集 HTTP 和 DNS 信息。

4.5.4 纵向实例

纵向研究可以有几种不同的类型，但它们的核心是可以在很长一段时间内观察总体或系统。有两种变种是队列研究和回顾性队列研究。队列组是基于一些共同特征来确定的，如全部受雇于一个公司或获得一定程度的学位。常规队列研究首先确定群组，然后通过时间跟踪它们以确定结果。回顾性队列研究确定结果，然后根据现有记录和证据往回看，以确定是否存在其他相关或因果事件。无论是否存在特定群体（群组），这些研究都以长时间为代表。然而，就像应用于网络安全的生态研究一样，应用于网络安全的纵向研究仍处于起步阶段。这意味着，没有大量证据表明纵向研究 4 个月太短或太长。我们可以引用之前提到的斯通纳（Stone）等的"透过框架窥视"（Peering through the Iframe）[15]论文，该论文观察了一个为期 4 个月的偷渡式恶意软件行动（Malware Drive-by Campaign），作为纵向研究的一个例子。鉴于网络空间的动态、人工设计和对抗性，随着越来越多的研究人员探索和使用这些技术，纵向研究的应用和利用也可能随着时间的推移而发展。

在下面的例子中，我们将探讨美国国家科学基金会服务奖学金（SFS）[16]对其所在地联邦机构的网络安全状况的教育影响。首席研究员希望确定美国国家科学基金会服务奖学金培训的有效性，并确定它是否对更广泛的国家产生影响。这项研究需要随着时间的推移评估几类学生。首席研究员首先回顾研究准备的问题：

- 你是否与机构审查委员会一起对此进行了审查？
  - 首席研究员接近其所在机构的机构审查委员会，以帮助制定他的提案。在讨论了他的计划之后，机构审查委员会指出，衡量整个联邦机构或整个国家的安全状况是相当广泛的，并且缩小这个话题是个好主意。在与同事和机构审查委员会讨论后，首席研究员决定通过年度内部电子邮件网络钓鱼测试的结果来衡量联邦机构的网络卫生渗透率。前提是美国国家科学基金会服务奖学金毕业生将直接在此评估中表现良好，并可能有助于影响和通知他们周围的人，以提高组织的整体网络安全性。
- 你问的是什么类型的问题（定性与定量、关系、数量、一次性/黑天鹅或常规事件）？显然，问题必须是可观察的，但数据集可能不存在。
  - 首席研究员试图评估联邦机构雇用的美国国家科学基金会服务奖学金毕业生与员工电子邮件网络钓鱼结果之间的关系。问题将是无数潜在的混杂因素（某些教育活动不能归于美国国家科学基金会服务奖学金计划，扩大公众对电子邮件网络钓鱼的认识）。

- 你需要多少数据？是否知道对于你希望得到的结论或答案，多大的数据量会具有统计意义？
  - 鉴于先前的担忧，首席研究员再次寻求同事的意见，以确定是否有可能进行此类研究。在与一些统计人员协商后，他们找到了足够的目标学生数量、员工数量以及需要监控的其他因素。这些信息不仅有助于约束研究，而且有助于了解数据收集和分析阶段的情况。
- 谁拥有数据集？隐私、访问、控制、传播和其他问题需要事先解决。
  - 美国国家科学基金会服务奖学金学生需要与美国国家科学基金会服务奖学金计划分享他们的就业信息。此外，首席研究员将寻求美国国家科学基金会服务奖学金毕业生的积极同意，以确保足够长的研究期。此外，由于首席研究员正在进行由政府资助的研究，访问网络钓鱼活动的结果将是直截了当的（在现有政府使用范围内），但仍需要每个正在研究的机构。
- 你可以轻松地重新收集或重新创建数据集吗？如果数据收集没有成功，你能回来重新审视你的初步假设吗？
  - 首席研究员确定这不应该是一个问题。但是混杂因素（还有什么可能会影响员工的网络钓鱼结果？）仍然是一个问题。
- 你在抽样吗？你能够收集整个总体或数据集吗？这在网络流量中非常常见。如果你必须抽样，方法是什么？它可能引入哪些干扰或挑战？
  - 对于本研究，抽样不是问题，因为首席研究员将追溯所有同意美国国家科学基金会服务奖学金毕业生的联邦服务。电子邮件网络钓鱼信息由主机代理机构收集，而不是在首席研究员的控制范围内（但其网络钓鱼测试的抽样率由首席研究员记录）。这里还提供了网络钓鱼测试的历史信息。
- 你是否与机构审查委员会一起对此进行了审查（再次）？有任何改变可能需要第二次审查吗？
  - 通过上述问题的答案，首席研究员可以返回机构审查委员会进行审批。

最后，首席研究员花了相当多的时间和精力来追踪美国国家科学基金会服务奖学金毕业生及其就业机构。在考察了100多个联邦机构和团体的毕业生分布后，首席研究员意识到他需要进行下选和抽样。统计学家建议他选择前10大机构（美国国家科学基金会服务奖学金毕业生就业最多的机构），他也建议使用相同的排名，但在与每1000名员工中美国国家科学基金会服务奖学金毕业生人数最多的机构排名进行比较后，发现两个排名并不一致。然后，将其与没有美国国家科学基金会服务奖学金员工的机构进行比较。通过以上步骤，首席研究员与相关政府机构联系并收集之前的网络钓鱼测试结果，包括所有进行过的测试和所有被雇佣的美国国家科学基金会服务奖学金毕业生。首席研究员还亲自采访了各机构的网络安全人员，以识别之前提到的任何混杂因素。最后，首席研究员收集了进行分析所需的所有信息。他将结果绘制在一个简单的线图中，以了解美国国家科学基金会服务奖学金员工数量对每年网络钓鱼结果的影响，并与没有美国国家科学基金会服务奖学金员工的机构进行对比。最终，研究小组同意美国国家科学基金会服务奖学金员工与电子邮件网络钓鱼结果之间的因果关系无法建立，但事实证明这些信息有助于在受雇人群中建立教育相关性。

4.6 分析偏差

第一种形式的偏差是抽样偏差（Sampling Bias）。这种形式的偏差可能在数据收集工作开始之前引入。因为整个数据集成本过高或受到限制，所以研究将进行抽样，抽样方式就可能引入偏差。例如，如果将计算机系统划分为服务器或工作站，并平等对待这两个组，那么，将无法体现企业中通常工作站比服务器多得多的事实。

第二种形式的偏差是系统性偏差（Systemic Bias）。这种形式的偏差往往是整个研究生命周期的基础。一个典型的例子是制药公司资助药理学家对其药物进行研究，以确定安全性和有效性。在网络安全研究中，简单的类比是防病毒/反恶意软件或入侵检测系统供应商与大学或研究机构签订合同，以进行安全/漏洞或性能评估。这是应用研究的常见做法，读者可能对评估制药公司产品是否安全有效的药理学研究结果持怀疑态度，并且同样怀疑由评估对象或利益相关者资助的研究。现在这并不是说研究自动地不科学或无效，而是说可能存在对设置、过程或分析的潜意识、意外或故意篡改，应以适当的方式纠正或解决。例如，由独立的第三方审查研究设计和结果，确保个人利益与结果不以任何方式耦合，或建立充分的关系，以便过程解决和控制偏差。

系统性偏差也可能发生在数据选择的最初阶段。期刊、会议和数据集存储库有付费或开放获取的趋势。作者们支持这一趋势，因为信息获取的民主化渠道确保了尽可能广泛的科学讨论。然而，这种扩散方式的副作用是开放获取出版物和研究数据集的选择偏向。如果正在进行一项关于平均密码大小与密码复杂度的比较研究，那么，开放和公开可用的数据集可能比付费或难以访问的数据集更受欢迎。虽然这可能不是一个固有的问题，但选择偏向会影响研究形成，因此，即使是在初步水平上，也应该得到注意和评估。这个例子里，最好在付费的站点注册，以确保访问最相关和最有用的数据。

第三种形式的偏差是潜意识偏差。观察者（或实验者）效应是潜意识偏差的一个例子，其中人类观察者无意中影响或偏向了主体。这种类型的偏差通常不是由调查、实验或研究管理员故意篡改或欺诈引发的，而是潜意识、生理或其他影响主体行为的说法。一个有趣的例子是 20 世纪初以动物为主题的名为"聪明的汉斯"[17-18]的案例。汉斯是一匹聪明的马，他的主人威廉将其在德国展出。在一群观众面前，威廉会要求他的马进行加法、减法、乘法，甚至是逻辑问题计算。这匹马总是用蹄子敲打出答案，汉斯给出的正确答案给人群带来了欢乐。这成了一个奇观，委员会被任命调查真相。最后，事实证明，这匹马通过观察它的主人给出表演，在它敲出正确数量之前，主人会一直很紧张，马要做的是一直敲打蹄子，直到主人放松为止。这种无意识的观察者期望的例子称为"聪明的汉斯效应"。

"实验服综合症"（Lab Coat Syndrome）是一种与潜意识偏差相似的偏差，通常是指，穿着实验服的受试者为了取悦权威或专家人物，将向观察者提供其期待的答案或结果。第一个例子是米尔格兰姆实验，比较极端，受试者遵循实验室观察者的指示对另一个人类受试者进行电击[19]。第二个例子更简单，在关于密码强度的调查中，受试者往往撒谎称经常将它们更改为新的复杂密码（因为受试者预期并假设观察者想要更积极的结果）。第三个例子称为"实验服高血压"（Lab Coat Hypertension），在医学上，这是一种综合征，当受试者处于医疗环境中并由医疗专业人员测量其血压时，他们的血压高于他们在户外环境中的正常血压。这种生理反应可以通过受到医疗环境和从业者过程对受试者施加的心理压力来解释。这很难控制，因为必须移除环境和执行血压测试的专家，这会降低在任何家庭测量中的潜在保真度和信任度。

4.7 寻找因果关系

观察研究的目标是发现可能代表因果关系（Causal Relationship）的数据模式。有趣的发现可以导致进一步的研究，或者，如果证据足够有力，可以带来新的思维模式。数据中的模式主要表示一个或多个变量跟随或响应另一组变量的行为，这称为相关性（Correlations）。我们的目的是介绍一些常用的数据分析统计工具。然而，有大量的数学方法来分析数据以寻找模式或检测相关性。我们无法在本书中详细介绍统计方法。因此，如果需要更高级的数据分析方法，建议学习其他文本，如《回归建模策略：线性模型、逻辑和序数回归以及生存分析的应用》（*Regression Modeling Strategies: with Applications to Linear Models, Logistic and Ordinal Regression, and Survival Analysis*）[20]。

4.7.1 图摘要

分析中最简单的一种方法是绘制数据图表，形成图摘要（Graph Summarization）。人类具有最佳的视觉模式匹配能力，这也是我们的视觉的工作方式。通过以不同方式绘制数据图表，可以使用下面的数学方法寻找值得探索的有趣模式。频率图（Frequency Graphs）是最有用的图之一，因为它们显示数据分布并适用于所有数据量表。图 4-1 展示了一个频率直方图示例，该示例可以通过对用户网络安全意识调查来创建。

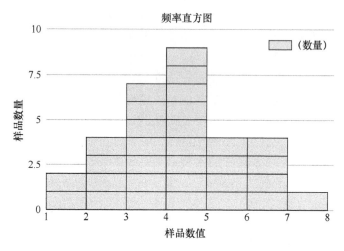

图 4-1　频率直方图示例

4.7.2　描述性统计

描述性统计（Descriptive Statistics）是一次评估和探索一个变量结果的方法，称为单变量分析（Univariate Analysis）。描述性统计提供了一种通过几个参数描述数据集的方法。随着时间的推移，推导出一组常见重复数据描述，称为分布。围绕不同的数据行为生成了许多不同的分布。高斯分布（Gaussian Distribution）或正态分布（Normal Distribution）是最常用的分布，因为中心极限定理表明，如果样本足够大，则大多数数据集遵循正态分布。

集中趋势：

集中趋势度量定义了显示中间值或公共值的数据集的各个方面。图 4-2 展示了一个频率直方图上显示的集中趋势度量示例。均值是所有值的平均值的计算。通过将所有值的总和除以值的总数来提供均值。正如在图中所看到的，均值由粗竖线表示，并且不必与其中一个值对齐，因为对于多个整数值，平均值是 3.8。众数（Mode）是最常出现的值。在图中，众数是 4，因为它出现得最多。最后，中位数（Median）是有序数据集的中间值。在图中，中位数用带有星号标记的方块表示。如果按升序对齐值，则值为 4 的项就是中位数。如果没有明确的排序顺序，则中位数可以是一组数字，在这种情况下，如果我们改变它们的顺序，那么 4 个方格中的任何一个都可以是中位数。

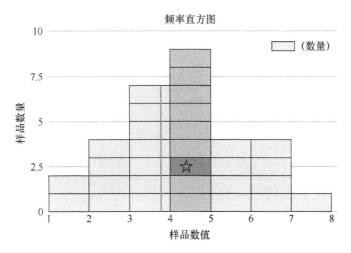

图 4-2　频率直方图上显示的集中趋势度量示例

4.7.3　回归分析

回归分析（Regression Analysis）是使用统计技术量化和理解变量之间关系的过程。虽然总体目标是确定变量之间的相关性，但也包括对该相关性的描述，如关系的方向（直接/间接，正/负）、关系的维度和相关的强度。回归分析和一般的推论统计是一个非常广泛的数学研究领域，我们仅在此提供最常用技术的概述，以提供一套介绍性的研究技术。如果发现此处提供的方法不适合所做的研究，则还有许多其他统计方法[21]。

1. 线性

线性回归（Linear Regression）是对两个变量之间的线性相关进行建模的过程。通过线性回归，可以找到对一系列数据进行建模的最佳拟合或趋势线。通过创建一条优化或找到每个点的最小偏差总和的线来找到该线。图 4-3 展示了线性回归示例，条形是与点的偏差，显示的线是最适合的选项，用于限制偏离所有点的总大小。线性回归可以应用于任何数据集，即使它不是一个好的模型。确定线条拟合度的简便方法是查看 R^2 值，线越高，数据越好。

2. 逻辑

逻辑回归（Logistic Regression）是在给定输入变量的情况下对离散结果的概率建模的过程。最常见的逻辑回归对二进制结果进行建模，如可以用两个值表示真/假、是/否等。多项逻辑回归可以模拟存在两种以上可能的离散结果的情景。逻辑回归是一种有用的分类问题分析方法，可以尝试确定新样本是否最适合某个类别。由于网络安全方面存在分类问题，如攻击检测，因此逻辑回归是一种有用的分析技术。

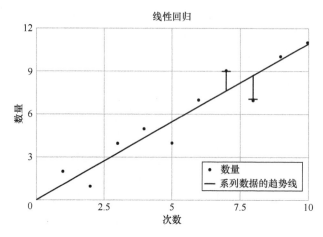

图 4-3　线性回归示例

4.8　报告结果

观察研究的最后一个重要步骤是报告结果。如果伟大的发现没有人知道，或者不能为未来科学发展提供知识支持，又或者不能设计出一些具有超前眼界的事物，那它将毫无意义。记录研究结果的两种最普遍的形式是会议和期刊。它们提供了一个途径，将你获得的知识投入到该领域的知识库中。然而，这都需要经过同行评审。同行评审提供针对研究主题、研究方法和报告研究质量的验证检查，以确保一定的质量水平。理想的情况是，论文的质量应该是决定接受与否的唯一标准，实际上，话题的新颖性、开创性和受欢迎性也在评审过程中起作用，所以在投稿目标时应该考虑这些因素。在本节中，我们提供了一个报告观察研究的通用模板，这将适用于大多数会议和期刊。

4.8.1　样本格式

每一个出版物都会提供格式指南。请检查你选择的出版方的提交要求，以确保你遵循大纲和格式规范。这里提供的大纲遵循已发表的论文中归纳出的通用行文，并且应该可以满足很多出版方的要求。

每篇论文都是独特的，并且需要一些不同的呈现方式。然而，所提供的样本包括了论文中必须涵盖的所有一般信息。当开始写一篇论文并修改它以符合出版方要求时，通常从这种格式开始。我们知道每个研究都有自己的风格，所以你可以自由地偏离这个大纲。每个部分的讨论都用来解释哪些内容很重要以及为什么要包含它，所以你可以以任何最适合你风格的方式呈现这些重要信息。

你也可以参考频闪倡议（Strobe Initiative）[22]中提供的示例大纲。频闪倡议（Strobe Initiative）的目标是加强流行病学中的观察性研究报告（Strengthening the Reporting of Observational Studies in Epidemiology，STROBE）[23]。

1. 标题

标题部分应该是不言自明的，提供足够的信息帮助读者确定他们是否应该深入阅读。有些作者喜欢聪明或有趣的标题方式，你的标题方式可能会有所不同。无论如何，标题应该指出所进行的研究类型。

2. 摘要

摘要是论文简明易懂的概述，目的是为读者提供一个关于论文所讨论内容的简要描述，应该只讨论在文章的剩余部分中将要陈述的内容，不需要其他额外的信息。每个论文出版方都将提供编写摘要的指导方针，通常包括摘要的最大字数限制以及格式要求，但有时也会包括对提交论文的类型和版式的要求。

3. 介绍

论文的第一部分从来都是给予读者有关论文其余部分的介绍，提供了进行研究的动机和推理，应该包括研究问题的陈述和用于研究的任何激励性问题。如果需要任何背景信息，如解释研究的领域、环境或关联，你将在这里讨论它。如果本论题的某方面会对受众有明显筛选，那么，可能需要创建独立的背景部分。

4. 相关工作

相关工作部分应包括关于该研究课题领域知识的简要总结。有没有竞争性的解决方案？做过其他实验、研究或理论研究吗？如果在这一领域曾做过大量研究工作，请涵盖对你来说最有影响力的研究工作。

5. 研究方法

论文的研究方法部分应清晰定义你进行研究的过程。至关重要的是这一部分要清晰和完整，以便读者能够复制该方法。本节应详细说明具体的观察方法、设置/环境和研究规模。此外，应详细说明参与者/实验对象。首先，应描述观察变量，包括结果、定量值和其他混杂因素。其次，应该明确可能出现的偏差，并说明如何控制和减轻它们的影响。最后，你应该定义使用的统计数据以及使用它们的动机，还可以说明是否存在遗漏的数据以及如何处理这些数据。

6. 研究结果

在你的论文结论部分，应该解释你在进行分析后发现了什么，列出所有研究的意义、置信区间和影响程度。通过表格展示结果通常是一种高效和可行的方法。另外，你也应该提供研究参与者的信息，还可以展示有趣结果的图片，如发生的数据异常，或者展示数据样本的分布。这应该包括描述性数据（输入）、结果数据（输出）以及分析。如果有任何预期以外的事情发生，并出现在数据中，请在本节中进行解释。

7. 讨论/未来工作

讨论/未来工作部分是为了突出关键的结果和你在结果中发现的有趣或值得注意的事情。你应该让读者知道结论存在的局限性。你可以解释和讨论任何重要的相关内容，并讨论结论的普遍性和确切的因果关系，讨论你认为该工作将导向何处。

8. 结论/总结

在论文正文部分的最后一节，总结本文的研究结果和结论。结论部分通常是读者在阅读摘要后快速阅读的地方。对这项研究的最终结果和你从研究中得出的结论做一个清晰而简明的陈述。

9. 致谢

致谢部分是你向在研究中帮助过你的任何人致谢的地方，也是致谢支持你研究的资金来源的好地方。

10. 参考文献

每个出版物都将提供有关参考文献的格式指南，遵循其指导规则，在论文末尾列出所有引用的参考文献。根据论文的篇幅，需要调整引用的数量。通常，论文越长，引用越多。一个比较好的方法是，6 页的论文有 15~20 个参考文献。对于同行评审的出版物，你的大多数参考文献应该是其他同行评审的作品。引用网页和维基百科不会让审稿人感到可信度。另外，确保只列出对你的论文有用的引用，也就是说，不要夸大你的引用计数。好的审稿人会检查，这很可能会反映出你的不合格之处，导致拒稿。

参考文献

1. Taleb, N. N. (2007). *The black swan: The impact of the highly improbable.* New York: Random House.
2. Sagarin, Rafe, and Aníbal Pauchard. *Observation and ecology: Broadening the scope of science to understand a complex world.* Island Press, 2012.
3. Sagarin, Rafe, and Aníbal Pauchard. *Observation and ecology: Broadening the scope of science to understand a complex world.* Island Press, 2012, p. 118.
4. Sagarin, Rafe, and Aníbal Pauchard. *Observation and ecology: Broadening the scope of science to understand a complex world.* Island Press, 2012. p. 126.
5. BADGERS '11 Proceedings of the First Workshop on Building Analysis Datasets and Gathering Experience Returns for Security Pages 62–69.
6. Stone-Gross, B.; Cova, M.; Kruegel, C.; Vigna, Giovanni, "Peering through the iframe," in *INFOCOM, 2011 Proceedings IEEE*, vol., no., pp. 411–415, April 10–15, 2011.
7. Gravetter, Frederick J., and Lori-Ann B. Forzano. *Research methods for the behavioral sciences.* Nelson Education, 2015.
8. FIRST Common Vulnerability Scoring System v3.0: *Specification Document*, 2015, [online] Available: https://www.first.org/cvss/cvss-v30-specification-vl.7.pdf.
9. Fuller, W. A. (2011). *Sampling statistics* (Vol. 560). John Wiley & Sons.
10. Small Business and Entrepreneurship Council. (n.d.). *Small Business Facts & Data.* Retrieved

February 25, 2017, from http://sbecouncil.org/about-us/facts-and-data/.
11. Charan, J., and Biswas, T. (2013). "How to Calculate Sample Size for Different Study Designs in Medical Research?" *Indian Journal of Psychological Medicine, 35*(2), 121−126. http://doi.org/10.4103/0253-7176.116232
12. Ross, C. (October 14, 2016). *Broken Cyber Hygiene: A Case Study*. Retrieved February 25, 2017, from https://blog.tanium.com/broken-cyber-hygiene-case-study/Tanium.
13. Centre for Evidence-Based Medicine. (March 7, 2016). *Study Designs*. Retrieved February 25, 2017, from http://www.cebm.net/study-designs/.
14. Proceeding WWW '07 Proceedings of the 16th international conference on World Wide Web Pages 657−666 ACM New York, NY, USA ©2007 table of contents ISBN: 978-1-59593
15. Stone-Gross, B.; Cova, M.; Kruegel, C.; Vigna, Giovanni, "Peering through the iframe," in *INFOCOM, 2011 Proceedings IEEE*, vol., no., pp. 411−415, April 10−15, 2011.
16. OPM. (n.d.). *CyberCorps®: Scholarship for Service*. Retrieved February 25, 2017, from https://www.sfs.opm.gov/.
17. Jackson, D. M. (2014). *The Tale of Clever Hans*. Retrieved from http://www.donnamjackson.net/PDF/Clever-Hans-Story.pdf.
18. Pfungst, O. (1911). *Clever Hans (the Horse of Mr. Von Osten) a Contribution to Experimental Animal and Human Psychology*. Retrieved February 25, 2017, from https://archive.org/stream/cu31924024783973/cu31924024783973_djvu.txt.
19. Behavioral Study of obedience. Milgram, Stanley *The Journal of Abnormal and Social Psychology*, Vol 67(4), October 1963, 371−378.
20. Harrell, F. (2015). *Regression modeling strategies: With applications to linear models, logistic and ordinal regression, and survival analysis*. Springer.
21. Harrell, F. (2015). *Regression modeling strategies: With applications to linear models, logistic and ordinal regression, and survival analysis*. Springer.
22. STROBE Initiative. (n.d.). *STROBE Statement*. Retrieved from http://www.strobe-statement.org/fileadmin/Strobe/uploads/checklists/STROBE_checklist_v4_combined.pdf.
23. STROBE Statement: Home. (n.d.). Retrieved February 25, 2017, from http://www.strobe-statement.org/.

第 5 章　描述性研究

我们把对观察研究的讨论分成了 3 个独立的章节。在第 4 章"探索性研究"中，我们讨论了探索性研究的范围和侧重点。探索性研究通常着眼于更大的群体或跨系统的趋势走向。在本章，描述性研究（Descriptive Studies）往往更多地关注个体主体或更专业的目标主体。虽然这种差异并不能说明问题，但是分类在理解研究规模和研究意图或目标方面是很有用的。一些应用观察研究通常也是描述性的，我们将在第 12 章"应用观察研究"中讨论。在观察研究部分的最后一章将介绍机器学习，这也是观察研究的最终形式。

研究是获取并归纳知识的过程。研究的最终目标是检测数据模式，使其表示变量之间的因果关系。通过观察一个模式或有趣事件，研究一个过于复杂而无法控制的系统不仅是理解问题的起点，还能够指导其下一步研究方向，以满足一个由科学假设驱动的研究方法的进行。

描述性研究与探索性研究的关键区别在于观察的范围和普遍性。探索性研究在整个系统或系统的多个实例中进行调查，而描述性研究则深入研究某个系统的特定情况。一项探索性研究可能会着眼于一般的敌对性行为，但一个描述性的案例研究可能会集中在某个黑客或某个黑客团队来详细分析其行为。也有应用案例研究探查应用知识对具体操作环境的影响，关于这部分的内容请参阅应用研究部分，以了解更多细节。

5.1　描述性研究方法

正如前面讨论的，观察方法常用于社会、医疗、政治和经济等研究领域。通常，物理科学采用科学的假设-演绎实验方法。

正如 3.1.3 节"观察研究"所讨论的，观察研究是一个广泛的研究类别，涵盖对现象、症状或系统的归纳观察。观察研究与实验的不同之处在于没有可以（技术上、伦理上或财务上）控制的自变量，与实验的相同之处在于都是通过观察因变量来更好地了解结果。例如，天文学研究中，如果要进行天体实验工程来研究恒星生命的终结，这显然超出了我们目前的能力。又如，如果研究人员想要研究网上犯罪行为动机，也不能进行鼓励或诱导犯罪行为的实验。相反，我们可以进行一项观察研究，以了解网络犯罪行为背后的意图和动机。再如，一个对下一代入侵检测系统的影响感兴趣的研究人员，面对一个不受他控制的网络系统时，由于无法在网络中设计一个实验和控制变量，他将不得不收集网络和主机信息作为研究的可用资源。

基于行文结构，我们将观察研究分为探索性和描述性研究两大类（除了自动化机器学习方法）。在过去的几年中已经出现了几个类型的研究框架，相信未来还会有更多。我们的目的并不是要引入一种最终的观察研究的分类方法，相反，我们只是将该领域划分为两个更易于管理的部分。正如第 4 章"探索性研究"所述，探索性研究以探索为基础的研究通常以更深入地理解和洞察研究中的现象或情况为目标。探索性研究也被称为相关性研究，具有数据收集方法的特点。通常情况下，探索性研究的对象要么是不受调查者直接控制的数据集，要么是事后收集的数据，因此，研究的范围和数据集要大得多（在大小或空间规模上均是如此）。然而，描述性研究关注的是预先设定的行为和描述现象，因此通常要求研究者与主体之间有更多的互动和控制。

有时，在不同的研究领域，定性研究方法也称为描述性研究。定性研究的目标，一方面，是对被测（网络）系统的现象和潜在行为（无论是人类还是网络延迟导致）提供更多的信息和洞察；另一方面，试图将两个事件之间的关系、频率或结果相关联。这些与实验的目标相同，但没有像在实验环境中那样控制变量。我们发现，这种描述在很大程度上是正确的，但只是偶尔会发现一个描述性研究被合理地用来识别和建立因果关系的例子。我们鼓励读者不要沉迷于科学或者科学方法的分类或标签，而是可以用这些信息作为指导，让自己的研究尽可能地汲取前人的经验。

描述性观察研究（Observational Descriptive Studies）深入探查网络空间中系统或环境的具体案例。当探索性研究试图了解更大群体的特定变量时，描述性研究记录有意义的独立系统的各类信息。由于描述性研究本质上是主观的，它们产生的定性结果通常也是信息性的，无法用数学方法量化。下面是用于描述性分析的 3 种常用方法。

（1）案例研究：案例研究（Case Study）既是一个通用术语，也是对某一特定事件或情境的观察研究。虽然案例研究不是轶事证据，但它的范围和适用性都非常有限。案例研究遵循收集和评估数据的正规过程。假设一名医生正在研究一种之前不为人所知的疾病或疾病的单一发病率，这并不意味着他的研究可以推广到整个领域的诊断范围。但是，如果再加上其他研究或证据，这个案例无疑将有助于医学的基础知识建设。同样，在网络安全领域，对网络系统行为的个人评估和研究可能是无法推广的，但它们将有助于建立系统的知识体系（Body of Knowledge）。事实上，有影响的案例（如 Stuxnet 或 APT[1]）经常对该领域产生广泛而深远的影响。正如 1.3.1 节"证据分级"中所述，案例研究在证据意义上处于较低层次。

案例研究是一种研究恶意软件、威胁或新政策和产品实施情况的常见方法。我们经常会看到关于新发现的恶意软件的深入案例研究[1]。不太常见的是，案例研究也被用于描述特定威胁主体[2]或攻击活动[3]的细节。如果想要详细了解某一特定事件，那么，案例研究是一种很好的选择。

（2）启发研究：启发研究（Elicitation Studies）是从人类主体收集信息的研究，具体实例包括调查和人类主体访谈。调查既是数据收集的一种方法，也是一种观察研究的手段。启发研究仅限于人类主体，在满意度调查、焦点组织和心理分析方面都有广泛的适用性。

在网络安全研究中，经常存在缺乏必要的模型或理论来指导我们如何解释结果或者评估场景的情况。一般而言，在评估实验或研究的结果时，有必要引用专家的意见。例如，当应用和评估风险模型时，通常需要对测试事件的相对风险进行专家判断，以确定风险模型的执行情况。

（3）案例报告：案例报告（Case Reports）主要是由医学界提出的。在这一领域，它们被用于描述疾病或发生的特定事件（如病例研究）。在网络安全方面，案例报告没有案例研究那么严格。网络安全案例报告的主题可能是一种检测方法的描述（类似于医学界），也可能是新对策的详细说明，甚至是体系结构的设置。

案例报告在当前的网络安全文献中相当普遍，它们通常用于描述一种特定的新技术，没有任何相关的性能或安全性实验，甚至没有对其行为进行严格的研究。某些仅仅是简单地描述新的解决方案而不提供具体应用场景或科学假设的论文最好被描述为案例报告。

5.2 观察方法选择

当描述和讨论对特定场景或项目的深入研究时，案例研究是很有用的，如研究网络攻击、新的恶意软件、威胁主体，或者网络安全解决方案与策略如何在一个组织中集成。这项研究是高度定性的，它使得你能够对事物为何如此发展进行定义和推理。

当你需要集中特定人群的智慧时，启发研究是特别有用的。当你需要专业知识来评估一些缺乏直接度量能力的事物（如风险、安全性或场景概率）的价值时，这通常是很有用的。

描述一个新的解决方案时，案例报告是有用的，这对白皮书或其他非同行评审的出版物都有好处。然而，尽管这是一种常见的做法，我们强烈建议不要将这种方法用于科学出版物，因为它的科学贡献很低。通过做探索性研究或应用实验来扩展案例报告对提高出版物的价值会大有帮助。

5.3 收集数据

描述性研究收集的信息通常是第一手以及有目的性的信息。例如，一个案例研究或报告直接与现有主题交互并收集特定描述性研究的信息。同样，任何访谈或启发研究也会与受试者直接交互，从而收集第一手的数据集。考虑到数据收集的实时性和交互性，必须特别注意确保观察者或研究者不会偏向或篡改数据，具体请参阅4.6节"分析偏差"。此外，必须确保收集足够充分和广泛的数据。例如，在一个特定的受感染系统的案例研究中，在执行任何对策（如消除或重建）之前，都需要从宿主系统中收集足够的信息。在执行对策后，任何未被收集的信息都有可能丢失。必须在收集数据时确保收集到足够的数据，这不仅要考虑到预期的问题，还要处理将来可能出现的未预料到的问题。

研究人员的下意识反应可能是"收集所有信息"。最终你会发现，没有一个通用过程或步骤来识别其中哪些信息是相关的，或者是无关紧要的。收集"所有信息"的方法，如构造一个完整的磁盘映像，可能是最好的实现方法。但这样做至少会引发两个问题。首先，会导致缺乏批判性思维，对于什么是需要的，什么是不需要的判断可能会十分草率。如果研究人员认为他们可以收集所有的东西，然后再进行批判性的思考和分析，就可能会在这个过程的早期错过关键的决策点。其次，盲目地收集一切可能会陷入思维误区。例如，从我们自身来看，克隆一个磁盘映像并将其复制到另一台计算机，在脱机使用和随后的分析中，可能会忽略这样一个事实：在某些情况下，相关信息实际上并不是存储在硬盘上，而是只存在于系统内存中。因此，在没有批判性分析的情况下，这种简单的收集可能会引发错误。描述性研究的收集数据通常是直接且即时性的，因此，应该注意保证使用适合且足够的收集方法。

另外，与描述性研究相关的问题是人类的主观意识带来的两类挑战。首先是直接与人类主体打交道的问题。观察研究（如案例报告、案例研究、启发研究等）直接与人类主体的互动有关，我们强烈建议从一开始就让具有开展人类主体研究经验的研究人员参与进来，它们可以帮助识别机构审查委员会所提出的挑战，以及人类作为主体所固有的问题（激励、谬误等）。机构审查委员会显然是必要的，它通常由各种专家组成，所以我们建议在任何初始工作开始之前，尽早与他们合作。虽然这不能替代你自己的专业知识，但专家们通常可以在从开始到结束的整个过程中帮助和指导你。

第二个挑战出现在分析数据时，如对手的隐藏情报可能会混杂防御，使网络安全成为一个复杂而具有挑战性的领域。同样地，无论是否愿意，人类的主观意识往往是非常具有挑战性和难以捉摸的主题。在 4.6 节"分析偏差"中,我们讨论了"实验服综合征"和"聪明的汉斯"。其中存在的最根本的挑战是,在社会科学中,每一个主体都是一个聪明的、会思考的、自我优化的、情绪化的、理性或者非理性的存在。正如艾伦·格林斯潘(Alan Greenspan)在向美国国会作证时所说的,西方经济体系假定的合理性如下:

> 我们这些通过关注贷款机构自身利益来保护股东权益的人——尤其是我自己——正处于一种难以置信的状态……我仍然不能完全理解为什么会发生这样的事情,而且很明显,在某种程度上,如果我知道它发生的地点与原因,我会改变我的想法。如果事实改变,我也将改变[4]。

格林斯潘和另外一些学者对人类违背自身利益的行为感到非常惊讶。无论是你自己的经历或互动,还是来自理想化的假设,对人际交往的假设越多,在设计收集和分析结果中犯错误的概率就越大。

5.3.1 数据收集方法

1. 调查/问卷调查

1) 媒介

进行调查的媒介(Medium)会影响研究问题类型和答案可用性。复杂的问题很难采用电话访谈的方式,复杂的答案通常不会通过纸张或互联网得到很好的传递。虽然使用基于互联网的调查似乎很容易,但重要的是要仔细考虑问题类型和预期答案,以确保所选的媒介能够提供最好收集所需数据的能力。

(1)面对面。面对面调查(In-person Surveys)是最严格的,因为这需要研究人员团队和参与者在场。然而,在对人的调查中,最好的方法是提出开放式问题,因为它允许你提出后续问题来澄清并得到更详细的答案。这也需要非常小心,因为使用积极或消极的语言很容易在不经意间偏向回答。

(2)纸质。如果你有大量的封闭式问题,纸质调查(Paper-based Surveys)是有用的。纸张提供了邮寄给大量参与者或者进行更进一步面对面调查的可能。很大程度上,纸质问卷已经让位给互联网调查方法,这是因为在易用性和成本方面,互联网调查更具有优势。

(3)电话。电话调查(Phone-based Surveys)方法可以轻松地将调查报告与一个大型的样本进行比较,样本可能是均匀分布的,因此电话采访的数据往往少于面对面的采访,但比纸质问卷或互联网调查要多。基于电话的访谈需要清晰简洁的问题,因为他们缺乏视觉线索,这会使冗长复杂的问题难以理解,从而导致回答不符合你的意图。基于电话调查与面对面调查的偏向风险相同,所以在你说什么和你怎么说时要非常仔细和深思熟虑。

(4)互联网。互联网已经成为收集调查反馈的常用媒介。在网上有一些易于使用、价格低廉、安装快捷的工具，它们可以用于调查。计算机的使用使可视化组件和音频组件的集成能够帮助我们研究问题，或者在需要时将问题与特定情况联系起来。互联网使得我们很容易就能接触到大量的个体。然而，当进行广泛的互联网调查时，可能会有一些问题被刻意地掩盖，而只能得到一些极端观点。因此，研究最终样本不一定代表更多的群体。

2）设计问题

在设计调查时，主要关注因素之一是你要提出问题。了解每个问题的内容（What）、方式（How）和原因（Why）很重要。"内容"与你想问的具体问题有关。"方式"聚焦于如何最好地表示和呈现问题，以确保获得你想要的数据。"原因"确保你了解每个问题如何与研究目标相关联。在这3个概念的基础上，还需要考虑多个方面的因素。下面是一些应该注意的特性和问题的简短描述。

（1）问题类型。提出一个研究问题可以有很多方法。每一个方法都各有优缺点，分别适用于不同案例收集数据。开放式问题使得参与者能够充分表达他们的观点和感受。然而，开放式问题往往会导致参与者以不同的方式回答问题，这给之后的数学分析带来了困难。多选题将参与者的回答限制为一组指定的答案，这有助于轻松编码答案，便于统计分析方法使用。然而，使用多选题的风险在于，根据所提供的一组的答案会偏向回答，或者使问题倾向于特定的回答。最后，量表式问题提供了一系列从低到高的选择，使参与者能够表达他们的感受，同时限制了答案的形式。量表式问题的挑战在于用户通常会避开极端情况选择中间选项。

（2）问题清晰。应该尽量使用简单而明晰的语言提出问题。如果能够非常明确地表达问题，就没有必要再过多地就研究问题进行解释。与此同时，应该注意使用适合参与者受众的语言。例如，对于非技术人员的参与者，最好不要使用技术术语。

（3）简单明了。在明确问题的同时，使问题更加精确和简洁很重要。如果不想让研究问题变得比想象中复杂，就尽量不要在一个问题中嵌入多个概念。一个冗长的研究问题可能导致受试者无法按照你的期待回答问题，因而会给你的研究带来风险。

（4）偏颇语言。你选择的词语和你问的方式会影响答案。无论是积极或消极的形容词，都可能被研究参与者解读出一些言外之意。例如，使用诸如"黑客"之类的词来表示某些东西，可能会导致参与者的负面反应。此外，人们在回答问题时往往使用过滤模式，这样会使他们看起来更容易被社会接受。研究人员可以将研究问题放在自己身上考虑引发的情绪，也可以询问他人观点，从而避免偏颇。这种方式没有一定之规。

设计问卷调查问题时，最好对这些问题试测或同行评审。研究者容易对自己的研究设计产生先入为主的观点，并且对某些错误视而不见。如果能从独立的第三方获得一个全新的视角，则对于确保你调查的正确方向是有益的。

（5）问题定位。应该战略性地定位研究问题，使你的调查对参与者更有吸引力。试着把一些无聊的项目放在最后，如一般的人口统计问题，这样参与者在开始之前就不会放弃整个调查。将问题按照类别和格式分组放在一起，以减轻思考每个问题的负担。

2．访谈/焦点小组

调查适用于结构化的信息收集，如果想收集个人或团体的印象、想法和感想，访谈或者焦点小组访谈是更好的研究手段。与调查相比，访谈和焦点小组收集的信息较少，但他们开放式的行为允许研究人员对某些主题进行更深入的探索。它允许参与者自我解释，并思考自己为什么以这种方式回答问题。访谈和焦点小组限制了结果的概括性或外部有效性。

3．实地观察

我们将讨论的最后一类定性数据收集方法是实地观察（Field Observation）。这种数据的收集方法是指研究人员在执行任务时观察和系统地记录被研究者的行为。例如，在某个主题的研究中，可以在活动发生时提问或者进行观察，并使用眼球追踪[5]和屏幕捕捉软件[6]等手段。实地观察能够让你在研究的同时获得第一手的经验，这就消除了可能产生混淆的因素。为了确保捕捉自己想法，应该做现场笔记。在实地观察时，考虑自身的参与程度是很重要的，你的互动可能会使受试者的行为产生偏向。如果你是一个被动的观察者，它会导致你被迫主观地解释一个事件，而你可能无法理解其背后的逻辑或动机。例如，在研究网络防御者的行为时，你观察到他们忽略了警报，可能是因为他们认为基于过去的经验，警报并不重要，或者他们只是离开了，没有注意到警报。如果你无法与被测试者进行互动，你就难以对发生这种行为的原因做出正确而客观的判断。

> **深入挖掘：网络安全数据集**
>
> 　　研究人员最经常抱怨的就是数据的缺乏。虽然这是正常现象，但是全世界都在努力收集数据，并与更广泛的研究群体共享。下面就是一些例子。
>
> 　　（1）麻省理工学院实验室入侵检测数据集（MIT-LL Intrusion Detection Dataset）是美国国防部高级研究计划局（DARPA）1998年和1999年资助麻省理工学院实验室（MIT-LL）为入侵检测评估生成的数据集。这些数据集在网络安全领域具有开创性，虽然有限制因素（正如所有数据集一样），但它们仍在被引用和使用[7]。
>
> 　　（2）DHS IMPACT程序（来自PREDICT）是由美国国土安全部科学技术理事会资助的系统收集、审查和传播网络安全的数据集。各种当前和历史数据集可供所有研究人员使用。共享数据和使用数据只需要几个步骤。随着更多信息添加进来，程序不断完善[8]。
>
> 　　（3）应用互联网数据分析中心（Center for Applied Internet Data Analysis，CAIDA）

继续收集和共享网络（如 IT 和网络）数据给研究群体。这些数据通常是互联网规模，但并不是所有数据都对公众开放，有些数据要求使用应用程序（如 IMPACT）。应用互联网数据分析中心（CAIDA）的工作让你很容易找到可用的集合。

目前，还有更多的数据集和数据源可供我们使用，这些只是当前可用数据集的一些例子，这些数据集可能影响未来的研究。

5.4 数据分析

与探索性观察研究有关的问题也适用于描述性研究。偏差和抽样问题可能会在不经意间影响甚至破坏研究成果。回顾 4.6 节"分析偏差"，将是非常有益的。为了避免太多重复，我们将讨论与描述性观察研究高度相关的其他问题。

描述性研究通常会产生定性的数据，这些数据通常属于信息的名义或序数尺度（第 4 章"探索性研究"中已有详细讨论）。由于这些尺度限制了数学操作，因此分析这些数据的形式化技术较少。这里提供了一些可能的分析方法的概述，以帮助你理解数据。图形显示（Graphically Displaying）是一个有用的方法，但这里没有涉及相关的内容，因为之前讨论过它，因此，如果你还没有读过第 4 章"探索性研究"，请回顾一下这种分析方法。

5.4.1 非结构化数据编码

进行观察研究时，你可能会发现手头已经有非结构化数据，可能是调查的自由文本形式回答、访谈回复，或者是软件代码。原始形式的非结构化数据不适合进行概括以外的分析。为了更好地理解和分析它，你必须将其转换为能够用于分析的数据形式。将非结构化数据转换为分类数据的过程称为编码。编码过程涉及选择通用分类方法或开发一组新的类别，答案将会凭此被编码或进行分类。例如，如果询问受试者他们对计算机安全实践的感受，可能获得一系列不同的答案。一个简单的代码可以是高、中、低，然后根据所使用的语言确定代码（如"感觉还好"适合中，而"很可怕"则适合低）。再以分析恶意软件样本为另一个例子，目前恶意软件的分类方法有许多种，其中一种曾在第 2 章"科学与网络安全"中讨论，即基于恶意软件的目的进行分类。我们可以分析恶意软件样本，并确定它们是勒索软件还是蠕虫。你可以将多个代码用于一组非结构化数据的分类。将数据转换为一组代码后，你就可以使用以下分析方法分析名义和序数数据。

5.4.2 比例

把名义数据归入不同类别，这些类别自然适用于比例分析。通过分析这些类别

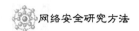

的比例，并与其他数据变量进行比较，你可以了解基于最常见以及最不常见类型的数据趋势。比例分析的一个很好的例子是，在"2015 年美国联邦信息安全现代化法案报告"中，使用"首席财务官（Chief Financial Officers，CFO）法案"规定的机构成熟度级别分析 ISCM（信息安全持续监控，Information Security Continuous Monitoring）计划的状态。从图 5-1 可以看出，美国联邦机构的数据大约有 90%没有充分实现电子商务供应链的 ISCM 能力，大约 65%的人使用专门和非正式的流程，另有 26%的人定义了流程（但尚未实现），只有大约 10%的机构充分实施了这一措施（但只能作为维持运行的最低水平）。这些公司都没有一个顺利管理和监控的项目，更不用说进行优化以及提高效率的项目。这些比例表明，可能存在某种潜在的原因，无论是对 ISCM 的构成有不同的理解，还是缺乏可用的技术，都会阻碍大多数机构满足网络安全防御的要求。

成熟度	机构数目	百分比
未得分	1	0.04
有专门的流程	15	0.65
定义了流程	6	0.26
坚持实施	2	0.09
管理和监控	0	0
优化	0	0

(a)

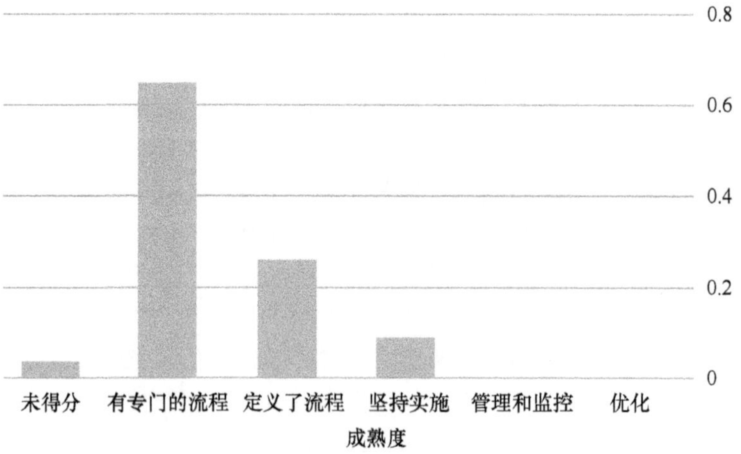

(b)

图 5-1　按成熟度级别（CFO 法案机构）划分 ISCM 项目状态[9]

5.4.3 频率统计

频率统计提供了一种数据分析方法。名义数据和序数数据都可以被统计，因此频率统计是了解数据集的有用工具。我们可以对名义数据进行分类，从而确定数据集的模式。众数（Mode）是数据集中出现频率最高的值。但是，如果你在描述性研究中收集序数数据，这也能让你确定中位数。中位数（Median）是一组有序数据的中间值。要获得模式和中位数的可视化表示，请参阅4.7.2节"描述性统计"。

5.5 描述性研究方法的案例

我们将使用相同的问题集来帮助指导所述描述性研究的计划和执行，以便在开始进行研究之前帮助你识别计划中的不足之处。从长远角度来看，你越早发现问题，后期需要耗费的成本就越低，最后完成的效果也就越好。虽然最终可能存在一些挑战无法解决（如无法获得机构审查委员会的批准，时间窗不灵活等情况），但是越早发现这些问题，对你的研究就益处越多。

描述性研究通常集中于小规模的研究。启发研究包括访谈、调查和问卷调查。虽然这些研究的形式可以发展得相当大，但它们基本上是一对一或小组调查模式。同样，案例报告（最简单的研究方式）和案例研究关注的是单个事例、事情、事件或主题。例如，一份记录最新恶意软件感染、传播，以及如何检测和解决情况的公司事故报告，就是案例报告的例子（出于商业原因而运用的）。案例研究可以从相同的恶意软件开始，跟随大学团队进行逆向工程、研究和剖析恶意软件，以了解其出处、分类、功能，甚至可能还有其始作俑者和目标。如果以理解和发现知识为目的，这种研究将是一个基础案例研究。然而，如果一家营利性防病毒软件公司进行了类似尝试，而其目的是做广告或强调其产品的功能的话，这将是一个应用案例研究的例子。

在案例中，我们将扩展从第4章"探索性研究"的横断面开始的部分。一个大学的研究小组想要研究在特定网站上的花费时间与相对安全上网方式的相关性。在横断面研究（Cross-sectional Studies）中，我们收集了大学的边缘数据，以了解学生访问了哪些网站，并通过校园发送了一份调查来评估学生的网络安全能力，其目标是了解在给定的人群中是否可以从个人的浏览习惯中推断出其具备的安全性能。

你知道吗？

某些大学对教授主导的研究项目有强烈的偏爱。如果你是一个学生团队的一员，甚至有可能与机构审查委员会（机构审查委员会）合作，那么，你仍然有必要确保你有一个富有同情心的教授，他可以帮助排除障碍甚至赞助这项研究。这显然因人而异，但研究机制和赞助通常都是面向教授的。

5.5.1 案例研究

案例研究是观察研究的一种基本形式。它们通常关注一个场景、事件或环境。由于这种特殊性,它们的可概括性和更广泛的适用性通常会受到限制。在医学和社会科学中,案例研究被用于科学地描述单一事件或疾病。与不太严谨的案例报告相比,后者仅是描述性的,稍后将对此进行说明,案例研究的范围和适用性是有限的,但也是一种有用的观察研究。我们将在本章中描述一个示范性的案例研究。我们假设之前的大学研究小组在进行横断面研究时偶然发现了一个活跃的恶意软件,通过一系列可疑的 DNS 查询(只有他们之前的研究才会注意到)。研究人员向一些专门研究恶意软件逆向工程的同事提到了这种恶意软件。这将会引发一个新的研究项目。本研究的目的是详细描述这种恶意软件的行为和性能。研究人员希望弄清楚是谁编写了这种恶意软件,并且至少能够识别出它是什么家族或类型的恶意软件。

数据收集前要解决的问题如下:
- 你的研究问题是什么类型的(定性与定量、关系、数量、一次性/黑天鹅或常规事件)?
  - 由于这是一个描述性案例研究,这一主题将会以定性分类。理想情况下,这将是一个独特的值得记录的事件。研究人员想要识别这种恶意软件并进行分类,然后确定是否可以找到来源的国家或组织。
- 你需要多少数据?是否知道对于你希望得到的结论或答案,多大的数据量会具有统计意义?
  - 考虑到案例研究的限制性质,研究人员可能会获得他们需要的信息。他们会从二进制文件开始,但是最终会将可执行文件成功地编译成源代码。鉴于这项研究的范围有限,研究人员相信已经掌握了进行初步研究所需的所有信息。后续信息包括类似代码的其他样本、相关的恶意软件或逆向工程的其他工具,以及恶意软件开发者使用的所有反汇编控件。
- 谁拥有数据集(Dataset)?隐私、访问、控制、传播等问题需要事先进行解决。
  - 恶意软件中存在一些有趣的问题。然而,由于该软件是在大学实验室环境中运行的,在校园内似乎可以对该软件进行运行、修改和研究。然而,可能会有许可证和国际财产问题与此相抵触,因此不能正式起诉他们。此外,研究小组的所有笔记和观察是他们自己的财产,并且不存在任何所有权问题。
- 你可以轻松地重新收集或重新创建数据集吗?如果数据收集没有成功,你能回来重新审视你的初步假设吗?

- 并不存在直接的关系。最初的数据集是一个可执行的恶意软件。这种恶意软件可能会被重新检查，或者再次在外部被捕获。随后的样本可能经历进化或修改的过程，这本身就是一个有趣的分析，甚至将会改变最后的结果。
- 你在抽样吗？你能收集整个总体或数据集吗？
  - 这在网络流量中很重要。如果要取样，会有什么方法？它可能引入哪些工艺或者挑战？是否适用？通常情况下，对于集中在一个狭窄而具体的主题、时间或领域的案例研究来说，这并不是什么大问题。
- 你是否与机构审查委员会一起对此进行了再次审查？
  - 在步骤确定以后，定义、分解、并研究恶意软件。机构审查委员会审查能够确定，在人类主观上不存在与这项工作有关的问题。

5.5.2 启发性研究

启发性研究从人类受试者那里收集信息。这通常是指直接从研究人员（或研究项目）手头拿到的人类对象的课题。这种研究不依赖于间接的信息收集（如网络或系统行为），而是直接研究人的因素。这方面的案例包括调查和人类主体访谈。

坚持在同一所大学进行横断面研究的团队想要对用户进行简单的问卷调查，他们确定了安全、技术、新闻、娱乐、体育和其他爱好者 6 个分组，目标是获得这 6 类人如何对自己的网络安全能力，或者说，"网络卫生"的评估。首席研究员想要确定那些自认为是安全和技术用户的人员是否会比其他群体更安全。

收集信息前应解决的问题如下：
- 你是否与机构审查委员会一起对此进行了审查？
  - 观察（描述性）研究需要大量的群众参与到机构审查委员会中。首先，鉴于与受试者直接交互，你将需要确保与人群进行安全、人道和公平的互动。尤其当他们是儿童、囚犯、孕妇或其他具有增强的社会责任感的敏感人群时。即使受试者不属于这些群体（典型的如健康的大学生群体），你仍然需要采取措施确保自身与这些群体进行适当的交互。其次，你要确保你能够控制你的群体本身的偏差和错误。请参阅 4.6 节"分析偏差"的内容。但要意识到，你在处理人类受试者时，会存在额外的错误来源和假设，对此必须加以管理和控制。例如，一些受试者会下意识地或故意地夸大或人为虚构他们的答案。同样地，其他受试者可能会给出他们认为面试官或研究人员正在寻找的答案，而不顾及事实如何。这些问题可以使用一些方法进行控制（如解释匿名的性质、事实的必要性、适当的激励机制、足够大的收集数量、充分的总体样本等）。
- 你问的是什么类型的问题（定性与定量、关系、数量、一次性/黑天鹅或常

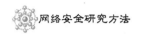

规事件）？显然，问题必须是可观察的，但数据集可能不存在。
- 要询问参与者的主观问题和一些定量问题，可以从自我评估问题开始，涵盖了对自身网络安全知识的主体认知。然后，他们会分享一些网络安全难题和挑战问题用于控制主题。要求受试者简单地回答他们知道的东西，而不是与提问者合作或通过搜索查找标准答案。这种自我评估和更多经验数据的平衡旨在提供一个更完整的接触面。

- 你需要多少数据？是否知道对于你希望得到的结论或答案，多大的数据量会具有统计意义？
  - 从整个总体中按比例对 6 个类别的人群进行样本抽取，确保每个类别都有足够的覆盖率。此外，使用 Z 评分方法来统计结果，因为这将有助于将单个受测试者的结果与总体平均人群的结果进行比较（关于 Z 评分方法的描述，请参阅第 4 章"探索性研究"的内容）。研究人员很清楚自己总结的原始数据是什么。

- 谁拥有数据集？隐私、访问、控制、传播和其他问题需要事先得到解决。
  - 机构审查委员会与研究人员合作，制定一个匿名调查来解决个人隐私问题，该匿名调查在这些分类中具有足够的总体规模来保护隐私。

- 你可以轻松地重新收集或重新创建数据集吗？如果数据收集没有成功，你能重新审视你的初步假设吗？
  - 这类数据不容易重新收集，因此需要进行一项新的调查。正因为这样，研究人员可以从社会科学的其他有经验的研究人员那里获得帮助，以免落入陷阱。

- 你在抽样吗？你能收集整个总体或数据集吗？这在网络流量中非常常见。如果你必须抽样，方法是什么？它可能引入哪些干扰或挑战？
  - 接下来对主体进行抽样。对于确定的 6 种群体，即安全、技术、新闻、娱乐、体育和其他狂热者，收集足够多的受试者的回应以确保报道的准确性。

- 你是否与机构审查委员会一起再次对此进行了审查？有任何改变可能需要第二次审查吗？
  - 在整个研究过程中，机构审查委员会都提供了咨询，因此没有出现最后的意外，研究计划也按时执行。

5.5.3 案例报告

案例报告与案例研究的根本区别在于，案例研究会试图回答一个问题或解释其原因，哪怕只是表面上的含义。研究人员会有一种直觉，或者称为最初的期望，认为案例研究将会探索更多的内容。案例报告则简单地描述了场景、影响或现象。在当前的网络安全文献中，可能没有任何相关的性能或安全实验描述一种特定的技术，甚至没有对其行为进行严格的研究。这类论文称为案例报告或简单描述，并不提供背景或假设。在医学界这些案例报告通常会被收集甚至发表，但在网络安全领域则尚不普遍。但事实上网络安全学界经常发表的论文只不过是美化过的案例报告。如果没有详细介绍在解决方案上进行的研究或实验，任何一篇描述技术、产品或算法的论文，基本上都是一篇简单的案例报告，即经验研究的最低形式。没有假设-演绎法进行实验设置的信息，也没有对特定研究的控制和假设，读者看到的也只是一个案例报告而已。

案例报告通常是用于实际操作的一种技术。可能一家研究机构的 IT 部门检测到一种恶意软件感染，并且已经在他们的网络中危害了十几个系统，该机构的标准做法是记录感染情况、影响范围和缓解情况，与学术界进行更广泛的共享，以阻止恶意软件在未来的传播。

5.6 报告结果

观察研究的最后一个重要步骤是报告你的结果。如果最伟大的发现没有人知道，那么这些发现就没有什么价值，无法利用这些知识进行进一步的科学研究，也无法据此设计制造出一些更具有可预测行为的事物。记录研究结果的两种最普遍的形式是会议和期刊。然而，对于本章中的观察研究（尤其是案例报告），要进行同行评审的研究不会对这些类型的研究有好感。对此，研究人员可以通过信函、技术报告、公共通告或其他备选办法来传播信息。这些方法虽然不经过同行评审，但通常适用于该主题，还可以确保学术界能够访问到这些材料。

会议和期刊提供了一个途径，将你获得的知识投入到该领域的知识库中。然而，这都需要同行评审。同行评审提供了针对研究主题、研究方法和报告质量的验证性检查，以确保一定的质量水平。理想的情况是，论文的质量应该是决定接受与否的唯一标准，实际上，话题的新颖性、开创性和受欢迎性也在评审过程中起作用，所以在投稿目标时应该考虑这些因素。在本节中，我们提供了一个通用的模板，用于报告验证测试研究，这将适用于大多数会议和期刊。

5.6.1 样本格式

下面将为你提供用于发布结果的大纲。每一个出版物都会提供格式指南。请检查你选择的出版方的提交要求，以确保你遵循大纲和格式规范。这里提供的大纲遵循已发表的论文中归纳出的通用行文，并且应该可以满足很多出版方的要求。

每篇论文都是独特的，并且需要一些不同的呈现方式。然而，所提供的样本包括了论文中必须涵盖的所有一般信息。当开始写一篇论文并修改它以符合出版方要求时，我们通常从这种格式开始。每个研究都有自己的风格，所以你可以自由地偏离这个大纲。每个部分的讨论都用来解释哪些内容很重要以及为什么要包含它，所以你可以任何最适合你风格的方式呈现这些重要信息。

技术报告将省略研究方法部分，可能只是简单地在单个部分中总结信息，这有可能包括对一系列的事件和发现的描述。结果部分也会有类似的不同，本报告本身不做任何分析，而是展示结果。

另一个在线案例可以在频闪倡议（Strobe Initiative）[10]找到，频闪倡议允许访问加强流行病学的观察研究报告（STROBE）[11]。

1. 标题

标题部分应该是不言自明的。提供足够的信息帮助读者确定他们是否应该深入阅读。有些作者喜欢聪明或有趣的标题，你的标题可能会有所不同，应该指出所进行的研究类型。

2. 摘要

摘要是论文简明易懂的概述，目的是为读者提供一个关于论文所讨论内容的简要描述，应该只讨论在文章的剩余部分中将要陈述的内容，不需要其他额外的信息。每个论文出版方都将提供编写摘要的指导方针，通常包括摘要的最大字数限制以及格式要求，但有时也会包括对提交论文的类型和版式的要求。

3. 介绍

论文的第一部分从来都是给予读者有关论文其余部分的介绍，提供了进行研究的动机和推理，应该包括研究问题的陈述和用于研究的任何激励性问题。如果需要任何背景信息，如解释研究的领域、环境或关联，你将在这里讨论它。如果本论题的某方面会对受众有明显筛选，那么，可能需要创建独立的背景部分。

4. 相关工作

相关工作部分应该包括对该领域关于这个研究主题的知识的简要总结。例如，这是后续的案例报告吗？你是在重复别人的案例研究吗？你是否遵循前人的调查模板或方法？

5. 研究方法

案例研究中常见的方法包括问卷或调查以及案例报告等。一定要提供足够的细节，让读者明白你为什么要这么做。

6. 研究结果

在你的论文的结果部分，应该解释你在进行分析后发现了什么。对于调查结果或案例研究结果，列出所有研究的意义、置信区间和影响程度。通过表格展示结果通常是一种高效和可行的方法。另外，你也应该提供研究参与者的信息，还可以展示有趣结果的图片，如发生的数据异常，或者展示数据样本的分布。这应该包括描述性数据（输入）、结果数据（输出）以及分析。如果有任何预期以外的事情发生，并出现在数据中，请在本节中进行解释。案例报告需确保清楚地记录结论和理由。

7. 讨论/未来工作

讨论/未来工作部分是为了突出关键的结果和你在结果中发现的有趣或值得注意的事情。你应该让读者知道结论存在的局限性。你可以解释和讨论任何重要的相关内容，并讨论结论的普遍性和确切的因果关系。讨论你认为该工作将导向何处。

8. 结论或总结

在论文正文部分的最后一节，总结本文的研究结果和结论。结论部分通常是读者在阅读摘要后快速阅读的地方。对这项研究的最终结果和你从研究中得出的东西做一个清晰而简明的陈述。

9. 致谢

致谢部分是你向在研究中帮助过你的任何人致谢的地方，也是致谢支持你研究的资金来源的好地方。

10. 参考文献

每个出版物都将提供有关参考文献的格式指南。遵循他们的指导规则，在论文末尾列出所有引用的参考文献。根据论文的篇幅，你需要调整引用的数量。通常，论文越长，引用越多。一个比较好的方法是，6 页的论文有 15~20 个参考文献。对于同行评审的出版物，你的大多数参考文献应该是其他同行评审的作品。即使这篇论文（技术报告或信函）没有经过同行评审，足够的引用和参考文献也很重要。引用网页和维基百科不会让审稿人感到可信度。另外，确保你只列出对你的论文有用的引用，也就是说，不要夸大你的引用计数。好的审稿人会检查，这很可能会反映出你的不合格之处，导致拒稿。

参考文献

1. Moore, D., and Shannon, C. (2002, November). Code-Red: A case study on the spread and victims of an Internet worm. In *Proceedings of the 2nd ACM SIGCOMM Workshop on Internet measurment* (pp. 273–284). ACM.
2. Mandiant. (n.d.). *APT1 Exposing One of China's Cyber Espionage Units.* Retrieved from https://www.fireeye.com/content/dam/fireeye-www/services/pdfs/mandiant-apt1-report.pdf.
3. McAfee® Foundstone® Professional Services and McAfee Labs™. (February, 2011). *Global Energy Cyberattacks: "Night Dragon"*. Retrieved from https://www.mcafee.com/us/resources/white-papers/wp-global-energy-cyberattacks-night-dragon.pdf.
4. Farrell, S. (December 31, 2008). Quotes of 2008: "We are in a state of shocked disbelief". *The Independent*. Retrieved February 25, 2017, from http://www.independent.co.uk/news/business/analysis-and-features/quotes-of-2008-we-are-in-a-state-of-shocked-disbelief-1220057.html.
5. Holmqvist, K., Nyström, M., Andersson, R., Dewhurst, R., Jarodzka, H., and Van de Weijer, J. (2011). *Eye tracking: A comprehensive guide to methods and measures.* OUP Oxford.

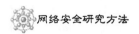

6. Imler, B., and Eichelberger, M. (2011). *Using screen capture to study user research behavior*. Library Hi Tech, 29(3), 446–454.
7. MIT-LL. (n.d.). DARPA intrusion detection data sets. *Cyber Systems and Technology*. Retrieved February 25, 2017, from https://www.ll.mit.edu/ideval/data/
8. DHS S&T CSD. (n.d.). *Trusted Cyber Risk Research Data Sharing*. The Information Marketplace for Policy and Analysis of Cyber-Risk & Trust (IMPACT). Retrieved February 25, 2017, from https://www.dhs.gov/csd-impact
9. United States of America, Office of Management and Budget. (n.d.). *Annual Report to Congress: Federal Information Security Modernization Act* (Vol. 2015).
10. STROBE Initiative. (n.d.). *STROBE Statement*. Retrieved from http://www.strobe-statement.org/fileadmin/Strobe/uploads/checklists/STROBE_checklist_v4_combined.pdf.
11. STROBE Statement: Home. (n.d.). Retrieved February 25, 2017, from http://www.strobe-statement.org/.

第 6 章 机器学习

机器学习过程是发现系统行为潜在模型的计算过程。机器学习获取数据集，对其进行处理，并试图从中发现因果变量。20 世纪 80 年代是第一个人工智能时代，也是机器学习技术起步的关键时期。由于大量可用数据的出现以及计算机计算能力的显著提高，机器学习在过去的 10 年里产生了巨大飞跃。

由于目前健全统一的网络动力学理论还未形成，基于机器学习的数据驱动方法以及如何进一步理解复杂系统的行为正面临多重挑战和机遇，机器学习方法可以帮助研究人员获得操作洞察力。网络安全机器学习模型需要具备以下能力。

（1）代表现实世界的系统。
（2）推断系统属性。
（3）基于专家知识和观察进行学习和适应。

概率模型和概率图形模型提供了必要的基础，本章将进一步探讨。随后以贝叶斯网络（Bayesian Network，BN）和隐马尔可夫模型（Hidden Markov Model，HMM）为例，介绍一种广泛应用的数据驱动分类/建模策略。

本章首先介绍机器学习的概念和技术，接着讨论如何通过机器学习来验证模型，最后探讨 BN 和 HMM 的使用方法。

6.1 什么是机器学习

机器学习（Machine Learning）是研究如何使用算法将经验数据转化为可用模型的研究领域。机器学习起源于传统的统计和人工智能领域，在谷歌、微软、脸书、亚马逊等大型企业的努力下，已经成为近十年来最热门的计算科学话题之一。通过其业务流程能够收集大量的数据，为重振统计和计算方法，帮助人们从数据中自动生成有用的模型提供了可能。

机器学习算法有以下用途。
（1）收集并研究数据，理解网络现象。
（2）将对基本现象的理解以模型的形式抽象化。
（3）使用上一步生成的模型预测一个现象的未来值的变化。
（4）通过现象观察，检测异常行为表现。

有几种机器学习算法可以使用应用程序编程接口（Application Programming Interface，API），或与非编程应用程序一起使用，典型用例包括威卡（Weka）[1]、橙色（Orange）[2]和快速矿工（RapidMiner）[3]。将这些算法的结果反馈给画面（Tableau）[4]、聚光灯（Spotfire）[5]等可视化分析工具可以生成指示板（Dashboards）和可操作传递途径（Pipelines）。

网络空间及其内在动态可以被概念化为人类行为在抽象和高维空间中的表现。为了解决网络空间中的一些安全挑战，需要感知网络空间的各个方面并收集数据[6]。所获得的观测数据通常是大量的，而且在本质上是不断变化的。网络数据的实例包括错误日志、防火墙日志和网络流等。

6.2　机器学习类别

机器学习通常按照过程和类型两个维度进行分类，即学习过程以及输出或试图解决问题的类型。首先，根据执行学习的机制，可以将机器学习求解策略大致分为 3 类：监督学习、半监督学习和无监督学习[7]。对于第二个维度，机器学习算法可以分为 4 类：分类（Classification）、聚类（Clustering）、回归（Regression）和异常检测（Anomaly detection）。

学习方式将影响你要解决的问题。某些情况下，存在一些不能清楚表现基本事实的数据，而在其他情况下我们可以使用类别或分类对数据进行标记。有时，我们只知道什么是一个好的结果，但不知道哪些变量对于结果更为重要。通过分类机器学习技术，可以为研究选择最佳方法。表 6-1 讨论了机器学习算法的学习方式、分类定义和算法举例。

表 6-1　机器学习算法的学习方式分类

学习方式	定义	算法举例
无监督学习	在无监督学习（Unsupervised Learning）中，算法不需要额外的数据或元数据，只通过观察原始数据集来发现结构数据和变量之间的关系	K 均值聚类、层次聚类、主成分分析
监督学习	在监督学习（Supervised Learning）中，输入数据会使用专家信息进行标注，并详细说明预期的输出或答案。对监督学习的数据进行标注的过程称为标记（Labeling）	神经网络、贝叶斯网络、决策树、支持向量机
半监督学习	在半监督学习（Semisupervised Learning）中，一组小的学习数据被标记了，但是在标记方面存在很大的差距；这主要用于已知有少量变量影响了结果，但涉及的变量的整体范围是未知的情况；半监督学习的一种特殊情况称为强化学习（Reinforced Learning），在这种情况下，专家会告知算法输出是否正确	期望最大化、推理型支持向量机、马尔可夫决策过程

监督学习涉及使用一个标记数据集（如结果是已知且标记过的）。无监督学习用于数据标签未知的情况（如结果未知，但需要一些类似的度量）。无监督学习方法的案例包括自组织映射（Self-organizing Map，SOM）、K均值聚类、期望最大化（Expectation Maximization，EM）和层次聚类（Hierarchical Clustering）[8]。无监督学习方法也可以用于初步的数据探索，如聚类类似的错误日志条目等。无监督算法的结果经常被可视化使用，如可视化分析工具等。使用无监督方法，一个需要注意的重要问题是，要确保人们知道数据包含的数字空间以及应用的距离度量类型。半监督方法（Semisupervised Approaches）是无监督方法和监督方法的混合，只有在部分数据没有标记时才使用这种方法。当部分数据未标记时，使用半监督方法。这些方法可以是归纳式的（Inductive），也可以是直推式的（Transductive）[9]。

虽然有时根据输入数据的类型来选择算法很有帮助，根据提供的结果类型将它们分离出来也是有用的。数据集中的变量可以是数字型（如离散的或连续的数字类型）、序数型（即顺序问题）、基数型（即整数值）、名词型/范畴型（即可用作结果类名）。机器学习算法也可以根据它们解决问题的类型进行分类。表 6-2 讨论了机器学习算法的解决问题分类定义和算法举例。

表 6-2 机器学习算法的解决问题分类[10]

解决问题	定义	算法举例
分类	分类算法（Classification Algorithms）利用标记过的数据和生成的模型将新的数据按照学习的标签进行分类	隐马尔可夫模型、支持向量机（SVM）、随机森林、朴素贝叶斯、概率图形化模型、逻辑回归、神经网络
聚类	聚类（Clustering）分析试图获取一个数据集，并定义相似项的聚类	K均值聚类、层次聚类、基于密度聚类（如具有噪声的基于密度聚类方法，Density-Based Spatial Clustering of Applications with Noise，DBSCAN）
回归	回归（Regression）试图通过优化学习数据中的误差来生成预测模型	线性、逻辑、普通最小二乘法、多元自适应回归
异常检测	异常检测（Anomaly Detection）采用正常项数据集，学习正常项的模型，该模型用于确定任何新数据是否异常或发生的概率较低的事件	单类支持向量机、线性回归和逻辑回归、频繁模式增长（FP-growth）、关联规则

决策树是一种监督学习算法，分类树（如 C4.5）可用于名义类变量的情况，而回归树可用于连续数值结果变量。

正如 Murphy[11]等所讨论的，几个问题会影响替代的学习方案，包括：

（1）动态范围内的特征；

（2）特征数量；

（3）分类变量的种类；

（4）特征的种类；

（5）大量相关特征。

要使基于网络安全机器学习的模型具有可操作性，需要具备以下能力。

（1）表征现实系统。

（2）推断系统属性。

（3）基于专家知识和观察进行学习和适应。

概率图形模型（Probabilistic Graphical Models）在评估和量化网络安全风险方面有着广泛的应用[12-13]。这些模型包含了理想的属性，包括对真实系统的表示，对与系统相关的有意义的查询的推断，以及从专家知识和过去的经历中学习汲取经验等[14]。这些模型中的概率项可以从历史数据中进行估计或学习，可以从模拟实验中生成，也可以由主题专家进行知情判断。

你知道吗？
关于异常检测机器学习算法的常见应用是信用卡欺诈检测。机器学习用于生成每个客户的行为和使用模式的模型。如果该活动出现被模型视为异常的情况就会触发欺诈警报。所以，当你在度假使用信用卡收到了诈骗警报时，你应该意识到你偏离了计划，以至于出现了异常。

由于网络威胁的自适应性，随着新的情报和信息的出现，概率网络风险模型需要适应模型结构和参数估计，进行有效更新。此外，了解影响事件发生的因素与此类事件的影响之间的关系也是一项关键任务。贝叶斯网络或概率有向无环图具有描述动态事件和系统因素之间关系的数学性质，可以使用概率理论对模型进行更新，并对给定证据的未观测的因素进行推理和预测。过去的研究表明，攻击图在现实网络防御中的应用潜力不小[15-18]，隐马尔可夫模型（HMM）已被广泛用于为多个网络安全解决方案生成的数据驱动模型。

6.3　调试机器学习

机器学习的挑战之一是对问题的过拟合或欠拟合，分别称为方差（Variance）和偏差（Bias）。模型方差（Model Variance）或过拟合（Overfitting）是指机器学习开发的模型非常适合训练数据集，但不能推广到新的数据集。模型偏差（Model Bias）或欠拟合（Underfitting）是指机器学习生成的模型在拟合训练集时误差很大，当机器学习了过多的特征时，通常会出现这种情况。正则化（Regularization）是减少大型特征集的值幅度的过程。

如果发现通过机器学习建立的模型出现了很大的预测错误该怎么办？一种方法

是开发诊断方法。机器学习诊断（Machine Learning Diagnostic）是一种测试，旨在深入了解算法中哪些地方出了问题，如何改进算法性能。诊断的过程可能很难，但从长远来看是值得的。

验证模型的另一个好方法是使用交叉验证方法。交叉验证是评估所开发模型的通用性的过程。交叉验证（Cross-validation）开始时主要将初始数据集分为 3 个部分，分别为一个训练集、一个交叉验证集和一个测试集。要为你的训练集提供足够的数据量，一个好的经验是保持数据的 60%用于训练，20%用于交叉验证，还有 20%用于测试。交叉验证集用于优化或找到最适合的模型参数，并利用测试集确定生成模型的可通用性。

还有一些解决问题的技巧。为了修正高方差，可以尝试获取更多的训练数据，或者尝试围绕一组较小的特性或变量进行学习。要修复高偏差，可以尝试添加更多的特征或多项式特征。在这两种情况下，优化参数都会有所帮助。

> **你知道吗？**
>
> 2011 年，IBM 超级计算机沃森与布拉德·鲁特（Brad Rutter）和肯·詹宁斯（Ken Jennings）一起参加了《危险边缘》的两场比赛，这两位选手都是有史以来最成功的《危险边缘》选手。沃森分析和回答问题能力的基础技术称为深度问答（DeepQA），其中使用了 100 多种机器学习算法[19]。最后沃森不仅凭借算法本身，而且凭借机器学习算法的传递途径（Pipelines）和结构化序列，在《危险边缘》节目中击败了两位最优秀的选手。

6.4 贝叶斯网络数学基础与模型性质

贝叶斯网络是一个表示与有向无环图中的离散或连续随机变量（抽象为节点）及其条件依赖性（抽象为边）有关的不确定性（以概率表示）[20-21]的图形模型。

贝叶斯网络就变量之间的关系建模，并随着使用这些变量的附加信息的加入而更新。从数学上讲，如果节点表示一组随机变量，$\boldsymbol{X} = X_1, X_2, \cdots, X_n$，则连接这些节点 $X_i \rightarrow X_j$ 的一组链路表示变量之间的依赖关系。此外，给定父节点，每个节点都有条件地独立于非后代节点，并且具有相关的概率函数。因此，所有节点的联合概率 $P(\boldsymbol{X})$ 均可表示为 $\prod_{i=1}^{n} P(X_i \mid \text{parents}(X_i))$。

6.4.1 优点与局限

贝叶斯网络的主要优点与局限性如下。

（1）将随机变量之间的依赖关系建模为有向无环图。

（2）允许对未观察到的变量进行概率推断。
（3）用户使用的图形表示是直观的。
（4）当"新"数据/知识可用时，可加入数据/专家判断并更新结构/参数。
（5）从可伸缩性意义上讲，推断未知网络的结构可能需要大量计算。
（6）识别可靠的先验知识是主要挑战。

6.4.2 贝叶斯网络中的数据驱动学习和概率推理

有向无环图（Directed Acyclic Graph，DAG）中的结构学习大致可以分为基于约束和基于评分两种。基于约束的算法（Constraint-based Algorithms）使用条件独立测试，其使用数据构建满足约束的因果图，该算法的主要挑战是识别独立性和优化网络结构。此外，如果不考虑定义良好的目标函数，可能会导致生成非最优的图形结构。基于评分的算法（Score-based Algorithms）在因果图的整个空间中分配一个评分函数，通常使用各种潜在标记之间的广泛搜索来识别得分最高的结构。两种方法都是基于优化的思想，并且具有良好的可扩展性。

深入挖掘：贝叶斯网络的起源

贝叶斯网络背后的概率和过程由托马斯·贝叶斯（Thomas Bayes）在17世纪中期首次定义。贝叶斯规则用新信息更新先验概率来确定事件发生的概率。直到20世纪80年代，朱迪亚·珀尔（Judea Pearl）才将证据与因果关系区分开来。珀尔定义的贝叶斯网络在更新概率之前要考虑证据的性质和不确定性。

我们可以采用数据驱动统计学习方法（Data-driven Statistical Learning Methods）（如爬山算法和增长-收缩算法）来推断跨地理区域的贝叶斯网络结构。爬山算法（Hill Climbing Algorithm）是一种基于分数的使用贪婪启发式搜索来最大化分配给候选网络的算法[22]，增长-收缩算法（Grow-Shrink Algorithm）是一种基于约束的算法，它使用条件独立测试来检测不同变量的覆盖情况（由节点的父节点、子节点和子节点的其他父节点组成）。

6.4.3 参数学习

与这些网络结构相关的概率参数可以使用期望最大化和最大似然估计方法进行估计。期望最大化（Expectation Maximization）对于未完全观测的数据是有用的，它是一种迭代算法（Iterative Algorithm），在"期望"的步骤中，给定的未被观测的值和确定参数的概率能够被估计出来。在"最大化"步骤中，通过对数似然函数最大化的方法来确定参数。

最大似然方法（Maximum Likelihood Approach）对于完全观测数据很有用，它包括为图中每个节点估计概率参数 θ，以使得似然函数 $(P(X|\theta))$ 最大化。

贝叶斯估计（Bayesian Estimation）也是一个选择，θ 可视为一个随机变量，假定一个先验概率 $p(\theta)$，数据可用来估计 $p(\theta|X)$ 以后的概率。

6.4.4 概率推理

贝叶斯网络应用贝叶斯定理对未观测变量进行推理。对未观察到的、非查询变量的变量消除（Variable Elimination）（使用积分或求和的方法）是一种广泛使用的精确推理方法。近似推理方法包括随机马尔可夫链蒙特卡罗（MCMC）模拟、逻辑采样（Logic Sampling）、似然加权（Likelihood Weighting）等。

6.4.5 使用 R 中 bnlearn 包作为假设案例

R 结合 RStudio 集成开发环境，为数据分析提供了一个强大的平台。R 的默认设置提供包括 stat 库在内的几个数据库，其中 R 和 RStudio 需要单独进行安装[23-24]。下面描述的例子使用 R 中 bnlearn[25]包进行结构学习、参数学习和概率推理。代码从加载"学习"数据集开始。这些数据对于以下每一个随机变量都具有离散的特征：在现实的网络环境中，这些随机变量（如 A、B 等）可能代表系统组件的时变健康状态，而这些级别（如 a、b、c）可能代表健康状态的离散状态。

```
#install.packages("bnlearn")
library(bnlearn)
data(learning.test)
str(learning.test)
## 'data.frame': 5000 obs. of 6 variables:
## $ A: Factor w/ 3 levels "a","b","c":2211133222...
## $ B: Factor w/ 3 levels "a","b","c":3111133221...
## $ C: Factor w/ 3 levels "a","b","c":2311212122...
## $ D: Factor w/ 3 levels "a","b","c":1111333211...
## $ E: Factor w/ 3 levels "a","b","c":2212133231...
## $ F: Factor w/ 2 levels "a","b":2212111211... head(learning.test)
## A B C D E F
## 1 b c b a b b
## 2 b a c a b b
## 3 a a a a a a
## 4 a a a b b
## 5 a a b c a a
## 6 c c a c c a
```

使用爬山算法和伸长-收缩算法进行结构学习的结果如下。

```
Raw < data.frame(learning.test)
```

```
bn.h < hc(raw) #hill climbing
bn.g < gs(raw) #grow-shrink
bn.h
##
## Bayesian network learned via score-based methods
##
## model:
##   [A][C][F][B|A][D|A:C][E|B:F]
## nodes:                                 6
## arcs:                                  5
## undirected arcs:                       0
## directed arcs:                         5
## average markov blanket size:           2.33
## average neighbourhood size:            1.67
## average branching factor:              0.83
##
## learning algorithm:                    Hill-Climbing
## score:                                 BIC (disc.)
## penalization coefficient:              4.258597
## tests used in the learning procedure:  40
## optimized:                             TRUE
```

上述贝叶斯信息准则（Bayesian Information Criterion，BIC）评分是一种通过惩罚项来平衡拟合优度和复杂性的衡量模型质量方法，是一种选择模型的机制。整体上讲，BIC 评分越低越好，但这些评分并不能代表绝对意义上的模型质量，必须仔细进行解释。

通过计算得到的结构如下所示：仅从数据中学习的某些节点之间的依赖关系来看，这结果可能是直观的，也可能是非直观的，并且可以根据专家的输入（如黑名单或白名单）更新。黑名单表示数据驱动结构学习之前，专家所提供的节点之间没有关系的观点，而白名单就证明了这种关系存在的合理性。不同的方法会导致不同的结果，包括节点之间的方向性或方向性缺乏等。

```
#source("https://bioconductor.org/biocLite.R")
#biocLite("Rgraphviz")
library(Rgraphviz)
## Loading required package: graph
## ## Attaching package: 'graph'
## The following objects are masked from 'package:bnlearn':
##
## degree, nodes, nodes<-
## Loading required package: grid
```

```
par(mfrow 5 c(1, 2))
graphviz.plot(bn.h, main 5 "Hill climbing")
graphviz.plot(bn.g, main 5 "Grow-shrink")
```

如图 6-1 所示，在这个例子中，上述的爬山算法和基于 BN 的伸长-收缩算法相比，除了节点 A 与 B 之间的方向性外，二者的结构相似。伸长-收缩算法的结果是在节点 A 和 B 之间形成了一条无向边，而爬山算法的结果是学习节点 B 对节点 A 的依赖关系。一旦确定了网络结构，就可以学习与 BN 中的每个节点相关联的模型参数（如离散情况下的条件概率表（Conditional Probability Tables，CPT））。下面的结果是基于最大似然和贝叶斯估计方法的节点 D 的参数。

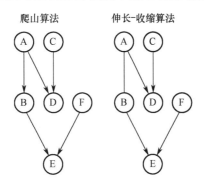

图 6-1　爬山算法和伸长-收缩算法示例

```
fit.bnm <- bn.fit(bn.h, data 5 raw, method 5 "mle")
fit.bnm$D
##
## Parameters of node D（multinomial distribution）
##
## Conditional probability table:
##
## , , C = a
##
## A
## D a b c
## a 0.80081301 0.09251810 0.10530547
## b 0.09024390 0.80209171 0.11173633
## c 0.10894309 0.10539019 0.78295820
##
## , , C = b
##
## A
## D a b c
```

```
## a 0.18079096 0.88304094 0.24695122
## b 0.13276836 0.07017544 0.49390244
## c 0.68644068 0.04678363 0.25914634
##
## , , C= c
##
## A
## D a b c
## a 0.42857143 0.34117647 0.13333333
## b 0.20238095 0.38823529 0.44444444
## c 0.36904762 0.27058824 0.42222222
fit.bnb <- bn.fit(bn.h, data 5 raw, method 5 "bayes")
fit.bnb$D
##
## Parameters of node D (multinomial distribution)
##
## Conditional probability table:
##
## , , C= a
##
## A
## D a b c
## a 0.80039110 0.09273317 0.10550895
## b 0.09046330 0.80167307 0.11193408
## c 0.10914561 0.10559376 0.78255696
##
## , , C= b
##
## A
## D a b c
## a 0.18126825 0.88126079 0.24724285
## b 0.13339591 0.07102763 0.49336034
## c 0.68533584 0.04771157 0.25939680
##
## , , C= c
##
## A
## D a b c
## a 0.42732811 0.34107527 0.13577236
## b 0.20409051 0.38752688 0.44308943
## c 0.36858138 0.27139785 0.42113821
```

下面的代码生成了一个 CPT 图（图 6-2）。

```
bn.fit.barchart(fit.bnm $ D, xlab 5 "Probabilities", ylab 5 "Levels",
main 5 "Conditional Probabilities")
## Loading required namespace: lattice
```

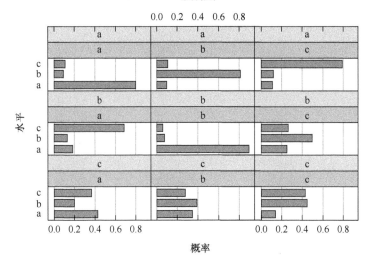

图 6-2　CPT 图

利用 BN 结构和参数可以进行概率推理。逻辑采样和似然加权是目前常用的操作方法。例如，P(B=="b"|A=="a")～0.025。

```
cpquery（fit.bnm, event5（B 55 "b"）, evidence5（A 55 "a"））
## [1] 0.02622852
cpquery（fit.bnm, event5（B 55 "b"）, evidence5（A 55 "a" &D55
"c"））
## [1] 0.02760351
```

神经网络对于样本内外预测都很有用。样本内预测有助于模型评估，样本外预测有助于模型测试和验证。下面是一个样本外预测的例子，通过训练和测试数据集证明样本外预测性能为 90%。

```
train <- raw[1:4990, ]
test <- raw[4991:5000, ]
bn.train <- hc(train)
fit <- bn.fit(bn.train, data 5 train)
pred <- predict(fit, "D", test)
#library(xtable)
#print(xtable(cbind(pred, test[, "D"])), type5'html'
```

```
#print(xtable(table(pred, test[, "D"])), type5'html')
cbind(pred, test[, "D"])
## pred
## [1,]  1 1
## [2,]  3 3
## [3,]  2 2
## [4,]  1 2
## [5,]  2 2
## [6,]  1 1
## [7,]  2 2
## [8,]  2 2
## [9,]  3 3
## [10,] 1 1
table(pred, test[, "D"])
##
## pred a b c
##    a 3 1 0
##    b 0 4 0
##    c 0 0 2
```

6.5 隐马尔可夫模型

这一部分讨论动态 BN 模型中的一种，隐马尔可夫模型（HMM）[26]。HMM 已经在基因和蛋白质结构预测等生物序列分析[27-29]、多阶段网络攻击检测[30]、模式识别问题[31]（例如语音[32]、笔迹[33]以及手势识别[34]）上得到了应用，HMM 模拟只能从观察到的符号序列中推断出生成的状态序列。符号可以是离散的（如事件或掷硬币），也可以是连续的。在隐马尔可夫模型中，一个隐马尔可夫过程产生状态序列，这些状态序列又被用来解释和描述一系列可见符号。因此，可观测符号的生成概率依赖于不可观测的马尔可夫状态的生成。

为了说明 HMM 中观测序列的生成过程，我们将长度为 T 的观测符号时序序列表示为 $Y=\{Y_1, Y_2, \cdots, Y_T\}$，马尔可夫状态的隐藏序列 $X=\{X_1, X_2, \cdots, X_T\}$ 里，每一个观测到的元素 Y_i 都可能是描述随机过程结果的符号。令 $O=\{O_1, O_2, \cdots, O_M\}$ 表示这些可能结果（观察到的符号）的离散集合 M。同样，$S=\{S_1, S_2, \cdots, S_N\}$ 表示 N 个不同的马尔可夫状态的离散集。HMM 规范除了指定观测符号的个数 M 和不同马尔可夫状态的个数 N 外还包括指定的 3 个概率分布：即过渡态概率分布（Transition State Probability Distribution）A，从一个状态中选择观测符号的概率分布 B，初始状态分布 π。简洁的符号 $\lambda=(A,B,\pi)$ 通常用来表示一个 HMM。

图 6-3 举例说明一个 HMM 的一般示例。产生观测序列的过程如下所述。

HMM 中观察序列的生成。

（1）初始化时间索引，$t=1$。
（2）根据初始状态分布 $\boldsymbol{\pi}$ 选择初始状态 X_t。
（3）根据在状态 X_t 下的概率分布 $\boldsymbol{B}$，选择观测符号 Y_t。
（4）根据当前状态 X_t 下的转移概率分布 $\boldsymbol{A}$ 选择一个新的状态 X_{t+1}。
（5）设 $t=t+1$。
（6）如果 $t<T$，那么回到第（3）步。
（7）结束。

为了使 HMM 在实际应用中发挥作用，需要解决 3 种类型的问题：

（1）问题 1：考虑到观测序列 $\boldsymbol{Y}=\{Y_1,Y_2,\cdots,Y_T\}$，以及模型参数 $\lambda=(A,B,\pi)$，进行概率计算（可能性）$P(\boldsymbol{Y}|\lambda)$，即观察到的序列是由模型产生的。问题 1 旨在对模型进行评估。

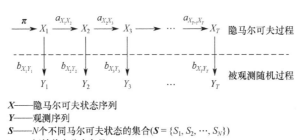

$\boldsymbol{X}$——隐马尔可夫状态序列
$\boldsymbol{Y}$——观测序列
$\boldsymbol{S}$——N个不同马尔可夫状态的集合($\boldsymbol{S}=\{S_1, S_2, \cdots, S_N\}$)
$\boldsymbol{\pi}$——初始状态分布向量
$\boldsymbol{O}$——M个可能观察到的向量集合($\boldsymbol{O}=\{O_1, O_2, \cdots, O_M\}$)
$\boldsymbol{A}$——过渡态概率矩阵
$a_{X_tX_{t+1}}=A_{ij}$; $X_t=S_i$, $X_{t+1}=S_j$, 对任意 $i=1, 2, \cdots, N$ 和 $j=1, 2, \cdots, N$

$\boldsymbol{B}$——观测概率矩阵
$b_{X_tY_t}=B_{ik}$; $X_t=S_i$, $Y_t=O_k$, 对任意 $i=1, 2, \cdots, N$ 和 $k=1, 2, \cdots, M$

图 6-3 采用隐马尔可夫模型建模的一般过程

（2）问题 2：考虑到观测序列 $\boldsymbol{Y}=\{Y_1,Y_2,\cdots,Y_T\}$，模型参数 $\lambda=(A,B,\pi)$，从而确定最优的状态序列的马尔可夫过程 $\boldsymbol{X}=\{X_1,X_2,\cdots,X_T\}$。问题 2 旨在揭示模型的隐藏部分。

（3）问题 3：考虑到观测序列 $\boldsymbol{Y}=\{Y_1,Y_2,\cdots,Y_T\}$，尺寸 M 和 N，调整模型的参数 $\lambda=(A,B,\pi)$，使得 $P(\boldsymbol{Y}|\lambda)$ 最大化。问题 3 旨在找到最适合所观察到的符号训练序列的模型。

6.5.1 R 中 HMM 包的概念示例

本例使用 R 包 "HMM" 部分进行。

（1）计算给定 HMM 状态的最可能路径。

（2）推断出 HMM 的最优参数。

状态路径估计的维特比（Viterbi）算法实现如下。

```
#install.packages("HMM")
#source: https://cran.r-project.org/web/packages/HMM/HMM.pdf library(HMM)
##Viterbi algorithm for computing most probable path of states given an HMM
# HMM Initialization hmm 5 initHMM(c("A","B","C"), c("o1","o2"), startProbs5matrix(c(.25,.5,.25),1), transProbs5matrix(c(.3,.4,.6,.4,.4,.3,.3,.2,.1),3), emissionProbs5matrix(c(.5,.4,.9,.5,.6,.1),3))
print(hmm)
## $States
## [1] "A""B"" C"
##
## $Symbols
## [1] "o1""o2"
##
## $startProbs
## A B C
## 0.25 0.50 0.25
##
## $transProbs
## to
## from A B C
## A 0.3 0.4 0.3
## B 0.4 0.4 0.2
## C 0.6 0.3 0.1
##
## $emissionProbs
## symbols
## states o1 o2
## A 0.5 0.5
## B 0.4 0.6
## C 0.9 0.1
# Sequence of observations
observations = c("o1","o2","o2","o1","o1","o2")
print(observations)
## [1] "o1""o2""o2""o1""o1""o2"
```

```
# Calculate Viterbi path
viterbi 5 viterbi(hmm,observations)
print(viterbi)
## [1] "C"" A""B""A"" C"" A"
```

下面将应用维特比训练（Viterbi-training）算法来推断最优参数。

```
##Viterbi-training algorithm for inferring optimal parameters to an HMM
# Initial HMM
hmm = initHMM(
c("A","B","C"),c("o1","o2"),startProbs5matrix(c(.25,.5,.25),
1),transProbs=matrix
(c(.3,.4,.6,.4,.4,.3,.3,.2,.1),3),emissionProbs=matrix
(c(.5,.4,.9,.5,.6,.1),3)
)
# Sequence of observations
a = sample(c(rep("o1",100),rep("o2",300)))
b = sample(c(rep("o1",300),rep("o2",100)))
observation = c(a,b)
# Viterbi-training vt = viterbiTraining(hmm,observation,1000)
print(vt$hmm)
## $States
## [1] "A"" B""C"
##
## $Symbols
## [1] "o1""o2"
##
## $startProbs
## A B C
## 0.25 0.50 0.25
##
## $transProbs
## to
## from A B C
## A 0.0000000 0.2981928 0.7018072
## B 0.4230769 0.5769231 0.0000000
## C 1.0000000 0.0000000 0.0000000
##
## $emissionProbs
## symbols
## states o1 o2
```

6.6 讨论

BN 和 HMM 提供了概率框架来推断、预测和洞察网络系统中组件之间的依赖关系。随机变量的选择、类型（离散或连续）和状态信息对于 BN 和 HMM 结果的设计和解释至关重要。在 BN 中，从数据中学习到的组件依赖关系（用条件概率表示）的强度和方向可能在不同的系统和时间段中有不同体现。与事件前条件和事件后影响相关的额外网络情报信息对于增强假设和鉴定分析来说，可能是具有价值的。感兴趣的建模扩展可能包括使用允许随时间演进的动态神经网络以及可以容纳混合离散和连续随机变量作为节点的混合网络。此外，可以使用适当的训练和测试数据集结合验证方法来测试各种数据驱动的学习模型。

6.7 样本格式

下面我们将为你提供用于发布结果的大纲。每一个出版物都会提供格式指南。请检查你选择的出版方的提交要求，以确保你遵循大纲和格式规范。这里提供的大纲遵循已发表的论文中归纳出的通用行文，并且应该可以满足很多出版方的要求。

每篇论文都是独特的，并且需要一些不同的呈现方式，然而，所提供的样本包括了论文中必须涵盖的所有一般信息。当开始写一篇论文并修改它以符合出版方要求时，我们通常从这种格式开始。每个研究都有自己的风格，所以你可以自由地偏离这个大纲。每个部分的讨论都用来解释哪些内容很重要以及为什么要包含它，所以你可以任何最适合你风格的方式呈现这些重要信息。

6.7.1 摘要

摘要是论文简明易懂的概述，目的是为读者提供一个关于论文所讨论内容的简要描述，应该只讨论在文章的剩余部分中将要陈述的内容，不需要其他额外的信息。每个论文出版方都将提供编写摘要的指导方针，通常包括摘要的最大字数限制以及格式要求，但有时也会包括对提交论文的类型和版式的要求。

6.7.2 介绍

论文的第一部分从来都是给予读者有关论文其余部分的介绍，提供了进行研究的动机和推理，应该包括研究问题的陈述和用于研究的任何激励性问题。如果需要任何背景信息，如解释研究的领域、环境或关联，你将在这里讨论它。如果本论题的某方面会对受众有明显筛选，那么可能需要创建独立的背景部分。

在机器学习的论文中，最好包括性能或学习标准，以便根据这些标准来决定机器学习应用程序的质量。也可以指定你在本文中描述的机器学习的类别，例如，它是一种新的机器学习算法，还是对一组新数据的现有机器学习方法的应用？

6.7.3 相关工作

相关工作部分应包括对本研究课题相关领域知识的快速总结。有没有竞争性的解决方案？过去是否使用过其他机器学习方法？同时应解释过去的应用有什么不足。对于本文定义的机器学习方法的问题，解决的突破点是什么？

6.7.4 研究方法

应用论文的方法部分通常是论文的重要内容。本节描述机器学习算法如何工作，以及如何表示或系统化知识。需要描述学习数据集和任何处理或操作的数据以提供给算法使用。

6.7.5 评估

评估可以解释如何使用机器学习方法生成用于性能表征的结果数据集。讨论将使用的测试数据集并解释是否进行了交叉验证和正规化处理。

6.7.6 数据分析/结果

论文的结果部分解释分析之后的发现，并根据定义的任何度量标准展示性能或者学习结果。采用对比分析与过去或竞争方法的解决方案的方法，对于明确研究结果很有用。如果没有以前的结果数据，读者就很难理解你工作的重要性。创建图表来显示结果是一种有效的方法，你还可以展示有趣结果的图片，如发生的数据异常，或者展示数据样本的分布。

6.7.7 讨论/未来工作

讨论/未来工作部分是就研究结果做出补充说明。讨论未来应该执行的其他实验，以及可能产生的未来研究方向。如果性能低于预期，是否应该进行更多的观察研究？

6.7.8 结论/总结

在论文正文部分的最后一节，总结本文的研究结果和结论。结论部分通常是读者在阅读摘要后快速阅读的地方。对这项研究的最终结果和你从中研究得出的东西做一个清晰而简明的陈述。

6.7.9 致谢

致谢部分是你向在论文中未包含的部分研究中帮助过你的任何人表示感谢的地方,也是致谢支持你研究的资金来源的好地方。

6.7.10 参考文献

每个出版物都将提供有关参考文献的格式指南。遵循他们的指导规则,在论文末尾列出所有引用的参考文献。根据论文的篇幅,你需要调整引用的数量。论文越长,引用越多。一个比较好的方法是,6 页的论文有 15~20 个参考文献。对于同行评审的出版物,你的大多数参考文献应该是其他同行评审的作品。引用网页和维基百科不会让审稿人感到可信度。另外,确保你只列出对你的论文有用的引用,也就是说,不要夸大你的引用计数。好的审稿人会检查,这很可能会反映出你的不合格之处,导致拒稿。

参考文献

1. Weka 3: Data Mining Software in Java. (n.d.). Retrieved February 25, 2017, from http://www.cs.waikato.ac.nz/ml/weka/Weka.
2. Shaulsky, G., Borondics, F., Bellazzi, R. (n.d.). *Orange—Data Mining Fruitful & Fun*. Retrieved February 25, 2017, from http://orange.biolab.si/BioLab, University of Ljubljana.
3. Data Science Platform. *Machine Learning* (2017, February 22). Retrieved February 25, 2017, from http://www.rapidminer.com/rapidminer.
4. Tableau Software (n.d.). Retrieved February 25, 2017, from http://www.tableau.com/.
5. Data Visualization & Analytics Software—TIBCO Spotfire. (n.d.). Retrieved February 25, 2017, from http://spotfire.tibco.com/.
6. Sheymov, V., *Cyberspace and Security: A Fundamentally New Approach*. 2012: Cyber books publishing.
7. Chapelle, O., B. Schölkopf, and A. Zien, *Semi-supervised Learning*. 2010: MIT Press.
8. Murphy, K.P., *Machine Learning: A Probabilistic Perspective*. 2012: MIT Press.
9. Chapelle, O., B. Schölkopf, and A. Zien, *Semi-supervised Learning*. 2010: MIT Press.
10. Borgelt, C., *An implementation of the FP-growth algorithm*, in *Proceedings of the 1st international workshop on open source data mining: Frequent pattern mining implementations*. 2005, ACM: Chicago, Illinois, pp. 1–5.
11. Murphy, K.P., *Machine Learning: A Probabilistic Perspective*. 2012: MIT Press.
12. Ezell, B.C., et al., *Probabilistic risk analysis and terrorism risk*. Risk Analysis, 2010. **30**(4): p. 575–589.
13. Koller, D. and N. Friedman, *Probabilistic graphical models: principles and techniques*. 2009: MIT press.
14. Koller, D. and N. Friedman, *Probabilistic graphical models: principles and techniques*. 2009: MIT press.
15. Frigault, M., et al. *Measuring network security using dynamic bayesian network*. in *Proceedings of the 4th ACM workshop on Quality of protection*. 2008. ACM.
16. Xie, P., et al. *Using Bayesian networks for cyber security analysis*. in *2010 IEEE/IFIP International Conference on Dependable Systems and Networks (DSN)*. 2010. IEEE.

17. Bode Moyinoluwa, A., K. Alese Boniface, and F. Thompson Aderonke. *A Bayesian Network Model for Risk Management in Cyber Situation*. in *Proceedings of the World Congress on Engineering and Computer Science*. 2014.
18. Shin, J., H. Son, and G. Heo, *Development of a cyber security risk model using Bayesian networks.* Reliability Engineering and System Safety, 2015. 134: p. 208−217.
19. https://www.aaai.org/Magazine/Watson/watson.php.
20. Team, R.C., *R: A language and environment for statistical computing.* 2013.
21. Nielsen, T.D. and F.V. Jensen, *Bayesian Networks and Decision Graphs*. 2007: Springer New York.
22. Bode Moyinoluwa, A., K. Alese Boniface, and F. Thompson Aderonke. *A Bayesian Network Model for Risk Management in Cyber Situation*. in *Proceedings of the World Congress on Engineering and Computer Science*. 2014.
23. Team, R.C., *R: A language and environment for statistical computing.* 2013.
24. *RStudio*. 2016: https://www.rstudio.com/.
25. Scutari, M., *Learning Bayesian networks with the bnlearn R package*. arXiv preprint arXiv:0908.3817, 2009.
26. Rabiner, L.R., *A Tutorial on Hidden Markov-Models and Selected Applications in Speech Recognition.* Proceedings of the Ieee, 1989. **77**(2): p. 257−286.
27. Yoon, B.-J., *Hidden Markov models and their applications in biological sequence analysis.* Current genomics, 2009. **10**(6): p. 402−415.
28. Krogh, A., et al., *Hidden Markov models in computational biology: Applications to protein modeling.* Journal of molecular biology, 1994. **235**(5): p. 1501−1531.
29. Eddy, S.R., *What is a hidden Markov model?* Nature biotechnology, 2004. **22**(10): p. 1315−1316.
30. Ourston, D., et al. *Applications of hidden markov models to detecting multi-stage network attacks*. in *System Sciences, 2003. Proceedings of the 36th Annual Hawaii International Conference on*. 2003. IEEE.
31. Fink, G.A., *Markov models for pattern recognition: from theory to applications*. 2014: Springer Science & Business Media.
32. Gales, M. and S. Young, *The application of hidden Markov models in speech recognition.* Foundations and trends in signal processing, 2008. **1**(3): p. 195−304.
33. Plötz, T. and G.A. Fink, *Markov models for offline handwriting recognition: A survey.* International Journal on Document Analysis and Recognition (IJDAR), 2009. **12**(4): p. 269−298.
34. Moni, M. and A.S. Ali. *HMM based hand gesture recognition: A review on techniques and approaches*. in *Computer Science and Information Technology, 2009. ICCSIT 2009. 2nd IEEE International Conference on*. 2009. IEEE.

第三部分 数学研究方法

第 7 章 理论研究

理论是一组相互关联的概念、定义和命题的集合，用于解释、预测以及建模关系和结果。网络安全的形式化理论研究是用以发展网络安全的概念、定义和命题的方向性方法，它提供了一个系统的思维方法并且有关联地考虑各种现象、事件、情境以及行为。

理论在概念上是广泛适用的，也常常表现得比较理想化，不会体现特殊性。然而，这并不意味着其他理论与网络安全领域相分离或无关，因为理论不应该是孤立的，而应该启发或发展其他理论。此外，好理论的一个重要特征就是可验证性，理论应能为一个假设的实验提供必要的支持，并用假设设计实验以验证其有效性，所以理论并非一成不变。实验结果可以用来精炼和发展理论，或者对实验结果的错误严重程度进行判断，并放弃错误的理论。通过这样一个不断循环往复的过程，理论将不断地得到优化和发展。

7.1 背景

一种理论就是一种建议模型，或系统为何以特定方式运行的内部工作原理。这个词在口语中常带有猜测的意味。然而，在科学中，一种理论代表了一种基础性的知识，某个科学研究甚至整个研究领域都可能围绕着它建立。每种科学理论都遵循科学过程的生命周期。它始于观察的信念。这种信念是一种可以用语言表述的认知模型（Cognitive Model）。通过研究的迭代，认知模型演变成形式化模型（Formal Model）。理论的一个形式化定义是系统行为的数学表达，某个具有重要经验支持和广泛认可的理论就成为了法则，而法则就是正确的系统行为理论。

形式化研究（Formal Research）是将认知模型形式化的一种方法。形式化理论方法中的数学方法使我们能够定义和研究形式化模型。信息论、密码学、密码分析和密码使用等技术都有强大的理论来支持更基础的数学分析和评估。对于所有打着网络安全科学旗号的学科来说，这通常是不正确的，尤其是那些专注于研究对抗行为的学科。

理论研究的第一个问题是：为什么不采用另一种研究方法？感兴趣的主题或问题是否可以细化为可测试的陈述，从而引出一个实验？另一个问题是：你对网络空间中的行为或现象是否感到好奇，从而使得它可以成为观察研究？如果两者的答案都是否定的（可能因为无法获得数据进行研究，或者难以保证足够的精度或资源进行实验），采用理论研究就是一种正确的方法。如果研究者要探索一个普通人是否可以使用一台每秒 10 万万亿次运算的计算机，理论假设将是唯一可行的方法。毕竟目前（2016 年）无法使用模拟的方法来模拟每个人都拥有超级计算机计算能力的情况。此外，存储器和存储器的工程技术（Engineering Techniques）研究远远超过了今天的工程极限。但这类研究是非常有价值的，因为随着创新的发展，工程技术的设计和理论进展可以保证未来的测试。另一种适合理论研究方法的研究则是几乎不可能进行实验的情况。例如，太阳系外的天文学和宇宙学目前还没有应用工程或应用研究的可能性。这就只剩下了观察和理论，对于这个领域来说，理论发展在观察反驳过程中的周期确实是很长的。在网络安全领域也存在工程方面的挑战，但通常生命周期要短得多。

> **深入挖掘：术语**
>
> 理论、定理、公理、引理等，每个研究领域都有自己特有的术语。由于网络安全是一个新兴的领域，还没有足够的时间完善研究语言。网络安全领域的许多术语是从其他领域借鉴来的，尤其借鉴了数学领域。在数学领域，理论可以是一个知识体系，但本章的数学理论更类似于数学模型，即使用数学的语言和结构来描述一个系统。在数学和逻辑学中，定理是一种已经或可以被证明正确的表述，但这只适用于演绎方法。这些表述可以采取假设的形式（同样是数学的、演绎的）并被证明是正确的。在观察和实验研究中，归纳类比法是一种科学原理或定律。公理是一种被认为是正确的概念或表述，这类似于实验和观察研究中的明确假设。引理（Lemma）是一个宏大理论的中间步骤或组成部分。在理论研究和实验/观察研究之间会有些许相似之处，因为它们都致力于实现可重现性、可验证性、可证伪性等共同的目标。

正如我们已经多次提到的，网络安全研究的关键挑战之一是内在对抗性。其他问题还包括环境动态性（不断引入新的设备、技术和配置等）。这些特性构成了一个复杂的系统，并由此来进行研究、实验或推理。科学是建立在观察、实验、错误和猜测基础上的。同样，构建一个理论的过程也是如此。理论学家通常被认为是象牙塔里的精英，他们不需要考虑现实世界，也不需要与现实世界互动，因为他们的理论是如此的超前和进步。一个关键观察结果可能会产生一个新的理论，一个失败的实验可能会使实验者重新审视理论的出发点。就像现实生活一样,科学经常是混乱和模糊的。对于一项研究工作或一个研究人员来说,各种研究方法之间的界限可能会随着时间的推移而变得模糊和易变。

但本领域理论研究的关键是更好地理解或预测网络安全。无论出于什么原因,当观察或实验方法不能适用时,就会显示出这一类研究的不同。在缺乏技术的情况下,理论学家必须利用现有的技术,从数学形式主义,到软件模拟再到社会模型,来解释和查证他们的理论。

7.1.1 优秀理论的特征

好的理论应该是对现象、事件、情况和行为的连贯、简洁与系统的解释或说明。除此之外,它还必须具有预测性,应该鼓励测试以及对假设的扩展和评估。好的理论应该是可测试的,并且应该能够通过观察、实验和逻辑推理来辩驳。理论应该能够通过额外的结果、结论和信息来完善和改进,并且能对下一步的实验结果提供信息等。理论不是事实的陈述,而是关注其中存在的可能性。

7.2 网络安全科学理论发展的挑战

与网络安全科学实验一样,网络安全一般理论基础的发展和进步也停滞不前。与此形成对比的是信息理论、密码学、密码分析和密码使用技术的强大基础及快速发展。这些领域以数学和数学科学为基础,因此并不经常涉及我们在本书中定义的实验。相反,其改进和论证由数学推导而来,并通过有效、正确的结构化证明来支持。但网络安全并不能如此容易地用数学形式表达出来。

发展网络安全科学的部分困难在于网络空间的抽象性。虽然它满足空间的一般属性——"空间概念化了移动、行动、创造、描述的能力……"[1]——但这并不是现代物理学的学生和从业者所熟悉的普通空间(Ordinary Space)概念的内容。用普通的空间概念来描述网络空间的难点是:虚拟身份与客观事物在某种程度上是弱相关的,并且没有虚拟等效力学(描述对象如何操作和相互关联的一组定律)。前者意味着理解对话或机制中涉及的各个角色是比较困难的,各个角色可能发生身份的交换,而观察者可能不会注意到这种变化。虽然弱相关身份确实造成了网络安全的复杂性,但对于许多互联网基础设施的设计来说,这提高了可用性。后者使得虚拟距离、速度、加速度和力之间不存在根本关系,从程序员开发网络应用程序的角度,节点在互联网中都是抽象出现的,因此并不是欧几里得空间(Euclidean Space)(在网络物理系统中,一些受限制的子空间可以满足欧几里得空间要求)[2],因此,虽然地理意义上的实体相隔不远,但是通信的难度并不亚于与40000km远的实体进行通信。谢莫夫（Sheymov）[3]还指出了其他基本的区别，网络空间没有自然限制，它是用无限和不可数的维数来描述的，每个维数都是无限的，其对象可以属于一个或多个子空间。

创造理论是对已知的知识进行外展推理，以产生最适合的描述。下面详细介绍的过程并非必要，但可以作为帮助阐明网络安全理论的有用指南。

发展形式化理论（Formal Theory）的可选过程如下。

（1）精确的洞察（来源于观察、以前的实验或灵感）。
（2）确定相关因素（关键输入、假设或其他因素）。
（3）形式化的定义理论（伪代码、数学、模型或定律）。
（4）内部一致性检验。
（5）外部一致性检验。
（6）辩驳（通过实验或观察研究来验证或反驳你的理论）。
（7）继续寻求改进。

7.2.1 识别洞察力

在媒体上，甚至在学校里，人们常常联想到研究人员盯着黑板或者不停涂写，直到灵感迸发，随后一连串令人印象深刻的数学符号涌现出来的情景。也许这么做确实有用，但这貌似是一种孤立的、极其无聊的研究方式。即使是全职的理论研究者也会参与实验或具体的研究，或者至少会继续了解和研究他们所在领域的发展状况。网络安全领域的理论研究、实验研究、甚至应用研究或工程之间的界限是模糊的，同一个人可能会扮演许多角色。关键是确定（由以前的实验或观察研究、文献、方向观测或灵感）要探索的主题。越精确、越完整，就越容易操作，并且最终对网络安全的解释或预测也很有用。

许多理论研究的焦点是探索一个观察到的现象存在的原因，或者在特定的假设下推导出系统的行为。对于前者，这包括探索你所见过的事物的含义，或该领域的观察结果。例如，有一项观察表明，软件单一化（Software Monoculture）会增加网络空间的风险。通过理论研究，我们就可以探索多样性的最佳水平或范围，以获得最大的回报，或者调查比较防御者在开发和维护多样性防御方面的成本与攻击者的开发和共享漏洞利用方面的成本。对于理论研究的第二个共同焦点，我们可以进一步研究这个多样性问题。通过理论建模，假设多样性可以以不同的方式发展成一个系统，以探索它将如何影响理论攻击者。后一种形式的研究是安全协议的证明。

7.2.2 确定相关因素

在将一个粗略的想法进一步明确之后，就应该考虑相关的假设、含义、输入和促成因素。如果一个想法很有趣，但是没有办法收集任何证据能够反驳或证实这个观点，那么，也许应该放弃这个主题而进行更富有成效的探索。如果理论结合了多个视角、领域或工作主题，那么，应该重点研究相关的有延续性的因素。在网络安全等有更大发展空间的领域中，人们对组合因素往往知之甚少（如果结合一个社会模型和一个基于物理的模型，会有什么限制、弱点等）。

7.2.3 形式化定义理论

准备工作完成之后，就可以开始形式化定义理论了。定义可以像密码学、计算理论和信息论一样采用数学方法进行，参见克劳德·香农（Claude Shannon）的"通信理论"（Theory of Communication）[4]或迪菲（Diffie）和海尔曼（Hellman）的"密码学新方向"（New Directions in Cryptography）[5]中关于理论的数学描述。

虽然每种理论研究都需要自己的逻辑，但一般情况下定义系统均采用数学方法。常见的方法是从一组公理或有证据支持的逻辑公式入手。公理（Axiom）是公认的或明显真实的原子信息。假设（Postulate）是就某个理论而假定真实的原子信息。提供支持假设的参考数据就是一次很好的科学实践。举例来说，可以假设当前的防御性解决方案遵循几何分布（Geometric Distribution），因为大多数人使用的防御工具相同，而小型组织网络则使用的是长期可靠的专业解决方案。然而，证实这个假设的目标不仅仅是定义一个理论模型，而是探索该模型的含义，如探索不同情况下的结果、找到最佳方案，甚至证明威胁模型无法破坏安全系统（Security System）等。然后，通过使用模型记录可用的命题或定理。通过逻辑链证明公理的重要结果是定理（Theorem）。通过证明被证主题的必要性来推得的定理称为引理（Lemmata）。

形式化符号（Formal Notation）的一种替代方法包括伪代码或软件。特别是对于应用相关的理论，编写伪代码有助于从理论到现实的理解和转化。另一种方法是在现有的分类法中定义模型或者在必要的情况下开发自己的模型，最后对于手头的特定主题，做出可预测的、可证实的、可反驳的陈述。如果这些陈述经过长时间的大量验证，就可以成为所谓的规律，或者规则、公理、原则等。

你知道吗？

形式化方法（Formal Methods）是网络安全理论和应用研究的一种具体方式，采用明确地定义软件或硬件系统的需求，并根据这些需求设计系统的方法。这种方法通常应用在软件中，但有时也用于硬件。开发者在数学上将来自需求的形式化符号映射到编程语言，再映射到实现二进制代码，为系统的性能和安全性提供了严格的数学依据。应用程序通用 Lisp2（ACL2）的计算逻辑（Computational Logic）是正式设计和实现计算机系统的编程语言、数学框架和求解程序的一个实例。对于高保障要求的系统（如飞机、关键安全系统或国家安全

> 系统，这些系统的重要性体现了形式化方法中所要求的这些形式化步骤），其严格程度是必需的。信息技术安全评估通用标准（CC）是一种为计算系统提供安全保证的形式化方法。开发人员指定了安全系统能做什么（功能）以及应该和不应该做什么（保证）。这种方法源自美国国家安全局（National Security Agency）出版的《彩虹》（Rainbow）系列书籍。

7.2.4 内部一致性检验

内部一致性检验是为了确保固有的理论不与自身相矛盾或失效。根据理论的复杂性（软件可以测试、数学方法可以证明），采用何种检验方法取决于理论的类型。内部一致性意味着整个理论是连贯的、内部是合理的。这种性质与该理论的适用性及其与整个世界的相关性并没有关系。

理论研究应在最大程度上保证内部一致性，并且应遵循一个完整的、从被接受或有逻辑支持的信息中进行逻辑构建的演绎过程（Deductive Process）。一般来说，这些要求本身就具有公理性，它们为确保内部一致性的形式化证明或定义理论模型的每个步骤提供强大的逻辑支持。

7.2.5 外部一致性检验

外部一致性检验是为了评估理论与可观察实验的准确性和相关性，外部一致性检验的方法包括提出预测或问题，从而引出可以进行实验评估或观察研究的假设。经受外部一致性检验是理论被接受和使用的主要挑战，因此，一些理论可能永远无法通过外部一致性检验。但是在有足够的数据、计算或者资源的前提下，所有的理论都应该进行测试。

7.2.6 反驳

简而言之，发展一个理论就应该尽一切努力来反驳这一理论。每一个实验和观察都应该能够确定结果，即发现的结果会反驳理论，从而使理论失效。事实上，如果持续研究都无法反驳一个理论，那么，理论就会变得愈发强大，理论必须有可验证的描述作为支撑，而且需要不停地更迭。

7.2.7 继续寻求改进

如果一个理论仅仅是被确认，但还没有被反驳过，就意味着工作尚未完成。网络安全的研究目的是推断和预测，对于每一个理论来说，相对更好的、更全面的、更清晰的或更适用的理论仍然存在，因而，每一个理论都可以进一步完善。换言之，理论研究通常就不是从零开始的，而是寻求对现有理论的改进。

7.3 理论研究建设的实例

正如已经多次提到的，网络安全研究的关键挑战之一是内在对抗性。其他的问题还包括网络环境的动态性（不断引入新的设备、技术和配置）。这些特性使得研究、实验或推理的对象是一个复杂的系统，因此需要更详细地探讨人类层面的对抗因素。研究人员一直在研究关于 APT1[6]、能量熊（Energy Bear）[7]以及其他[8]复杂的高级持续性威胁报告，并希望更好地了解这些专业攻击者的工作场所背景及其动机。有证据表明，他们的工作时间固定（考虑到他们所处的相对时区），有稳定的团队和工具开发人员，同时会进行侦察、施压、持久化、执行和撤离等。这种层次的组织结构表明了有大量的资金和资源作为支撑，这也为我们更好地了解网络安全对手提供了途径。在进行了更多的研究之后，研究人员想在社会科学领域知道如何用动机理论（Motivation Theory）解释甚至预测相应的行为。观察各种社会模型，从历史上马斯洛层次理论的[9]驱动、激励、期望或奖励机制，研究人员假定，不同类型对手的激励和期望是完全不同的，以试图识别洞察力。政府资助的 APT（高级持续性威胁）事件与激进黑客或集团犯罪的 APT 事件的动机和期望目标都不同，这一概念本身无法检验，但仍值得探索，是一个理想的理论研究方向。

研究人员进一步研究了这些社会模型以确定将动机-期望混合理论（Incentive-expectation Theory）应用于分析对于高级网络群体是否存在限制或挑战，这会帮助研究人员确定所有相关因素。研究人员还注意到了其他假设，如西方就业方式、政府服务、爱国主义相比于经济效益，并注意到文化和政治可能会对研究产生重大影响。这个新问题需要在后续的验证中进行探讨，因为该理论符合西方激励模式（Western Models of Motivation）、工作环境和个人实现模式。

为了更形式化地定义该理论，研究人员提出了一个理论，即民族国家主义者受到公共利益的推动，这些目前被认为是一套弱的规则或规律，他们从事日常工作是因为他们①爱国；②想应用他们的技术技能；③想通过他们的工作来帮助他们的国家。这与 APT 犯罪相似但又不同，后者完全受激励驱动，因为他们想要①财务安全；②想要应用他们的技术技能；③无犯罪负担（无论是在国外还是在本国，或者两者都有）。最后，激进黑客与民族国家主义者相似，激进黑客关注①意识形态；②想应用他们的技术技能；③想帮助他们的特定群体。

民族国家主义者（Nation State Actors）：①爱国；②想应用他们的技术技能；③想帮助他们的国家。

罪犯（Criminal）：①财务安全；②想应用他们的技术技能；③无犯罪负担（无论是在国外还是在本国，或者两者都有）。

激进黑客（Hacktivist）：①意识形态；②想应用他们的技术技能；③想帮助他们的特定群体。

内部一致性测试（Testing for Internal Consistency）可以用于模拟和数学建模，但对于这个主题，研究人员会审查其假设和声明，以确定是否存在任何相互矛盾的主张或问题。研究人员发现激进黑客实际上和民族国家主义者一样，都有思想动机，因此研究者对规则进行了修改以避免重复。研究者们仍然想在高级网络群体中探索多种动机，因此，他们开始关注典型黑客。黑客越来越少地成为网络安全攻击和防御的来源或话题，但他们仍在继续发挥作用，是一个有趣的群体。这个新群体之所以有动力，是因为他们①好奇；②想应用他们的技术技能。好奇心引导最早的电话飞客（Phreaker）和黑客了解计算系统和通信网络是如何工作以及如何修改和改进的。另一个经常用于描述黑客，特别是白帽黑客的动机是公平和开放。通常，"白帽黑客"（White Hat Hacker）会向一家公司披露漏洞的信息，但如果这家公司不采取行动，他们会向公众发布信息并表明他们可以采取措施自我保护。然而，这种行为有时会让白帽黑客受到公司的惩罚性回应。无论如何，这种动机本质上属于意识形态领域。

以上关于黑客的动机可以总结如下。

角色 1：①意识形态；②想应用他们的技术技能；③想帮助他们的特定群体/组织/国家。

角色 2：①财务安全；②想应用他们的技术技能；③没有犯罪的负担（无论是在国外还是在本国，或者两者都有）。

角色 3：①好奇心；②想应用他们的技术技能。

测试外部一致性（Test for External Consistency）时，目前还无法做到对民族国家主义者、网络罪犯和激进黑客的实验。即使是直接观察研究（Direct Observational Study）也是个相当大的挑战。不过，既然不管国家、培训或经验如何，动机可能会影响工具、技术和程序（Tools, Techniques, and Procedures，TTP），因此可以进一步完善这一假设，而现有的观测数据可以用来反驳或证实这个假设。有关如何进行这种工作的见解，请参阅第 4 章和第 5 章（探索性研究和描述性研究）中的观察研究。在对因果关系进行评估之前，还必须首先定义角色和 TTP 之间的关系。

最后，与任何科学理论（Scientific Theory）一样，研究者在使用理论来激励研究时，总是试图证伪或反驳（Refute）正在使用的理论。除此之外，还可以寻求提高和改进（Refinements），以更好地描述和预测网络安全现象。通过各种研究方法的迭代改进，即使是很差的理论也可以帮助构建一个知识体系，为网络安全科学的未来打下基础。

另一个理论研究的例子是黑客和防御者的相互作用，需要选取优选的工具集并利用博弈论研究对抗性关系和相互作用。博弈论（Game Theory）的数学模型成功地解释了参与者在合作和冲突中的行为和互动。两个有关博弈论学科的优秀文献是《博弈论教程》（A Course in Game Theory）[10]和《博弈论》（Game Theory）[11]。典型的例子是囚徒困境（the Prisoner's Dilemma）[12]，其双人模式下的介绍如下：

一个犯罪集团的两名成员被逮捕。由于证据不足，检察官分别向每一个成员提供一份协议。这笔交易是提供另一方的罪行证据而获取减刑，其成本如下。

（1）如果双方都不接受协议，也就是说，双方都保持沉默，那么，他们将被判入狱 1 年。

（2）如果其中一方背叛了另一方，告密者就不会受到惩罚，而另一方则会被判 3 年监禁。

（3）如果双方都接受交易并背叛对方，他们将被判 2 年徒刑。

使用标准博弈理论平衡概念分析模型得到的结果是，理性的、利己的个体都选择背叛，每个人都被判 2 年徒刑。但值得注意的是，与最优结果相比，参与者更倾向于选择双方都保持沉默并被判 1 年徒刑。

兰德公司（RAND）运用博弈论分析的方法来理解和预测苏联对核武器（Nuclear Armaments）的使用，这使得兰德公司发展出了相互保证毁灭的理念、军事战略以及利用二次打击能力进行报复的国家安全政策。博弈论对冲突互动建模的成功实践，人们自然希望使其应用到网络安全问题。因此，许多研究与建模都是针对对抗行为和防御评估的[13-17]。

网络安全研究对博弈论也提出了挑战。虽然博弈论具有分析能力来处理不完整的（参与者对其他人没有充分的认识）和不完美的信息（博弈中不是所有的方面都可以观察到），但它对未知的或部分已知的行为集合几乎没有支持。这些行为集描述了博弈参与者的行为。对于网络安全来说，设计这些操作集是很困难的，要么放弃这些操作，要么高度抽象和概念化，导致不适用或无法实现的结果。按照惯例，博弈理论模型的构建是为了有一定数量的参与者精通博弈。这种结构在合同谈判、战争等方面是有意义的，但在网络安全领域，我们可以设想防御者（Defenders）同时与多个攻击者作战，每个攻击者都有自己的计划、目标和策略。攻击者可能愿意协调活动，或者忽略其他人的存在。无论是防御者还是攻击者的决定都会影响各方，对其他参与者的帮助或损害都是如此。由于网络空间结构的原因，人们对行动成本的理解不到位。此外，网络空间的低进入门槛、信息和知识的高传递速度，似乎让攻击者比防御者更快地降低了成本。最近的研究成果已经解决了其中部分挑战，如摩耶迪（Moayedi）和阿兹戈米（Azgomi）[18]认为攻击者组织非常多样化，这是一种可以用来克服博弈结构不确定性的方法。

查特吉（Chatterjee）[19-20]等解决了防御者和攻击者成本的不确定性问题。另一个障碍是博弈论理论解决方案概念的可追踪性问题。众所周知，纳什均衡（Nash Equilibrium）是一种稳定的系统状态，任何参与者都不会单方面偏离，无论是计算求解还是验证其正确性，纳什均衡都是一种难以计算的状态。虽然问题不是非确定性多项式（Non-Deterministic Polynomial，NP）完全的，但我们知道存在一个解决方案[21]，如果有向图上的多项式奇偶校验参数（Polynomial Parity Arguments on Directed graphs，PPAD）集合存在且是多项式（Polynomial，P）集的子集时，虽在计算方面仍然很困难，但容易处理[22]。

7.4 成果报告

科学工作的最后一个重要步骤是报告结果。如果伟大的发现没有人知道，能为未来科学发展提供知识的支持，或者设计出一些具有超前眼界的事物，那它将毫无意义。记录实验结果的两种最普遍的形式是会议和期刊。它们提供了一种途径，将你获得的知识投入到该领域的知识库中。然而，这都需要经过同行评审。同行评审（Peer Review）提供针对研究主题、研究方法和报告研究质量的验证检查，以确保一定的质量水平。理想的情况是，论文的质量应该是决定接受与否的唯一标准，实际上，话题的新颖性、开创性和受欢迎性也在评审过程中起作用，所以在投稿目标时应该考虑这些因素。在本节中，我们为以理论为重点的研究论文提供了一个通用一般风格的模板，这将适用于大多数会议和期刊。

7.4.1 样本格式

下面将为你提供用于发布结果的大纲。每一个出版物都会提供格式指南。当你决定提交研究成果时，请检查你选择的出版方的提交要求，以确保遵循大纲和格式规范。这里提供的大纲遵循已发表的论文中归纳出的通用行文，并且应该可以满足很多出版方的要求。

每篇论文都是独特的，并且需要一些不同的呈现方式；然而，所提供的样本包括了论文中必须涵盖的所有一般信息。当开始写一篇假设-演绎论文并修改它以符合出版方要求时，我们通常从这种格式开始。每个研究都有自己的风格，所以你可以自由地偏离这个大纲。每个部分的讨论都用来解释哪些内容很重要以及为什么要包含它，所以你可以任何最适合你风格的方式呈现这些重要信息。

1. 摘要

摘要是论文简明易懂的概述，目的是为读者提供一个关于论文所讨论内容的简要描述，应该只讨论在文章的剩余部分中将要陈述的内容，不需要其他额外的信息。每个论文出版方都将提供编写摘要的指导方针，通常包括摘要的最大字数限制以及格式要求，但有时也会包括对提交论文的类型和版式的要求。同时也应该包括理论研究的总结和影响分析。

2. 介绍

论文的第一部分从来都是给予读者有关论文其余部分的介绍，提供了进行研究的动机和推理，应该包括研究目的或内容的陈述。如果需要任何背景信息，如解释研究的领域、环境或关联，你将在这里讨论它。如果本论题的某方面会对受众有明显筛选，那么可能需要创建独立的背景部分。重要的是，要确定你将要探索的理论是什么，它来自哪里，这是你要推动研究这个理论的原因。这个理论会提供什么样的信息或者它试图记录什么样的关系。

3. 相关工作

相关工作部分应包括关于该研究课题领域知识的简要总结。有没有竞争性的解决方案？做过其他实验、研究或理论研究吗？如果在这一领域曾做过大量研究工作，则请涵盖对你来说最有影响力的研究工作。如果你是建立在过去理论的基础上，则也需要在这里提供一个简短的总结说明。如果正在定义一个竞争性的理论，请解释前面理论的不足之处。在理论论文中，你可能发现需要基于过去的工作进行形式定义。因此，最好将这些引用编入模型定义的部分，使用它们，而不是在相关的工作部分中定义它们。

4. 理论模型的开发

论文的理论研究部分应该清楚地定义研究发展理论的过程。本节要清晰和完整，以便读者能够理解你开发的模型背后的假设和逻辑。需要定义引理、其他理论、假设和关键输入，并从一组公理或引用支持的证据中构建模型，以及通过证明额外的定理建立理论模型。需要在文档中尽可能完善这些内容，目标是要足够完整，以便读者能够理解如何得出结论或结果。

5. 证明和定理

一篇理论研究论文的结果应是对定理的证明。不必记录所有的证明过程，只突出重要的或有趣的证明作为定理即可。构建一个定理需要指明所有必要的引理并对理论进行扩展和解释。有时，一个理论会产生可以与大众分享的结果并体现为模型或仿真形式，有关更多细节，请参阅第 8 章 "模拟研究"。

在论文的结果部分，要解释执行分析后的发现。用表格展示结果是一种高效的方法。还可以显示有趣结果的图片，即如果发生数据异常或显示数据样本的分布。无论是否正在生成数据集都应该确保并解释理论研究的影响、含义和影响范围。还要说明是否存在范围、影响、适用性等方面的限制。

6. 讨论/未来工作

讨论/未来工作部分是对整个研究过程的一般观察和评论，包括过程本身。为你得到的结果提供解释。如果这些结果是有趣的，要说明你认为有趣的是什么。讨论一下你认为这项工作下一步将走向何方，以及是否有任何直接或后续的工作计划？

7. 结论/总结

在论文正文部分的最后一节，总结本文的研究结果和结论的影响。结论部分通常是读者在阅读摘要后快速阅读的地方。对这项研究的最终结果和你从中研究得出的东西做一个清晰而简明的陈述。

8. 致谢

致谢部分的目的是你向在论文中未包含的部分研究中任何帮助过你的人表示感谢的地方，也是致谢支持你研究的资金来源的好地方。

9. 参考文献

每个出版物都将提供有关参考文献的格式指南。遵循他们的指导规则，在论文末尾列出所有引用的参考文献。根据论文的篇幅，你需要调整引用的数量。论文越长，引用越多。一个比较好的方法是，6页的论文有15~20个参考文献。对于同行评审的出版物，你的大多数参考文献应该是其他同行评审的作品。引用网页和维基百科不会让审稿人感到可信度。另外，确保你只列出对你的论文有用的引用，也就是说，不要夸大你的引用计数。好的审稿人会检查，这很可能会反映出你的不合格之处，导致拒稿。

参考文献

1. Krippendorff, K. (2010). *The Growth of Cyberspace and the Rise of a Design Culture. Workshop on Social Theory and Social Computing.* Retrieved from http://manoa.hawaii.edu/ccpv/workshops/KlausKrippendorff.pdf.
2. Bayne, J. (2008). Cyberspatial Mechanics. *IEEE Transactions on Systems, Man, and Cybernetics, Part B (Cybernetics)*,38(3), 629−644. Doi: 10.1109/tsmcb.2008.916309.
3. Sheymov, V. (2013). *Cyberspace and security: a fundamentally new approach.* North Charleston, SC: Cyberbooks Publishing.
4. Shannon, C.E. (1948). A Mathematical Theory of Communication. The Bell System Technical Journal, 27, pp. 379−423, 623−656. Retrieved from http://worrydream.com/refs/Shannon%20-%20A%20Mathematical%20Theory%20of%20Communication.pdf.
5. Diffie, W., Hellman, M. (1976). New Directions in Cryptography. IEEE Transactions on Information Theory, 22(6), 644−654. Doi: 10.1109/tit.1976.1055638.
6. Mandiant. (n.d.). *APT1 Exposing One of China's Cyber Espionage Units.* Retrieved from https://www.fireeye.com/content/dam/fireeye-www/services/pdfs/mandiant-apt1-report.pdf.
7. MSS Global Threat Response (2014). *Emerging Threat: Dragonfly/Energetic Bear—APT Group.* Retrieved February 25, 2017, from https://www.symantec.com/connect/blogs/emerging-threat-dragonfly-energetic-bear-apt-group.
8. Martin, S. (2016). *8 Active APT Groups to Watch.* Retrieved February 25, 2017, from http://www.darkreading.com/endpoint/8-active-apt-groups-to-watch/d/d-id/1325161.
9. Barnes, M. (1943). Classics in the History of Psychology—A. H. Maslow (1943) *A Theory of Human Motivation.* Originally Published in Psychological Review, 50, 370−396. Retrieved February 25, 2017, from http://psychclassics.yorku.ca/Maslow/motivation.htm.
10. Osborne, M. J., Rubinstein, A. (2007). *A Course in Game Theory.* Cambridge, Mass: MIT Press.
11. Fudenberg, D., Tirole, J. (1991). *Game Theory.* New Delhi: Ane Books.
12. Kuhn, S. (2014). *Prisoner's Dilemma.* Retrieved February 25, 2017, from https://plato.

stanford.edu/entries/prisoner-dilemma/.
13. Ryutov, T., Orosz, M., Blythe, J., Winterfeldt, D. V. (2015). A Game Theoretic Framework for Modeling Adversarial Cyber Security Game Among Attackers, Defenders, and Users. Security and Trust Management Lecture Notes in Computer Science, 274–282. Doi: 10.1007/978-3-319-24858-5_18.
14. Jajodia, S. (2013). *Moving Target Defense II: Application of Game Theory and Adversarial modeling*. New York: Springer.
15. Gueye, A. (2011). *A Game Theoretical Approach to Communication Security*. Retrieved February 25, 2017, from https://www2.eecs.berkeley.edu/Pubs/TechRpts/2011/EECS-2011-19.html.
16. Carroll, T. E., Grosu, D. (2010). A game theoretic investigation of deception in network security. Security and Communication Networks, 4(10), 1162–1172. DOI: 10.1002/sec.242.
17. Carroll, T. E., Crouse, M., Fulp, E. W., Berenhaut, K. S. (2014). Analysis of network address shuffling as a moving target defense. 2014 IEEE International Conference on Communications (ICC). DOI: 10.1109/icc.2014.6883401.
18. Moayedi, B. Z., Azgomi, M. A. (2012). A game theoretic framework for evaluation of the impacts of hackers diversity on security measures. Reliability Engineering & System Safety, 99, 45–54. doi:10.1016/j.ress.2011.11.001.
19. Chatterjee, S., Halappanavar, M., Tipireddy, R., Oster, M., Saha, S. (2015). Quantifying mixed uncertainties in cyber attacker payoffs. 2015 IEEE International Symposium on Technologies for Homeland Security (HST). DOI: 10.1109/ths.2015.7225287.
20. Chatterjee, S., Halappanavar, M., Tipireddy, R., Oster, M. (2016). *Game Theory and Uncertainty Quantification for Cyber Defense Applications*. SIAM News. Retrieved February 25, 2017, from https://sinews.siam.org/Details-Page/game-theory-and-uncertainty-quantification-for-cyber-defense-applications.
21. Nash, J. F. (n.d.). Equilibrium Points in n-Person Games. DOI: 10.1515/9781400884087-007.
22. Daskalakis, C., Goldberg, P. W., Papadimitriou, C. H. (2009). The complexity of computing a Nash equilibrium. Communications of the ACM, 52(2), 89. DOI: 10.1145/1461928.1461951.

第 8 章　模拟研究

虽然计算机和人机交互知识都是本书的核心，但计算机更为重要，因为它为研究提供了额外便利。虽然抽象理论模型（Theoretical Model）的基础探索可以提供强大的知识，但这往往是不够的。由于网络空间本身是一个非常复杂的空间，这意味着，对每个部分进行数学建模是不可能的。将人类的行为融入其中进行干预会使这种方法更加站不住脚。计算机为探索这些抽象模型提供了另一种选择。

使用计算机模拟复杂模型可以帮助探索系统交互、组件性能和理论限制。建立复杂模型，让计算机分析不同参数设置影响，有助于探索可能的效果空间，而不必事先手动计算最佳或完美的解决方案。模拟可以提供对未来系统的一瞥，以了解它们将如何与现有系统一起运行和工作。模拟是理论研究的有力工具，也是大规模实验或观察研究投入或努力之前的第一步。

模拟也是实证研究的有用工具。模拟可以提供一个很好的替代，而不是直接从一个昂贵或难以控制的真实系统中生成数据。模拟系统（Simulated Systems）使快速调查多个场景的能力以及对其强控制成为可能。然而，结果不会好于模拟所用模型。这一章将讨论模型保真度以及模型验证的过程和重要性。

最后，模拟可以帮助生成实验假设。如果对一个理论模型进行实例化和模拟，则得到的输出结果可作为假设。如果理论模型是准确的，则模拟的行为应该与真实系统的行为匹配。把模拟的结果当作一个假设，为启动实验提供了一种强有力的方法。

这一章中，我们定义模拟以及它什么时候可以成为一个有用的工具。我们将探讨模拟应用于研究的不同方式以及需要考虑的各个方面。此外，我们将提供不同类别模拟工具的概述，并提供一些关于它们如何用于网络安全研究的想法。

8.1　定义模拟

计算能力（Computational Power）为科学探索提供了便利，并提供了分析更多数据、利用更多统计算法和探索理论模型的能力。我们将在本章后面更详细地讨论这个问题。在本节中，我们将定义用于研究的设计和执行模型所涉及的各种概念，包括定义模拟、仿真、虚拟化（Virtualization）等，还会讨论它们之间的区别。

模拟（Simulation）是通过产生类似的响应和输出来模拟网络或物理过程的计

算机过程或应用程序的方法。首先，模拟的创建需要一个实际过程或对象的抽象模型。然后，使用计算机，将该模型实例化为生成数据的可执行程序，模拟真实系统的行为。模拟的计算开销通常取决于系统的复杂性和模型的抽象程度。例如，通过模拟每个原子的行为来模拟抛掷岩石的轨迹将是非常昂贵的计算，但是基于牛顿第二运动定律，手机就能够进行模拟。不同的情况可以进行不同级别的模拟。

传统模拟（Traditional Simulations）是为了实现系统的真实输出。如图 8-1（a）所示，模拟本质上是一个产生逼真数据的黑盒子（Black Box）。然而，还有另一个高保真度的模拟，即仿真。仿真（Emulation）是模拟系统内部运行以产生真实输出的过程。如图 8-1（b）所示，仿真模拟了箱体内齿轮的功能，与实际过程相互作用产生输出。仿真可以获得更高的输出保真度。由于仿真模拟的是系统的一个更精细的层面，因此计算成本通常更高，而且由于通常包含更多的参数，所以很难充分建模。

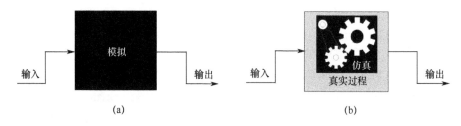

图 8-1　模拟与仿真的区别

虚拟化是一种非常常用的特定模拟。虚拟化是计算机相关子集的仿真，以便操作系统和应用程序级软件能够运行。容器化（Containerization）是一种轻量级的虚拟化形式，它在单个操作系统中创建多个容器，以便在各自的空间中提供应用程序。这意味着，对于每个容器化的应用程序来说都在自己的操作系统中。下一级虚拟化是半虚拟化（Paravirtualization），它通过 API 提供硬件环境的虚拟化，需要修改来访操作系统或虚拟化操作系统，使其在半虚拟化环境中运行。虚拟化最高的保真度是完全虚拟化（Full Virtualization），可以模拟完整的硬件，以便客户操作系统可以在不改变的情况下运行。总体来说，虚拟化在网络安全研究中是一个非常有用的工具，它的选择取决于研究问题及其所需的保真度。在 8.2 节中，我们将讨论用于模拟的各种实例。

你知道吗？
一些人假设我们的现实可能是对更高级物种的模拟[1]。这个想法是，如果有高度先进的文明可以建模和模拟宇宙，那么，模拟宇宙的数量将远远超过真实宇宙的数量。因此，我们的宇宙被模拟的概率比它真实存在的概率要大得多。已经有人设计并执行了一些实验来确定这是否可能[2]。

8.2 什么时候应该使用模拟

模拟是科学研究的有用工具，有多种情况适合使用它。它提供了一种机制来探索理论模型的边界和局限。它可以提供评估真实系统行为的工具，最终用于实验设置或操作决策支持。它还可以作为实验的替代，在研究和理解难以控制的系统时，把资源投入在实验中。本节将探讨所有这些用途，并提供一些关于何时不适合模拟的警示性指导。

8.2.1 理论模拟

模拟对于探索理论模型很有用。如在第 7 章"理论研究"中讨论的那样，虽然某些数学方法能够证明一些模型，但是有些系统太复杂，而无法对每个变量进行完美的形式化建模或计算完整的输入空间。在这些情况下，模拟是研究高保真组件如何在系统中交互或低保真系统如何运行的绝佳工具。探索理论模型有助于以一些有用的方式获得知识，它能够理解系统在极端情况下的行为，而这些极端情况是不容易在真实系统中看到或者测试到的。

通过网络模拟不同恶意软件的行为和传播很难在真实系统中重现，因此，模拟仅能提供初步的知识。假设一种理论认为恶意软件通过社交网络传播，其传播方式与传染性疾病的传播方式相同，那么，模拟将是探索这种信念边界条件的有用工具。你可以对通信行为进行建模，然后对恶意软件的传播进行建模并探索恶意软件在不同条件下的传输速度。如同流感一样，用户也许需要一定数量的社会联系才能在一定时间内引起大流行级别的传播。或者可能出现群体免疫概念（Herd Immunity Concepts），因此短时间内进行补丁运动将是有效的。通过模拟探索理论模型，可以了解不同场景的结果会是什么，我们要理解的是，这并不能证明或反驳这个理论。相反，这只是一个实例提升理解的理论。为了验证这个理论，需要在真实世界条件下对相同的场景进行实验，以生成关于模型的准确性证据，从而验证基础理论。

8.2.2 决策支持模拟

模拟方法的另一个很好的用途是预测系统行为。如果一个系统被精确地建模，就可以提供一种模拟方法，对极端情况进行假设。例如，10 级地震袭击一个城市怎么办？高气压穿过山脉怎么办？如果攻击的目标是电网中的变电站怎么办？以上情况出于各种原因是不可能在真实情况下完成的。因此，模拟提供了一个很好的决策支持工具，可以在不同的场景中运行以查看结果。此外，该方法可以研究解决方案的有效性。但是，正如我们将在本章后面讨论的那样，该工具不会超越模拟所用模型的精确性。在使用模拟进行决策支持时，了解模型的局限性至关重要。

8.2.3 经验模拟

与决策支持类似，模拟的预测可以作为实验的起点。如果使用理论模型而不是经验模型，或者使用从第 6 章"机器学习"中讨论的一种从数据中生成的模型，就像在决策支持用例中一样，模拟的结果代表不同类型的预测。理论模型并不代表真实系统的行为，而是基于我们对系统的理解来表示系统的行为。在完美的世界里，所有的理论模型都将是准确的，并且将等同于经验模型。然而，在理论模型被认为是经验模型之前，有必要验证我们对系统的理解是否正确，而使用模拟生成实验假设是一个很好的方法。模拟中使用特定条件测试理论模型时，假设以同样的方式控制模拟的情况下，真实系统的行为将产生相同的输出，在这些条件下，执行受控实验就可以验证模型是否准确。如果实验产生的数据在统计学上接近于模拟产生的数据（Simulation-generated Data），这代表理论模型是准确的证据。如果数据在统计学上是不同的，就证明你的理论模型是不准确的。这可能意味着根本的理论是有缺陷的，或者也许模拟时导致了缺陷。在抛弃这一理论之前，我们需要明确以上区别。

除了启动假设-演绎过程之外，模拟还可以作为一些实验的先导。网络空间是一个复杂而广阔的空间，与物理空间（Physical Space）的接口和交互使它变得非常复杂。因此，有很多研究问题涉及网络空间和物理空间，这些问题要么非常昂贵，要么难以控制。模拟可以为研究一个不可控的系统提供一种手段，也可以为在高投入的情况下实验最有前途的系统提供过滤。例如，如果一个持续 48h 的 1 太字节（TB）分布式拒绝服务（Distributed Denial of Service Attack，DDoS）会导致互联网的 DNS 服务宕机，这将是不合乎伦理的，而且对于大多数人来说，进行这种规模的实验过于昂贵。模拟提供了一个很好的方式验证这个假设的可能性。正如将在本章后面讨论的，一些很好的网络模拟器能够对网络进行高保真的建模，并实现真正的协议。然而，模拟不应该被用来代替实验，我们将在警示部分讨论。

> **深入挖掘：米拉伊（MIRAI）DDoS 攻击**
>
> 虽然本节提供了针对 Internet DNS 的示例 DDoS 攻击的方法，但它是作为一个即兴的示例想法创建的，我们对其进行了研究。在这一章即将成稿时，米拉伊（Mirai）机器人攻击了动态（Dyn）DNS 服务[3]。由颠覆性物联网设备组成的米拉伊（Mirai）僵尸网络在 Dyn DNS 服务上部署了大量 DDoS。一些人认为攻击达到了 1.2 万亿字节的带宽。虽然这次攻击造成美国东海岸互联网的中断，但在全球范围内并没有造成影响，动态（Dyn）能够在几个小时内进行补救和恢复。

8.2.4 合成条件

模拟方法在研究中还有一个用途。在执行实验时，并不总是能够创建所有条件，研究时可能需要创造合成条件（Synthetic Conditions）来观察用户的反应。模拟是一种可以为实验和研究准备条件的技术。例如，研究攻击者和恶意软件行为的最常见技术之一是蜜罐，蜜罐模拟了系统中一些脆弱的方面，以诱使攻击者来研究他们采取了什么行动及其过程。如果想让真实的人坐在计算机前并在计算机上执行操作，那么，制造网络系统的"噪声"将会非常昂贵。为了解决这个问题，已经创建了多种工具来建模用户，为基础和应用实验生成流量。我们也将在 8.4.1 节"模拟类型"简要讨论流量生成器（Traffic Generators）的问题，在第 13 章"仪器"中将对这些主题进行进一步的讨论。

8.2.5 模拟使用警示

到目前为止，已经讨论了模拟的所有用法。然而，模拟方法并不是万能的。正如在 3.1 节"开始你的研究"中所描述的那样，你应该从研究问题开始，考虑严谨性和成本，并确定最佳方法，以找到答案。通常情况下，研究人员可能选择的是手头现成的工具，这导致使用的方法不好，结果不好或有问题。模拟是一种有用的工具，但其使用应该由研究目的驱动。

第一个关于模拟使用的警示，模拟不是实验的替代品。假设-演绎法研究无疑是困难的，既费时又费钱。但它为主张和假设提供了最有力的证据支持。如前所述，模拟的结果不会好于所用模型。如果使用的模型没有足够的经验支持，就需要质疑结果的适用性。

第二个关于模拟使用的警示，你需要确保手头有经过适当验证的模型。在开始使用模拟方法之前需要了解底层模型是如何创建的以及它们是如何操作的。你还应该了解模型是否得到验证以及如何得到验证。最好的模型是通过研究或实验从实际系统中收集的数据进行实证验证过的。

本章介绍模拟概念，并讨论模拟应用于科学的历史和知识的过程。模拟和建模的细节需要研究，也有很多书讨论一般模拟[4]和网络空间[5]。

你知道吗？

世界上大多数超级计算机都是为执行复杂的模拟过程而开发的。例如，美国橡树岭国家实验室（Oak Ridge National Laboratory）[6]的泰坦（Titan）和未来的顶点（Summit）超级计算机用于原子和分子建模等。由美国国家海洋和大气管理局（US National Oceanic and Atmospheric Administration）运营的月神（Luna）和浪涌（Surge）超级计算机用于模拟和预测天气模式[7]。德国的超级马克（SuperMUC）和法国的居里（Curie），当时的顶级超级计算机，被麻省理工学院的研究人员用来模拟宇宙[8]。

8.3 定义模型

模型是运行模拟的前提，是生成结果的基础。模型是真实系统的抽象，因此，模型的每个组件或变量的范围可以从非常抽象到非常高保真。抽象的级别需要基于研究问题以及希望获取的信息给出，第 13 章"仪器"将会详细介绍逼真度和一些应用程序，但我们将在这里探讨模拟的相关问题。

由于网络空间是数字化的，因此，在模拟系统的各个方面时，可以达到完全的保真度。然而，模拟通常是因为真正的系统太大导致无法进行实验才选择的，或者在创建一个真正的系统之前测试新想法。因此，重要的是，要确定模拟的关键变量以及模拟它们所需的保真度。如果你在研究人类对网络钓鱼的反应，只需要模拟电子邮件的内容就可以了，但是如果你想要了解通信的基本模式，就需要建模通信交互、持续时间和方向，其内容并不重要。

对模拟系统进行建模时，对保真度的讨论呈现出不同偏好。模拟值可以无限精确，因此设置所有变量的保真度级别非常重要。例如，如果想要模拟一个物理过程来研究网络空间与物理过程（Physical Process）的交互作用，那么，首先就需要理解研究问题及其背后的需求。如果研究问题是关于数据采集与监视控制系统（Supervisory Control and Data Acquisition，SCADA），那么，物理过程的模型可能处于第二保真度，因为它是这些系统通信的速度。但是，如果想要研究新保护系统的相互作用，该模型就需要具有毫秒级保真度，以适应保护系统的操作速度。图 8-2 展示了不同保真度级别下的电网频率正弦波模拟数据，如果对它进行无限精细采样，曲线就会显示出完美保真的正弦波。折线表示正弦波的下一个保真度。折线上的点表示模拟从模型中采样信息的时间，直线显示数据采集与监视控制系统（SCADA）保真度正弦波，直线上的点表示模拟采样来自模型的信息，在这种情况下，该信息非常粗糙，以至于第二个采样点落在该图的比例之外。如你所见，这些点都与完美保真的正弦波对齐。从模拟的角度来看，采样的波是完美的正弦波。

8.3.1 模型有效性

使用模拟进行决策支持或作为实验的替代时，需要验证模型。模拟结果不会好于所用模型，使用未经验证的模型产生的结果应该受到质疑，因为没有证据表明该模型产生了这个结果。模型验证（Model Validation）是确定模型是否准确并且足以代表真实系统以满足其使用要求的过程。为确保模型准确，需要通过实证研究进行验证。但是，并非每个模型都需要相同级别的验证。例如，牛顿运动定律足以预测投掷棒球的路径,但 GPS 定位则需要更高级别的相对论指导。验证模型的方法主要有两种:观察法和实验法。

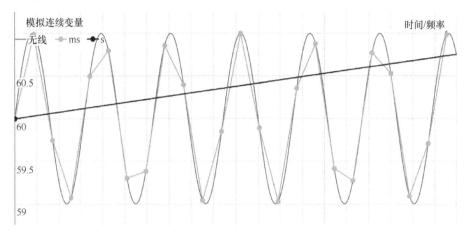

图 8-2 不同保真度级别的电网频率正弦波模拟数据

验证模型的第一种方法是使用观察研究。通过使用观察研究,你可以收集一个系统的数据。可以利用统计方法对数据进行提问和回答,或者通过数据集使用机器学习技术直接从数据生成模型。

传统观察研究(Traditional Observational Studies)的目的是回答研究问题。使用观察方法验证模拟模型略有不同,提问的目的是验证模型而不是直接回答研究问题。这些问题证实(或反驳)模型,并指出什么是有效(或无效)的。首先,使用统计方法(Statistical Methods)可以得出构成流程的行为分布。如果发现数据适合某些分布,可以在模型中使用这些分布来重新创建类似的行为。其次,可以查看特定方案的数据。使用当前模型的模拟,可以重新创建这些方案。模拟和实际系统数据的比较将呈现模型如何捕获系统的特点。数据匹配,则模型有效。如果存在显著偏差,则模型不准确。通过研究可能导致偏差的因素的真实数据集能够发现并修复当前模型。有关如何执行可能对验证模型有用的不同类型的观察研究的指导,请参阅第 4 章"探索性研究"。

传统的观察研究可以通过人工进行。然而,研究人员可用的计算能力增加使机器学习领域得以扩展并成为一项有用的技术。使用机器学习技术可以将收集到的数据提供给一个分布和关联的模型。有很多不同的机器学习技术,每一种都有它擅长学习的模式。人们往往认为无法开发出一种能够学习所有模型的方法[9-10]。因此,你需要为收集数据的基础模型选择正确的算法。有关机器学习方法的概述,请参阅第 6 章"机器学习"。

验证模型的第二种方法是实验。实验验证模型的过程与使用模拟来生成和测试假设的过程相同。验证一个模型时定义一系列可以通过实验执行的测试用例,然后在模拟中执行测试用例以生成数据结果。为了验证模型,你可以在真实的系统上实验性地执行相同的测试用例,并通过将模拟结果与实验结果进行比较,从而确定模型的准确性。有关假设-演绎研究方法的更深入讨论请参阅第 9 章"假设-演绎研究"和第 10 章"准实验研究"。

使用模拟作为实验的先导仍然需要一些实证研究。天下没有免费的午餐,不能只使用独立于实证方法的模拟。用于模拟的模型需要具备基于数据的一定程度的置信度。执行研究方法(Executing Research Methods)来验证模拟模型,为信任转移到模拟结果提供了基础。

8.4 实例化模型

模型是系统的抽象或概念性表示,其本身是不可执行的。相反,需要一个工具将模型转换成可执行过程(Executable Process)来生成数据。模拟是一个模型从描述性变为信息性的过程,需要一个编程框架,并通过这个框架指定模型。可执行的平台可以在各种指定条件下运行模型。模拟通过使用模型的输入场景来生成关于模型状态和将要产生的输出数据。例如,一种常见的模拟器是网络模拟器,它采用网络模型,允许在信号通过时模拟行为。网络模拟器使研究人员能够研究新的通信协议,如新的无线协议如何在不同的网络配置下工作。

8.4.1 模拟类型

几种方法可以定义模型和不同的模拟平台,如基于代理的模拟(Agent-based Simulation)使用独立操作的代理模型。这些类型的模拟对于发现分布式控制系统的突发行为很有帮助。基于过程的模拟(Process-based Simulations)使用系统的数学定义从过程中生成行为,它很好地模拟了用连续数学定义的物理过程。基于跟踪的模拟(Trace-based Simulations)执行小规模的应用程序来生成真实行为的日志,然后模拟框架将这些日志插值到更大规模。基于跟踪的模拟有助于理解系统的可伸缩性能。蒙特卡罗模拟(Monte Carlo Simulations)执行了一些测试来确定结果的可能性,适用于决策支持或输入参数存在大量不确定性的情况。

每种方法都有其优缺点,有些方法提供了更简单的建模。建模独立的代理比建模一个具有相互依赖关系的完整系统更容易,模型的决策将影响性能和可伸缩性。像电网这样基于矩阵的模型(Matrix-based Model)不容易分解成子问题,这使得它难以进行扩展。

虽然这些是模拟系统的一般方法,但有一些特定类型的模拟对网络安全研究有用。下面提供了不同类型模拟的概览,这些模拟可能有助于回答你的研究问题。

1. 网络模拟器

（1）基于容器的模拟器（Container-based Simulators）利用轻量级虚拟化技术，在一台或少量物理计算机上生成通信节点网络，这种方法擅长检验新的网络协议行为。但是，由于所有容器都使用完全相同的通信堆栈，它们并不是测试独特响应行为异质性的合适模拟器。这些模拟器是为软件定义网络[11]、无线应用程序[12]和通用网络而创建的[13]。

（2）离散事件模拟器（Discrete Event Simulators）生成离散事件序列模拟。由于网络空间是一个离散的空间，离散事件模拟器非常适合于模拟它的各个方面。特别是，离散事件模拟器一直是模拟网络和协议的主要方法，有多种离散事件网络模拟器，既有商业的[14-15]，又有开源的[16-17]，每种都具有独特的特性，如配置和分析图形用户界面，硬件在环（Hardware-in-the-loop）网络仿真功能，以及各种支持协议和物理模型。

> **深入挖掘：硬件在环**
>
> 硬件在环是一种特殊模拟方法，模糊实物与实验的界线。硬件在环提供仿真功能，可将真实设备集成到模拟中。通常情况下，使用一些真实设备来模拟较大的系统，以实现实际设备的高保真响应，同时实现模拟的规模。将网络模拟器 2（Ns-2）重新设计为网络模拟器 3（Ns-3）的主要原因之一是启用硬件在环测试，以便更快地评估实际实施。

2. 流量生成器

当网络模拟器试图捕获通信网络的真实行为并根据输出进行建模时，流量生成器通常只关心对网络上设备产生的通信数据包和有效负载进行建模和模拟。换句话说，流量生成器模拟网络上的许多设备和它们将产生的通信，但不负责在网络上测量流量。流量生成器经常用于应用实验，以研究网络基础设施、传感器和安全控制的性能。有生成各种协议和行为的通用流量模拟器[18-19]。特别是对于安全应用程序，有许多生成攻击行为的流量生成工具[20-22]。还有一些高保真的流量生成器，它们不模拟流量，而是模拟用户行为，即从真实的应用程序生成真实的流量[23-24]。仿真用户（Emulated Users）对应用实验和基础实验都有用，可以为攻击者和防御者提供背景噪声。

3. 目标模拟

了解攻击者是网络安全研究的重要组成部分，因此，测试攻击者的工具非常重要。虽然可以对真实的网络事件进行研究，但其数量和频率仍然相对较低，可能无法对问题提供明确的答案。针对目标模拟能力的设计为研究攻击者提供了一种可控的激励方式。目标模拟工具（又名蜜罐）创建了一种模拟易受攻击目标的方法，以诱使攻击者攻击。这些工具基于蜂蜜陷阱（Honey Trapping）的理念开发，即利用间谍技术引诱目标泄露秘密。目标模拟工具通常提供额外的传感器来监视攻击者的行为，包括基于主机系统的目标模拟器[25]、蜜罐网络[26]、浏览器[27]，甚至数据[28]。

> **你知道吗？**
>
> 蜜罐（Honeypots）这个词在间谍世界里有一个基础。蜜罐或蜂蜜陷阱是指利用性诱惑来招募有价值的人。网络蜜罐技术也被命名为"诱捕"，它基于易受攻击的漏洞和系统来引诱攻击者。

4．威胁模拟

威胁模拟的目的是针对系统创建威胁和危害，以观察和分析系统或系统用户的反应。威胁模拟的工具套件有多种用途，一些用于应用研究以理解系统，另一些则是实验的有用工具，并对解决方案进行验证。多个类别的威胁模拟工具在建模攻击者的不同任务和行为时都非常有用。本节将讨论故障模拟器、漏洞扫描器和漏洞利用测试平台，但要深入讨论建模攻击者，请参阅第 14 章"应对对手"。

> **你知道吗？**
>
> 零日（Zero Days）是攻击者知道的漏洞，但公众或开发人员不知道，"零日"一词起源于瓦雷斯社区（Warez Community），这是一个共享盗版软件的群体。零日瓦雷斯（Warez）软件是指尚未向公众发布的软件。瓦雷斯和黑客社区是交叉运行的，这导致这个术语被用来描述漏洞。

（1）故障模拟器（Failure Simulators）模拟系统危害或系统故障，目的是通过降低或阻碍测试系统某些部分的性能来测试和评估系统补救和采取稳健性措施的能力。网飞（Netflix）创建了一套测试云基础架构失败恢复能力的工具[29]，提供了测试降级网络条件的机制[30]。还有一种特殊类型的故障模拟器，即模糊器（Fuzzers），通过使用协议或 API 来测试解决方案的稳健性，从而接收不良输入。模糊器是一种常用工具，用于研究软件实现的安全性以寻找可能的漏洞。模糊器有不同类型，包括框架模糊器[31-32]、文件格式模糊器[33-34]、协议模糊器[35-36]和应用程序模糊器等[37-39]。

（2）漏洞扫描器（Vulnerability Scanners）通过搜索软件和服务特征以确定它们是否存在漏洞。漏洞扫描器模拟攻击者寻找系统漏洞进行攻击的过程。漏洞扫描器通常被设计成审计工具，而不是精确模拟攻击者的隐身策略。这些工具的结果可以提供攻击者可以获得的知识，漏洞扫描器包括开源[40]和商业[41]漏洞扫描。

（3）漏洞利用测试平台（Exploit Testing Platforms）提供软件包和框架来执行针对已知漏洞的漏洞利用，它提供了一种合理方法来模拟攻击者进行研究或实验的能力。然而，当漏洞被添加到漏洞利用测试平台时，它们通常不再是零日。因此，漏洞利用工具包通常不适合模拟前沿的攻击者策略。元破解（Metasploit）[42]是一个众所周知的开源漏洞利用框架，它使用某些插件[43-44]。画布（Canvas）[45]和堆芯撞击（Core Impact）[46]就是主要的商业漏洞框架。

5. 通用模拟

我们讨论过的其他模拟工具都专注于网络空间和安全性。但是，根据不同研究主题可以采用多种通用模拟器和特定域模拟器（Domain-specific Simulators）。工程师使用 MATLAB 和模拟连接（Simulink）对物理过程进行建模。模型（Modelica）是一个用于对许多不同过程进行建模的集成建模平台。门廊（Portico）[47]、托勒密（Ptolemy）[48]和 FNCS[49]等工具旨在集成及连接不同类型的不同模拟器。需要根据研究的不同性质选择合适的模拟器。虽然某些模拟器不是为网络安全设计的，但并不意味着它们不适合回答你的研究问题。

8.5 示例用例

模拟在研究中可以采用多种方式。为了验证这些想法，我们使用模拟方法进行示例研究。例如，通过实验测试攻击对电网的影响。此示例将展示如何将模拟用作实验工具。

关键基础设施安全（Critical Infrastructure Security）近来已成为研究的热门话题。大多数人想要研究的关键问题是网络攻击对物理基础设施的影响。由于电力是所有社会过程（Societal Processes）的基础，它通常位于要研究的基础设施列表的首位。有人可能会怀疑网络攻击是否可能导致电网发生重大事件，模拟可以帮助我们回答这个问题。

大多数操作系统不允许进行网络安全实验，电网也是如此，其可用性要求非常高，研究如何导致停电对于操作系统来说是不可接受和不道德的。此外，电网太大、太复杂，无法重建大部分。因此，回答这个问题需要一种独特的研究方法。由于对电网运行的物理基础有了很好的理解，模拟为回答这一研究问题提供了最合理的途径。

美国电网的建模过于复杂，因此有必要挑选测试用例。IEEE 已经定义了一系列模型，这些模型已被验证适用于不同的电网广义方案。对于示例，我们将选择一个较小的测试用例，如 39 总线传输系统。图 8-3 是 IEEE 39 总线传输系统的单线功率图，该图由伊利诺伊大学厄本那-香槟分校提供，使用电力世界（Power World）可视化和分析工具，并基于 IEEE 39 总线参考案例产生。

首先需要选择一种模拟该模型的方法。如果对这个系统的网络攻击会产生负面影响，我们必须了解方法的有效性，在不确定攻击对单个设备会产生什么影响的情况下，更不用说对整个系统的影响，所以必须对系统的攻击部分建立高保真模型。

对于研究问题来说，拥有能够针对真正网络攻击的真实现场设备是一个必需的前提，这一要求迫使我们采用模拟作为工具的实验路径。

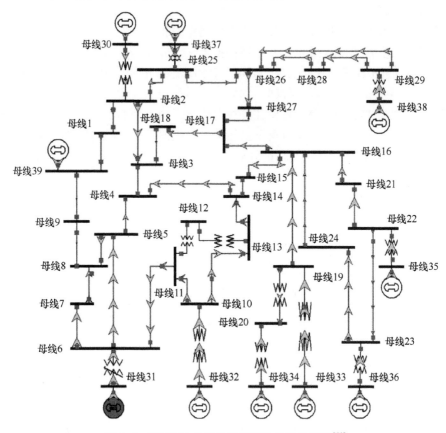

图 8-3 IEEE 39 总线传输系统的单线功率图[50]

硬件在环测试是一种将执行硬件与同步模拟相结合的技术，通过使用真实硬件来处理攻击所涉及的系统，我们可以看到网络攻击的直接影响。通过模拟网格的其余部分，可以在给定局部效果的情况下看到更大的系统效果。模拟是一种支持实验环境的工具，可以推断系统以实验方式运行时会发生什么，某些不同的仿真功能[51-53]可支持电网的硬件在环模拟。

我们需要确定，系统模型的哪些部分应该是硬件，哪些部分应该被模拟。我们必须把自己置于攻击者的位置。例如，如果我们的目标是造成尽可能广泛的停电，这将引导我们确定在这种情况下网络攻击的最高价值目标。如图 8-4 所示，目标总线攻击实验实例，由太平洋西北国家实验室基于巴特尔公司（Battelle）为美国能源部运营的测试系统实施。变电站 17 是一个可能的目标，因为它位于较大模型的中心位置，如果丢失这个目标将产生 3 个电力岛。

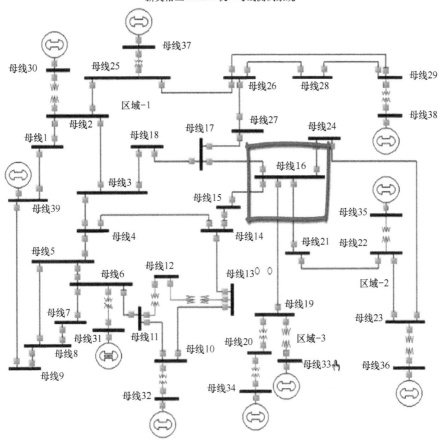

图 8-4 目标总线攻击实验实例[54]

为了建模变电站 17，我们只需要 5 个物理继电器与总线互连。为方便起见，假设没有实现重合闸和系统锁定等保护措施。为了将这些系统与更大的模拟连接起来，我们使用 IEC 61850 协议套件标准[55]中的面向通用对象的变电站事件（Generic Object Oriented Substation Event，Goose）和抽样实测值来传递系统事件与状态。基于分布式网络协议 3 和数据采集与监视控制系统的协议（DNP3 SCADA protocol）[56]是为通信协议配置的可从控制室监视及控制系统的装置，剩下的模拟系统模型是在 IEEE 39 总线系统的物理模型上叠加简单的中继逻辑。要注入攻击，只需在 5 个变电站的 17 个继电器中简单地重放打开断路器的命令就足够了。攻击的目标是打开和关闭断路器，从而导致系统不稳定，导致电网部分地区断电。

多次执行该实验后可以得知，停电效应由时间和 3 个岛之间频率漂移所驱动。一旦第一阶段的攻击被执行，就形成了 3 个电力岛。断开连接时，岛上的频率开始漂移，当第二阶段的攻击开始，即断路器关闭时，频率没有漂移到很远的地方，那么系统就会恢复。虽然可能会经历一些颠簸，或部分电力损失，但最终系统会恢复。然而，如果频率距离足够远，部分或全部电力系统将会断电。请参见 YouTube 上的示例[57]。

如你所见，模拟是一个强大的工具。在这个例子中，我们能够研究对电力传输系统攻击的影响。没有人会在实际电网上进行这种性质的实验，因此，有必要找到合适的替代手段。我们可以模拟更大的电力系统，同时仍然能够实现高保真度，以了解真实设备应对攻击的表现。

8.6 论文格式

模拟是用于开展研究的一种工具。虽然它能够解决某些独特问题，但在很大程度上不是一种独立的研究方法，而是一种可以用于其他研究方法的技术。因此，在记录你的研究结果时，应该遵循你正在做的研究方法的格式。每一种不同的方法都应该遵循研究的格式，即出版社制定的格式和大纲指南。

对于理论研究，应该遵循第 7 章"理论研究"末尾规定的格式。但是，讨论理论公式和公理时可以描述模拟模型。对于训练模拟模型的研究，应该遵循第 6 章"机器学习"末尾指定的格式。对于通过实验验证模型或使用模拟作为实验替代的研究，请使用第 9 章"假设-演绎研究"中指定的格式。假设将从模拟中产生，而不是从观察中得出。

参考文献

1. Koebler, J. (June 2, 2016). Elon Musk Says There's a 'One in Billions' Chance Reality Is Not a Simulation. Retrieved February 19, 2017, from https://motherboard.vice.com/read/elon-musk-simulated-universe-hypothesis
2. Emerging Technology from the arXiv. (October 22, 2012). The Measurement That Would Reveal the Universe as a Computer Simulation. Retrieved February 19, 2017, from https://www.technologyreview.com/s/429561/the-measurement-that-would-reveal-the-universe-as-a-computer-simulation/
3. Hilton, S. (2016, October 26). Dyn Analysis Summary of Friday October 21 Attack. Retrieved February 19, 2017, from https://dyn.com/blog/dyn-analysis-summary-of-friday-october-21-attack/
4. Jain, R. (1991). *The art of computer systems performance analysis techniques for experimental design, measurement, simulation, and modeling.* New York: Wiley.
5. Banks, J., Carson, J. S., Nelson, B. L., and Nicol, D. M. (2010). *Discrete-event system simulation* (5th ed.). Upper Saddle River, NJ: Pearson.

6. Titan, World's #1 Open Science Supercomputer. (2012). Retrieved February 19, 2017, from https://www.olcf.ornl.gov/titan/
7. NOAA Completes Weather and Climate Supercomputer Upgrades. (January 11, 2016). Retrieved February 19, 2017, from http://www.noaanews.noaa.gov/stories2016/011116-noaa-completes-weather-and-climate-supercomputer-upgrades.html
8. Koebler, J. (2014, May 8). It Took a Pair of Top Supercomputers Three Months to Simulate the Universe. Retrieved February 19, 2017, from https://motherboard.vice.com/read/it-took-a-pair-of-top-supercomputers-three-months-to-simulate-the-universe
9. Wolpert, D.H. 1996. The Lack of a Priori Distinctions Between Learning Algorithms. Neural Computation 8, 7 (October 1996), 1341–1390. DOI = http://dx.doi.org/10.1162/neco.1996.8.7.1341
10. Wolpwert, D.H., Macready W.G, 1997. No Free Lunch Theorems for Optimization. *IEEE Transactions on Evolutionary Computation*, 1(1), 67–82.
11. Mininet Team. Mininet. Retrieved February 19, 2017, from http://mininet.org/
12. Common Open Research Emulator (CORE). Retrieved February 19, 2017, from http://www.nrl.navy.mil/itd/ncs/products/core
13. IMUNES. (July 11, 2015). Retrieved February 19, 2017, from http://imunes.net/
14. Tetcos. NetSim Standard. Retrieved February 19, 2017, from http://tetcos.com/netsim-std.html
15. Riverbed. OPNET Technologies – Network Simulator. Retrieved February 19, 2017, from http://www.riverbed.com/products/steelcentral/opnet.html?redirect=opnet
16. Ns-2 Main Page. (December 19, 2014). Retrieved February 19, 2017, from http://nsnam.sourceforge.net/wiki/index.php/Main_Page
17. Ns-3. Retrieved February 19, 2017, from https://www.nsnam.org/
18. Ostinato Network Traffic Generator Network Traffic Generator and Analyzer. Retrieved February 19, 2017, fromhttp://ostinato.org/
19. A. Botta, A. Dainotti, A. Pescapè, A Tool for the Generation of Realistic Network Workload for Emerging Networking Scenarios, Computer Networks (Elsevier), 2012, 56(15), 3531–3547.
20. Ixia. (n.d.). BreakingPoint. Retrieved February 19, 2017, from https://www.ixiacom.com/products/breakingpoint
21. Candela Technologies. (January 19, 2017). LANforge-FIRE Stateful Network Traffic Generator. Retrieved February 19, 2017, from http://www.candelatech.com/datasheet_fire.php
22. Spirent. Avalanche - Testing the Security of App Aware Devices and Networks. Retrieved February 19, 2017, from https://www.spirent.com/Products/avalanche
23. Skaion Corporation. (n.d.). Retrieved February 19, 2017, from http://www.skaion.com/
24. Blythe, J. DASH: Deter Agents for Simulating Humans. Retrieved February 19, 2017, from http://www.isi.edu/~blythe/Dash/
25. The Honeynet Project. Retrieved February 19, 2017, from http://www.honeynet.org/project
26. Spitzner, L. (2006). Know Your Enemy: Honeynets, What a Honeynet is, its Value, Overview of how it Works, and Risk/Issues Involved.web, May.
27. Wang, Y. M., Beck, D., Jiang, X., Roussev, R., Verbowski, C., Chen, S., and King, S. (February, 2006). Automated Web Patrol With Strider Honeymonkeys. In Proceedings of the 2006 Network and Distributed System Security Symposium (pp. 35–49).
28. Spitzner, L. (2003). Honeytokens: The Other Honeypot. http://www.securityfocus.com/infocus/1713, Security Focus
29. Izrailevsky, Y., & Tseitlin, A. (July 19, 2011). The Netflix Simian Army. Retrieved February 20, 2017, from http://techblog.netflix.com/2011/07/netflix-simian-army.html
30. Clumsy 0.2. Retrieved February 20, 2017, from https://jagt.github.io/clumsy/
31. Peach Fuzzer. Discover Unknown Vulnerabilities. Retrieved February 21, 2017, from http://www.peachfuzzer.com/
32. OpenRCE. (October 17, 2016). Sulley. Retrieved February 21, 2017, from https://github.com/OpenRCE/sulley
33. Grubb, S. (January 25, 2009). Fsfuzzer. Retrieved February 21, 2017, from https://github.com/sughodke/fsfuzzer

34. Caca Labs. (May, 2015). Zzuf - Multi-Purpose Fuzzer. Retrieved February 21, 2017, from http://caca.zoy.org/wiki/zzuf
35. Esparza, J. M. (April 25, 2013). Malybuzz. Retrieved February 21, 2017, from https://sourceforge.net/projects/malybuzz/
36. Trailofbits. (May 19, 2016). Protofuzz. Retrieved February 21, 2017, from https://github.com/trailofbits/protofuzz
37. Software Engineering Institute. Failure Observation Engine (FOE). Retrieved February 21, 2017, from http://www.cert.org/vulnerability-analysis/tools/foe.cfm
38. American Fuzzy Lop. Retrieved February 22, 2017, from http://lcamtuf.coredump.cx/afl/
39. OWASP. (November 9, 2014). JBroFuzz. Retrieved February 23, 2017, from https://www.owasp.org/index.php/JBroFuzz
40. OpenVAS. Open Vulnerability Assessment System. Retrieved February 23, 2017, from http://www.openvas.org/
41. Tenable. (January 30, 2017). Nessus Vulnerability Scanner. Retrieved February 23, 2017, from https://www.tenable.com/products/nessus-vulnerability-scanner
42. Rapid7. Penetration Testing Software, Pen Testing Security. Retrieved February 23, 2017, from https://www.metasploit.com/
43. Strategic Cyber. Armitage - Cyber Attack Management for Metasploit. Retrieved February 23, 2017, from http://www.fastandeasyhacking.com/
44. Strategic Cyber. Adversary Simulation and Red Team Operations Software - Cobalt Strike. Retrieved February 23, 2017, from https://www.cobaltstrike.com/
45. Immunity. Canvas. Retrieved February 23, 2017, from https://www.immunityinc.com/products/canvas/
46. Core Security. (December 01, 2016). Core Impact. Retrieved February 23, 2017, from https://www.coresecurity.com/core-impact
47. The Portico Project. Retrieved February 23, 2017, from http://www.porticoproject.org/comingsoon/
48. Johan Eker, Jorn Janneck, Edward A. Lee, Jie Liu, Xiaojun Liu, Jozsef Ludvig, Sonia Sachs, Yuhong Xiong. Taming heterogeneity - the Ptolemy approach, Proceedings of the IEEE, 91(1):127−144, January 2003.
49. Ciraci, S., Daily, J., Fuller, J., Fisher, A., Marinovici, L., and Agarwal, K. (April, 2014). FNCS: A Framework for Power System and Communication Networks Co-Simulation. In Proceedings of the Symposium on Theory of Modeling & Simulation-DEVS Integrative (p. 36). Society for Computer Simulation International.
50. T. Athay, R. Podmore, and S. Virmani, A Practical Method for the Direct Analysis of Transient Stability, IEEE Transactions on Power Apparatus and Systems, PAS-98(2), March/April 1979, 573−584.
51. Opal-RT Technologies. Electrical Simulation Software ⊠ Electrical Engineering Test. Retrieved February 23, 2017, from http://www.opal-rt.com/simulation-systems-overview/
52. RTDS Technologies. Real Time Power System Simulation. Retrieved February 24, 2017, from https://www.rtds.com/real-time-power-system-simulation/
53. DSPACE. (n.d.). SCALEXIO. Retrieved February 25, 2017, from https://www.dspace.com/en/inc/home/products/hw/simulator_hardware/scalexio.cfm
54. Edgar, T. W., Manz, D. O., Vallem, M., Sridhar, S., and Engels, M. (September 29, 2016). PowerNET. Retrieved February 25, 2017, from https://www.youtube.com/watch?v=x9hqdJxvYtI&feature=youtu.be
55. ABB. The IEC 61850 Standard. Retrieved February 25, 2017, from http://new.abb.com/substation-automation/systems/iec-61850
56. IEEE Standard for Electric Power Systems Communications-Distributed Network Protocol (DNP3), in IEEE Std 1815-2012 (Revision of IEEE Std 1815-2010), vol., no., pp.1-821, Oct. 10 2012
57. Edgar, T. W., Manz, D. O., Vallem, M., Sridhar, S., and Engels, M. (September 29, 2016). PowerNET. Retrieved February 25, 2017, from https://www.youtube.com/watch?v=x9hqdJxvYtI&feature=youtu.be

第四部分　实验研究方法

第 9 章　假设-演绎研究

假设-演绎研究涵盖了实验，它在很大程度上被认为是传统研究方法的内容。实验是我们理解系统在不同条件下的行为和反馈的最重要方法之一。通过假设-演绎研究，可以获得最强有力的证据支持。如果你有一个研究问题和假设，想设计一系列实验或测试来产生证据，或者想验证假设对错，你就需要访问你有能力控制的代表性环境。

本章将讨论实验研究的不同方面以及如何执行实验。我们提供了网络安全研究的一系列示例来验证理论。本章将解释实验研究的优点，什么是好的假设，如何设计实验，如何分析结果以确定假设是否错误，以及如何记录结果等问题。

9.1　假设-演绎实验的目的

一般来说，假设-演绎实验有利于消除或加强有关系统的先验知识。例如，在更新操作系统软件时发现新的网络通信行为，或重申一类恶意软件的已知行为。与观察研究和理论探索相比，实验非常适合深入挖掘观察到的行为以获取知识，并确定更多导致行为的因素以及系统变量之间如何相互影响。网络传感器检测到异常网络流量时，实验是隔离原因的好方法，以确定最近更新操作系统时网络堆栈发生了变化。实验也有助于测试你的理论模型。研究一个僵尸网络的行为时，假设这些僵尸计算机将会有相似的网络特征，就可以在受控环境中实验监测相似的行为是否存在并验证理论模型。如果想获得关于一个系统的特定知识以及一组变量如何相互关联以回答研究问题时，实验是很好的选择。假设-演绎研究侧重于设计实验以尽可能地减少其他变量的影响，以确定感兴趣的变量之间如何相互作用。正如在第 1 章"科学导论"中所看到的，受控实验为推导因果知识提供了最佳证据。除了更好地理解一个系统之外，假设-演绎研究还有其他一些目的和优点。

9.1.1 将归纳过程转化为演绎过程

因为身处世界中的观察世界,我们不可能推断出世界的精确模型。伽利略(Galileo)和培根(Bacon)产生的最初科学经验基础是基于自然归纳的。正如我们所观察到的,人们可以通过所观察到的行为推断出将要发生的事情。然而,从19世纪之交开始,查尔斯·皮尔斯(Charles Pierce)和惠威尔(Whewel)等科学家开始推出一种新的科学哲学,即为了提高人们理解世界的能力,创建可证伪的假设将提供更多确凿的陈述。20世纪50年代,卡尔·波普尔(Karl Popper)以可证伪性使此方法成为最著名和主流的方法。简单地说,仅作为世界的观察者,我们永远无法证明理论的正确性。然而,如果我们定义一个可证伪的假设,就可以通过观察证明一个理论是错误的,从而得到具体的知识。我们在本章中讨论的实验是定义一个实验的过程,以实现波普尔和过去其他科学家提出的目标。

> **深入挖掘:卡尔·波普尔**
>
> 卡尔·波普尔(Karl Popper)是20世纪最伟大的科学哲学家之一。他对科学过程的看法影响了我们今天对科学的看法。波普尔的《科学发现的逻辑》(*The Logic of Scientific Discovery*)是一本很好的书籍,可以深入阅读他的哲学以及了解为什么证伪是一个很好的实验属性。

9.1.2 拒绝一个理论或建立强化证据

在前一个目的背景下,实验有利于拒绝一个理论或为一个理论建立证据。理论是我们认为自己拥有的关于某个研究领域的知识的一种表示。因此,科学的一个重要目的是完善和改进理论,使它们能够帮助我们更好地预测系统的行为方式。实验是追寻理论的最佳方法之一,或用证据证明现存理论是错误的,或用证据进一步增强对理论的信心。实验生成假设的一种好方法是从理论中生成行为预测并运行实验,以查看实际系统中是否存在相同的行为。在僵尸网络的例子里,如果僵尸网络理论包含分布式收敛,在对等点之间通过命令和控制通道协商参数,那么,这将使我们认为在命令和控制信道进行稳定通信之前的分层通信是混乱的,可以围绕该预测定义一个假设,然后在实验中进行测试,观察是否出现了这类通信模式。

9.1.3 确定涉及内容并挑战假设

建立实验的关键步骤是清楚地说明所有的假设以及哪些变量可能对因变量产生影响。因此,实验是定义我们对目前情况理解的一种好方法,因为它迫使我们系统地思考可能发生的事情以及如何参与其中。作为对可证伪性(Falsifiability)哲学的回应,奎因-杜厄姆理论(Quine-Duhem Thesis)[1]认为,不可能单独真实地检验一个假设,因为它是在我们从其他目前公认的理论中得到的大量假设的背景下制定的。通过在准备实验时严格定义假设,揭示你的思考过程以及实验设计和假设推导的背景。这为读者和未来的研究人员提供了理解和怀疑你假设的能力,或者复制实验的可能性。复制以前的研究可以验证假设的正确性。

9.1.4 定义可复制过程并测试确保方法有效

为了实施严格的过程(Rigorous Process),实验需要遵循设计。实验设计列出了涉及的变量(自变量和因变量)、实验设置、设备、人员和资源配置方式、控制自变量的过程与操作方法,分析数据的方法及作用等。记录这些可以使得评审人员和其他研究人员深入了解所做的工作及其原因。科学进步的关键原则之一是独立再生和结果验证。研究中有可能做出糟糕的假设,研究过程出现错误,或者实验中的某些方法出错。独立复制并重现结果是团队验证过去的实验是否有效的方法。为了独立验证实验,需要严格定义和执行实验过程,并且提供所需的文档和步骤。

9.1.5 假设-演绎实验的目的与应用实验不同

基础实验和应用实验之间往往存在混淆。应用实验(Applied Experimentation)的重点是了解某些工程解决方案解决问题或应对挑战的能力。从本质上讲,应用实验是一种量化人们从基础科学中获得知识程度的方法。应用实验的假设是隐含的,该解决方案将在应对挑战时得到改善,与基本的假设-演绎实验不同。基础实验的目标是获得有关另一个系统或者事件的知识,而不是对设计/构建的系统进行确认和验证。基础实验可以产生支持或反对因果关系的证据,它研究的是现有系统的相互作用问题。由于所有的网络空间都是工程的,两种实验的分界线将变得模糊。因此,好的方法是:理解系统行为的是基本实验,测试性能的是应用实验。第 11 章"应用实验"更详细地讨论了应用方法。

9.2 适当的假设

假设是将归纳观察过程转化为演绎逻辑过程的关键工具,是对系统在明确定义条件下如何表现的可证实和可实验的预测,或者是当自变量被控制时因变量如何反应的预测。这种预测将归纳问题转化为演绎性陈述,即通过实验来验证结论是虚假的亦或是被证据支持的。

一般情况下,假设是关于变量系统相互作用的陈述,但并非所有陈述都是好的假设。由于假设是设计实验的基础,因此,一个结构良好的假设是很重要的。一个糟糕的假设可以导致你回答错误的问题，不能解释对你真正重要的系统变量，或者阻止你最终回答这个假设。一个好的假设具有以下特征。

（1）可观察性和可测试性[2]。
（2）清晰定义。
（3）单一概念。
（4）可预测性。

9.2.1 可观察性和可测试性

可观察性特质（Observability Trait）意味着假设是能够以某种方式测量。如果没有观察假设行为的能力，就不可能创建一个实验来产生证据去支持或反对假设。缺乏可观察性假设的一个例子如下：

攻击者针对亚马逊网络服务（Amazon Web Services，AWS）的目的是获取金钱。

不可能通过监控网络来衡量攻击 AWS 的意图。可能能够访问一些攻击者，但永远无法追踪并询问每个攻击者攻击 AWS 的动机。一个更易处理的假设关注攻击者的可观察数据如下：

公共攻击面（Public Attack Surface）（可公开寻址的组件数量）与观察到的攻击数量线性相关。

然而，并非所有可观察到的假设都是可测试的。可测试性特质（Testability Trait）意味着可以测试或创建实验，以查看它是否成立。不可测试假设（Nontestable Hypotheses）通常包括无法控制或无法管理以减少偏差的变量。其中一些问题可以通过第 10 章所述的准实验方法来解决，但是当准实验不能解决时，就会出现假设无法通过实验来评估的结果。

如果 60%的骨干网被拒绝服务攻击，互联网将崩溃。

虽然可以设置监测站以确定互联网是否崩溃（但是需要定义崩溃是什么），在道德上和法律上都是不可行的，对于大多数研究人员而言，从成本上来说，对网络进行拒绝服务攻击也是不可行的。不可测试研究问题（Untestable Research Questions）更适合理论探索。通过理解理论可以设计观察研究，看看因果关系是否发生。如果不能将假设转变为可测试的变量，可以通过观察和理论研究方法来获得更好的答案。

9.2.2 清晰定义

一个好的假设应该很容易辨别是否有证据支持。因此，假设的陈述中使用的所有术语、变量和指标应该尽可能清晰简洁。使用不清晰的描述是一个不好假设的标志。如果有诸如更好/更差、更多/更少或改善/恶化等陈述，这样的假设就是不明确的。在假设中必须明确变量改进状态意味着什么，或者当变量处于超过先前状态的状态时意味着什么。一个清晰的描述使得证据是否支持假设变得非常易于鉴别。例如，在衡量表现时，不要说"好于"，而是可以说性能比当前操作增加至少 10%（注意：这需要明确定义如何进行衡量操作）。

此外，必须为假设中使用的任何独特、特定领域或不精确的词语提供清晰且可量化的定义。有许多品牌/营销类型的词用于对网络安全领域的事物进行一般分类。诸如"高级持续性威胁"（APT）和"脚本小子"（Script-kiddie）之类的词语被用于定义攻击者的技能和经验，但这些术语并未附带广泛接受的定义。因此，有一个假设如下：

与 Script-kiddie 相比，APT 对 Wordpress 网站的入侵成功率高出 20%。

这是一个糟糕的假设，因为你的定义和我们认为的 APT 与 Script-kiddie 的内容可能不同。为了使这成为一个有用的假设，你需要定义 APT 和 Script-kiddie。使用特定的术语可以使读者清楚地了解预测的内容以及理解使其无效化的数据。一个更具体的假设如下：

与一年前参与竞赛的 NCCDC 团队所捍卫的 Wordpress 网站相比，2016 年全国大学生网络防御竞赛中的红队在入侵新的 NCCDC 团队所捍卫的 Wordpress 网站时成功率提高了 20%。

深入挖掘：全国大学网络防御竞赛

全国大学网络防御竞赛（National Collegiate Cyber Defense Competition）是一年一度的赛事，旨在挑战大学生团队对抗专业红队保卫网络环境的能力。此项竞赛始于 2005 年。它包括一个场景，其中团队接管管理企业环境，他们须确保系统安全，同时确保服务处于活动状态并响应业务需求。专业的渗透测试人员（Pen-tester）组成红队来破坏和操纵团队网络资源。

9.2.3 单一概念

假设被认为是对原因结果反应的简洁预测。如果 x 出现，则 y 将发生。假设的目的是去了解从 x 到 y 是否真的存在因果效应。因此，关键是要限制所涉及的变量数量，以确定造成影响的因素（如果有）。一个好的假设应该限于一次测试一个概念。例如，如果你正在调查防御属性的影响，可以假设：

IP 地址跳跃和软件多样性增加了成功攻击的时间。

试图同时测试这两个想法会使结果混乱。如果在实验过程中攻击时间显著增加，无法知道它是由 IP 地址跳跃引起，还是由软件多样性引起，又或者是两者一起引起的。此外，同时测试 IP 地址跳跃和软件多样性可能会使控制其他变量更加困难，而这些变量可能会使混乱更加复杂。因此，最好将假设分解为不同的陈述来测试：

随着 IP 地址跳跃的增加，攻击成功的时间也会增加。

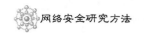

随着目标内软件多样性的增加，成功攻击的时间也会增加。

IP地址跳跃和软件多样性一同增加将指数级增加成功攻击的时间。

将原始假设分解为多个假设，从而使找到我们想要测试的促进因素和影响变得更为简单。将一个假设分解为最基本的组成部分，就可以清楚地描述需要测试的内容。此外，考虑到研究中经常有限的资源限制，将研究问题分解为多个小假设，提供了一种清晰的方法来框定可以实现的答案，并将那些超出你能使用资源解决的问题留给将来的自己或其他人进行调查。

9.2.4 预测

假设需要在给定促进因子的情况下对将要发生的事情进行陈述，即给定一个起因，假设是关于其影响的陈述。假设有助于定义实验，以测试想法并回答研究问题。如果假设仅仅是对事实或同义反复的陈述，开展实验是不必要的，会导致资源浪费。例如，一个假设如下：

所有恶意软件在通过网络传输时都会转换为数字信号。

这是一个事实，不需要实验，因为网络通过传输数字信号进行操作。只要恶意软件通过网络传输，则必须将其转换为数字信号。

9.2.5 从理论中产生假设

假设可以来自思想、研究问题、观察的现象等任何地方。然而，科学的重要驱动因素是将知识封装成一个既定的理论或定理。科学定理（Scientific Law）是理解世界范围内某些互动的模式。要使理论成立，使其被接受并变成定理，必须加以严格检验，并采用多个观察或实验证据表明它能够做出正确的预测。产生实验假设的好方法是从理论中产生行为预测。

理论最终会使用现有知识来定义抽象的概念模型。例如，纵深防御理论通过分层数量和安全控制类型增加网络相对安全性。该理论基于以下事实：如果单层失败，其中的某个附加层将不会失败并将检测或防止攻击。

要从理论中生成假设，你只需配置一个输入，并从理论中产生效果。例如，采取纵深防御理论应该保证分层防御的数量和多样性的增加能够增加特定系统的相对安全性（Relative Security）。从这个陈述中，我们可以使用多种假设用于评估纵深防御理论。第一个有趣的概念是相对安全性应该随着层数的增加而增加。

随着安全控制层数的增加，测试系统的相对安全性将增加。

但是，这个假设存在一些问题，即它使用了不清楚、不可测量的术语。如何衡量相对安全性？安全控制层意味着什么？为了改进这一假设，我们需要解决这些问题。为了测量相对安全性，我们可以说，如果一个系统阻止（失败的入侵）或检测到攻击，那么系统就会更安全。我们将攻击定义为尝试利用漏洞。当人们将安全控制分层以进行纵深防御时，他们一般应用不同类别的防御，如防火墙、网络入侵检测系统、主机入侵检测系统、监控相同的数据等，我们将这种分层定义用于假设。现在，我们有一个可检验的假设。

深度防御理论可以很容易地产生其他假设，如多样性会增加系统的相对安全性，或者多样性和分层安全控制的组合能更多地增加相对安全性。这些假设需要更明确的定义，就像第一个例子中那样，但它们也是假设-演绎研究的备选方案。

我们使用深度防御理论作为例子是非常幼稚的选择，因为理论涉及一些更复杂的相互作用。一些人通过实验发现，事实上，并非所有分层防御组合都会产生相对安全性增加的效果[3]。网络安全领域有许多基本上由经验支持的理论。如移动目标防御、阻力最小理论、攻击对称优势等。为了确保在一个良好基础上构建安全应用程序，我们需要通过假设-演绎实验来验证这些理论。虽然假设可以来自任何地方，但如果你有一个感兴趣的理论，从中产生一个假设是一种好的、有价值的方法。

9.3 实验

有了好的假设，就需要设计实验，以便检验数据，从而评估假设的真实性。一个假设在很大程度上是一个有希望被证实的猜测，但其本质都一样，即在产生支持或反对假设的证据之前，它仍是猜测。要将一个假设变成真正的知识，就必须通过实验。实验是专门设计的测试，用于确定在规定条件下假设是否为假[4]。

前面的章节讨论了研究是从一个系统中观察和收集数据并进行推理分析的过程，实验改变了这个过程，实验控制系统仅改变特定变量或输入就能确定反馈效果，而不仅仅是在系统运行时观察。良好的实验隔离系统的各个相关变量，以便在产生预期结果时具有高可信度。

实验（Experiment）是严格定义和执行的程序，用于研究如何控制一组变量影响系统中另一组相关变量的行为。一个好的实验具备以下特点：清晰（Clear）、精确（Precise）、可重复性（Repeatable）、可再现性（Reproducible）。

（1）清晰表示一个好的实验需要一个清晰的设计，包括对假设、执行程序、分析方法以及所做出的选择背后的逻辑的明确解释。任何阅读实验的人都应该清楚在实验中执行的操作以及为什么要采取这些操作。

（2）精确表示一个好的实验要求其定义和程序的精确性，没有可能的替代解释。参与实验的所有人都需要对实验有相同的理解，并且知道应该遵循什么样的过程，以确保结果不会被不准确的实验执行所混淆。

（3）可重复性表示完整的实验记录以使其可重复。针对不准确执行的测试要多次重复实验以查看结果是否相似。为了支持可重复性，需要记录实验从设计到执行和分析，以便你或其他人可以重做实验。

（4）可再现性表示科学的一个关键方面是复制结果，从而验证同行结果。与重复性非常相似，实验需要完整记录，其不同之处在于，是由同行独立地重现实验。因此，实验需要被记录以供其他人阅读、遵循和重现实验。可再现性通常意味着在文档中包含更多信息，如你的信念和意图，为执行和分析实验而开发的软件，甚至是用于比较的数据等。

你可能已经注意到，良好实验的特征都与实验结果无关。关键是理解所有实验结果都是好的。虽然科学主要从探索的角度出发，但实际上在这些重大发现之前还有很多工作要做。虽然不是每一次实验都将带来重大突破，但实现突破的唯一方法是有条不紊地测试我们的信念，直到找到惊喜。

统计方法（Statistics Approach）或数学方法通常会指导我们实验的设计和分析。实验中有各种各样的统计原理。我们对使用的统计方法没有先入为主的观念，因为我们将其视为实现目标的工具，并且将这些工具用于各种不同的情况。然而，本章将从概率角度介绍测试假设背景中常用的统计方法来分析实验的设计。

本节将讨论实验的定义、设计、调整、执行和分析，并将提供各种示例来解释概念。一些例子可能很简单或有明显错误，但我们可以用它们来解释某些概念，而不是因为它们是实际应该执行的实验。为了演示这些概念，我们将讨论以下假设例子。

（1）控制系统通信（Control System Communication）具有足够的确定性，可以检测到中间人攻击（MitM Attack）。

（2）成功攻击的时间与目标内的软件多样性数量成正比。

（3）公共攻击面（可公开寻址的组件数量）与观察到的攻击的数量线性相关。

（4）当使用基于句子的密码方案而不是随机字符生成密码时，用户能够生成并记住更高复杂度的密码。

9.3.1 因变量（测量变量）

建立实验设计的第一步是从假设中定义因变量，这意味着，你必须预测实验结果，并将其分解为一个或多个可衡量的可观测量。这些可观测量中的每一个都是因变量（Dependent Variables）。

因变量是一个可观察和可测量的变量，该变量可以表明在实验中应用的干预是否有影响。要定义因变量，你需要定义可观察量、测量方式、可能的范围以及预期结果值。解释因变量如何与假设相关联也很重要，因为它可能并不是很清晰。

（1）控制系统通信具有足够的确定性，可以检测到中间人攻击。

这个假设是可以通过查看控制系统通信的确定性行为来检测中间人攻击。确定性是网络流量的一个特征，这意味着，它在每个实例中更加一致或变化更小。因此，我们可以将网络通信确定性的可观察性和测量分解为通信的延迟与抖动。该假设声称，当发生一次攻击时，延迟和/或抖动会明显增加。

收集这些测量值位置有几个选择：在实验系统中的服务器；在通信设备的路径中创建一台机器；在网络交换机的端口；监听通信线路。由于我们正在测量延迟和抖动，这两者都是通信延迟的测量标准，因此，最重要的是我们的测量技术不会导致网络通信延迟。将传感器放在系统中的服务器上或网络交换机的端口可能会增加处理性能，这可能会增加被测系统通信的延迟，因此，这些都不是最佳选择。将机器放在通信路径中会增加延迟，因为它必须转发通信，这也不是一个好的选择。被动网络分流器（Passive Network Tap）是最佳选择，它提供了在不影响系统通信的情况下分流通信的能力，我们将选择这种方法来测量因变量。

（2）成功攻击的时间与目标内的软件多样性数量成正比。

在这个假设中，成功攻击的时间是我们想要测量的变量，以确定软件多样性是否会影响攻击成功的时间。乍一看，这个因变量非常简单，但实际上它有点复杂。攻击者通常会利用一套工具来执行攻击。攻击者的工具、他们的经验及其使用不同类型的工具的有效性都可能影响攻击成功的速度，控制确保其公平应用是实验设计中的一部分。当有人使用不同的组合时，需要一个办法来测量和标准化时间，从而确定攻击使用多少时间。为了准确地测量该示例中的时间，需要在被测系统之间同步时间，以确保在可比较的时间内记录活动。来自同一区域网络时间协议（Network Time Protocol，NTP）服务器的同步框可以实现这一目的。

（3）公共攻击面（可公开寻址的组件数量）与观察到的攻击数量线性相关。

在这个假设下可以观察到的是每个 IP 地址的攻击次数。这里的因变量就是所看到的攻击。这个假设的有趣部分是如何确定衡量这种可观察性。由于我们想要使用的 IP 以前未使用过，可以假设所有流量都是无意的并且是攻击流量。由于 IP 以前都是新的和未使用的，可以假设获得随机无意流量的概率相等，只有攻击数据量可能波动。因此，仅计算每个 IP 的流量是计算攻击数量的良好方法。

（4）当使用基于句子的密码方案而不是随机字符密码生成时，用户能够生成并记住更高复杂度的密码。

在这个假设中，显而易见的是所选择密码的复杂性。声明说，基于句子的方案（Sentence-based Schemes）将有助于提高密码的复杂性。如果我们用密码中的熵来衡量密码的复杂度，我们就有了一种方法来观察和量化用户生成密码的复杂性。

随机密码具有最高的熵（如果随机函数具有熵），所以没有边界变量的情况下这不是良好假设。在这种情况下，边界是因变量与复杂性相关的密码在可记忆性（Memorability）方面的表现。密码的可记忆性可以通过到被遗忘为止的时间来衡量。

为了确定这个假设是否正确，可以比较密码的复杂度以及其可以被记住多长时间。

从这些例子中可以看出，考虑如何寻找假设表现效果是很重要的。有时可以直接观察因变量，但有时你需要找到代理变量来观察效果。重要的是，要考虑观察值的含义以及它们何时解释假设。对因变量的清晰理解对于建立实验至关重要，因为它将提供所需的证据以最终回答假设。第 13 章"仪器"将更深入地讨论从网络系统收集数据的能力、问题和过程。

9.3.2 自变量（控制变量）

开始实验设计的另一个关键步骤是定义你认为可能对因变量产生影响的所有变量。自变量（Independent Variables）是系统的输入，有可能对因变量的输出造成影响或使输出发生变化。自变量的起始集是你需要进行干预的那些变量。但是，最终定义的一组自变量不一定仅限于需要干预的变量。系统中通常有很多变量可能会影响因变量。然而，由于假设、兴趣、资源等因素的影响，并非所有自变量都能在实验中实现干预。

尽可能完整地记录自变量是很重要的。首先，它列出了系统的所有假设和理解。记录此信息对于同行评审和可再现性非常重要，可为研究的读者提供背景信息。其次，完整记录可能产生影响的自变量，就能确定实验设计过程中需要控制的变量集。因为这些原因，定义每个变量的内容以及它们可能会产生影响的原因也很重要。

可能的自变量清单通常很长。因此，我们将在本节中只讨论一个示例。例如，我们将定义和讨论假设 1（控制系统通信具有足够的确定性，可以检测到中间人攻击）的自变量。以下是该示例假设的自变量示例清单。

（1）中间人攻击（Man-in-the-middle Attack，MitM）是我们想要干预实验的主要变量。实现中间人攻击的方法可能会改变我们所看到的行为。因此，出于本示例的目的，我们可以列出可能的测试用例作为线路中的块（在通信线路中实际插入攻击框）或可能的地址解析协议（ARP）攻击。

（2）关于拓扑/架构（Topology/architecture），通信的机器数量和支持通信的基础设施可以改变通信的行为。拓扑结构既可以增加延迟和抖动的总量，也可以增加噪声范围，使得检测中间人攻击变得更加困难。系统的拓扑结构将通过增加或减少网络上的机器数量来控制。

（3）关于设备类型/供应商（Equipment Type/vendor），计算机和控制系统设备类型的品牌与型号可能会改变通信的确定性行为。不同供应商提供的设备可能是在不同假设下，使用更加有效的技术，或者为满足更高确定性要求而开发的。

（4）通信介质（Communication Medium）会改变通信可能的最小延迟和带宽。有线（铜线、光纤、串行）和无线介质（WiFi、802.15.4）都具有非常不同的特性，可能会影响设备的通信方式。该变量将受所选设备支持的通信介质的限制。

（5）带宽（Bandwidth）与通信介质密切相关，选择/支持的带宽可能会影响系统的通信行为。带宽选择仅限于通信介质的子集，如不同类型的以太网或串行通信的波特率选择，通信发生的速度可能会减慢交互速度或导致设备不堪重负。

（6）关于故障事件（Fault Events），控制系统中确实会发生故障，需要安全系统进行反应或控制操作员制定纠正程序。这些非正常行为可能会改变系统的通信行为，使检测到中间人攻击变得更加困难。

（7）通信方法（Communication Method），在上下文中，是指数据采集与监视控制系统（SCADA）网络是否已设置为主/从或对等，包括是否允许设备与"主设备"通信，或者是否可以在必要时彼此联系。在我们开发的架构中，主要的变化可能是配置以太网交换机以允许点对点通信（如果可能）。更改通信方法可能会影响网络拓扑，因为虚拟连接将在对等机器之间形成，而在主从网络中不存在。它也可能影响我们能够使用的设备类型，因为有些设备可能无法支持点对点通信。

（8）调度（Scheduling）将在设备的初始配置中实现。在这种状态，操作员可以控制时间表，如设备报告的顺序或改变他们如何读取系统的顺序。使用调度，我们可以改变设备执行其操作的顺序，并研究它是否对确定性有任何影响。更改系统的调度不应影响任何其他操作变量，除了设备的类型和供应商，设备必须是可配置的。

（9）关于固件/软件版本（Version of Firmware/Software），与设备类型非常相似，硬件上使用的软件应用程序或固件版本可能会影响系统的确定性。软件的某些版本可能会产生不同行为特征的错误，或者新版本的软件可以使用更有效的技术或功能膨胀的设计使软件更慢。

（10）协议（Protocol）可能对实验结果产生影响。例如，串行通信协议（Modbus over Serial）使用基于时间的帧，其延迟受到运行方式的限制。TCP 提供可靠的有序通信，它将继续重传未接收的数据包，而 UDP 不可靠并且只发送一次数据包。系统块中使用的每个协议的不同特性都可能会改变系统通信行为。

（11）关于测试监控设备（Test Monitoring Equipment），监控方法可能会影响性能特征。向系统添加额外的设备以观察通信可能需要将设备添加到通信路径中（如线上插入设备）或增加系统内设备的处理要求（如交换机上的跨接端口）。

（12）地理距离/干扰（Geographical Distance/Disturbances）是延迟的一个因素。改变通信必须传播的距离会增加延迟，但距离可能不是产生影响的直接因素。该变量与通信介质和拓扑结构紧密相关，因为通信介质需要在进入中继器（Repeaters）或路由器（Routers）之前行进不同的距离，这改变了系统的拓扑结构。

（13）关于硬件条件（Hardware Condition），系统中使用设备的年限和状况可能会影响通信行为。随着设备老化或损坏，其故障率可能增加，并且不确定它将以何种方式发生故障以及故障将如何影响其通信能力。部分故障的设备可能会严重影响整个系统的行为。

研究中可能错过影响结果的变量，列出所有自变量是非常重要的，这样可以记录对系统的理解，以便其他人可以对其进行审查、研究、重复和挑战。因为科学研究是一项团队运动，所以不应要求每个研究人员都了解一切。研究的目标是提供足够的信息，使下一位研究人员能够开展工作，并找到下一个发现。提供自变量清单是记录对正在研究的系统假设的重要步骤。

你可能还认为我们涵盖了一些你怀疑可能不会在很大程度上产生影响的变量。重申一下，在现阶段，在实验设计中，我们只是在提出的假设背景下记录我们对相关系统的理解。在 9.3.3 节，我们可以配对变量清单，并将围绕这些变量提供干预措施。然而，这个清单定义了我们将在实验中以某种方式控制的所有变量，无论它是干预的一部分还是保持稳定以确保它不会影响结果。最后，在详尽列出自变量后，你就可以开始设计实验控制方案和实验过程了。

9.3.3 实验设计

实验设计（Experimental Design）是定义实验的控制方法和生成确定假设准确性所必需数据的过程。进行实验设计包括实验数量的定义以及每个实验之间的差异，实验中所执行的过程和程序，实验的组织方式、量化效果的统计方法以及分析过程的定义。实验设计应该记录执行计划的每个步骤，以便没有歧义。

实验通常包括两个或更多个试验。实验试验（Experiment Trial）是贯穿实验的一个过程，其中包括改变一个或多个自变量以生成数据集，以便与其他基线或其他试验相比统计分析其影响。试验次数是你要研究的自变量、所选择的控制方法和分析方法的函数，将在 9.4 节中讨论。在每个试验中，应用一个或多个干预来改变感兴趣自变量的输入状态以观察其所带来的影响。干预，或某些情况下被称为处理，是对自变量的特定控制，以观察和测量对因变量的影响。

实验设计的目标是确保严谨地应用假设-演绎过程。在设计实验时，你应该努力实现两个理想的特征——内部有效性和外部有效性。实现完全有效性的实验是严格的、一致的和广泛适用的。

1．内部有效性

内部有效性（Internal Validity）是衡量产生经验证据过程的内部一致性指标。只有具备内部有效性的实验才能最终提供自变量和因变量之间因果关系的证据。实现内部有效性是消除系统（或过程）错误的过程，因为这些错误会降低结果的可信度。

设计控制和控制方法时需要考虑内部有效性。表 9-1 概述了可能威胁内部有效性的因素，并提供了一些控制和减轻这些威胁的机制。

表 9-1 内部有效性的威胁

威胁	描述	控制	示例
混杂变量	混杂变量是自变量，或与自变量相关的变量，在实验中没有得到充分的控制，因此难以确定混杂变量的干扰或变化是否会导致影响	减轻混杂变量的最佳方法是尽可能全面和严格地记录你的自变量并设计你的实验，以确保只有一个变量发生变化，如果有一个你知道无法控制的独立变量，请转到第10章"准实验研究"，以获取有关如何继续的指导	将机器增加到线路中来监视通信可能会影响通信的结果时间，这将产生一个混杂变量
偏差	实验偏差是指实验设计或操作过程中的控制失败并可能导致不良反应的影响，有多种方式可以让偏差引入实验中； 选择偏差（Selection Bias）是当你选择参与者或干预实验性试验时产生的一种偏差； 配置偏差（Configuration Bias）是选择实验配置时，使得在不知情的情况下产生比通常情况中更强/弱的效果； 实验者偏差（Experimenter Bias）是实验者操作实验的方式对结果产生的影响	随机选择参与者可以控制选择偏差，如果起始池存在偏差，随机化无法解决问题，那么请确保初始选择池代表较大的总体； 如果定义并懂得你为什么这样配置实验的环境和系统，那么就可以避免配置偏差，这将限制内部有效性问题，但不能解决外部有效性问题； 可以通过使用盲控制来解决实验者偏差，单盲控制可防止受试者了解处理方法并调整其行为，双盲控制防止实验者知道何时发生干预以防止它们使其行为变形并无意中产生影响结果的信号或提示	选择偏差的一个常见例子是使用计算机科学专业的学生作为受试者，但将其视为一般人群的代表，而在大多数情况下，他们并非如此； 配置偏差的一个例子就是使用一个软件的旧版本，因为只有它是你所拥有的，并且像对待当前技术一样对待它； 实验者偏差的一个例子是给和你有类似背景的实验候选者提供额外/优先时间，这可能会对受试者和被忽视的参与者的表现产生不适当的影响
历史	当外部技术、政治、社会、自然等事件发生改变被测系统或参与者对干预的反应时，历史对内部有效性的威胁就会发生	控制历史变化是困难的，如果你意识到某些变化可能会对进一步试验产生影响，那么，你可以重新运行到目前为止的试验，看看它们是否发生了变化，然后再继续进行其余的试验； 如果你试图将实验建立在之前结果基础上，那么，在执行新实验之前重复先前实验是一种很好的做法；我们承认，资源限制可能不允许重复实验，因此，在记录结果时应该考虑这种可能性，以便其他人参考	对实验造成历史威胁的一些例子，可能是发现了一个新的重大漏洞，从而改变了攻击方式，也可能是释放了一种新的技术范式，改变了系统的基本通信，或者正在通过的法律或法规将改变用户或者防守者在不同情况下行为方式

（续）

威胁	描述	控制	示例
成熟度	当实验对象在实验过程中成熟并学习，导致很难判断结果是由于干预还是由于参与者获得的知识和经验时，成熟度成为一个问题	为了防止成熟度的威胁，你可以使用实验前培训流程来确保参与者在实验中没有大量的经验收益；或者，你可以通过试验序列或扩大群体选择确保只有未受影响的群体参与成熟可能产生影响的试验；或者，你可以通过随机化参与者的顺序来确保平衡，以便参与者在群体中分配经验	成熟度的例子可能在你测试防御者在不同条件下做出决定的能力时出现，如果没有实施培训制度，那么，可能由于防守者能够更好地运用可用的工具从而影响结果
仪器	当测量仪器不精确时，测量的结果会导致假象，就会产生仪器对内部有效性的威胁，例如，如果仪器的灵敏度不足以检测效果，或者如果仪器的环境改变了效果，则结果不能与独立变量相关联	为了控制不精确性，在严格记录的校准过程中，对实验中使用的所有仪器进行校准可以确保它们都达到相同和可接受的精度水平；了解由于预期的效果大小而决定的灵敏度要求将帮助你确定哪些仪器，以及传感器必须采用何种配置；最后，了解传感器如何工作以及它对环境的影响非常重要，这可以防止观察行为变成一个混杂变量	仪器可能是一种威胁，你必须在网络安全研究中认识到这一点；通常，仪器是在被研究的系统内提供的，例如，如果将系统日志记录设置为最高级别，那么，是否会影响系统中与假设相关的其他任何行为？此外，网络系统存在很多复杂性，因此你需要充分了解正在使用的系统以及如何对其进行检测；缓冲区和内核瞬间频率等问题可能会影响测量的时间，从而无法准确地检测到效果

深入挖掘：网络接口控制器的混杂

网络安全实验中常见的测量形式是网络传感器生成的完整的被捕获的数据包。通用计算设备的一些方面可以对你的测量产生影响。首先，网络接口控制器（Network Interface Controller，NIC）的行为。某些 NIC 的驱动程序将卸载处理和缓冲数据，这将影响操作系统和应用程序接收它的时间。其次，关闭诸如 TCP 卸载段（TCP Segment Offload，TSO）[5] 和大型接收卸载（Large Receive Offload，LRO）[6] 功能对于时间安排非常重要。此外，操作系统以一定的操作频率运行，以瞬间（Jiffies）为单位测量。瞬间大小（Jiffy Size）限制了应用程序可以中断并随后计算时间的速度。在 2.6.0 之前的 Linux 内核中，jiffy 设置为 0.01s。在 2.6.0 之后，瞬间增加到 0.001s。由于此设置会限制测量灵敏度，因此，了解并进行适当配置非常重要。

2. 外部有效性

外部有效性（External Validity）是衡量从执行实验中获得知识普遍性的指标。完全外部有效的实验具有普遍适用性。这意味着，实验设计考虑了所有自变量的可变性，因此它代表了所有情况。虽然外部有效性是实验的最终目标，它完全验证了理论，但往往与内部有效性不同。为了充分控制所有混杂变量和偏差，你可能被迫选择特定且缺乏外部有效性的系统定义。在这些情况下，最好优先考虑内部有效性以保持结果的可信性。你可以从几个不同的维度考虑实验的外部有效性。

（1）跨环境的普适性。

（2）跨情况的普适性。

（3）跨参与者的普适性。

外部有效性通常是网络安全研究中的一个问题。大多数网络都具有不同的架构、程序和策略。大规模重新创建用户行为并重新创建不同威胁组的行为是很困难的。各国文化习俗和法律各不相同，难以完全包容所有观点。由于网络领域是流动且快速发展的，很难预测将存在哪些功能、方法和范例，因此，设计具有未来普遍性的实验也非常困难。

3. 控制方法

控制方法（Control Methodologies）是指以一种方式将自变量组合在一起以实现内部和外部有效性。数据的分布、被干预的自变量数量以及分析方法都可以用于控制方法。控制方法的选择决定了如何控制独立变量、排序和试验次数。根据你希望如何调查假设以及想要使用的统计分析方法，有许多不同的控制方法可供选择。因此，我们将只介绍一些更常见的控制方法。在 9.4 节中，将讨论可以与这些控制方法一起使用的各种统计方法。

（1）比较。最流行和最常见的控制方法是双样本比较试验（Two-sample Comparison Test）。这种类型的实验使用遵循数据分布的统计数据或非参数统计数据，比较两个数据样本的分布。一般来说，零假设（Null Hypothesis），或逆假设，是一个基线或未干预系统的样本。但是，这两个样本也可以是两个水平的独立变量，用于比较方差或差异的效果。

与正在进行的假设 1 示例直接比较的例子是，我们想要首先测试改变数据采集与监视控制系统（SCADA）带宽是否会在检测中间人攻击的攻击效果之前造成影响。因此，假设就是带宽的变化会导致系统延迟行为的不同。零假设是带宽的变化不会导致延迟差异。如表 9-2 所列，在双样本比较试验实例中，一个有 100Mb 的带宽，第二个是 1Gb 的带宽。我们所讨论的所有其他自变量保持不变，就是使用相同的硬件（相同的供应商、固件配置）、使用相同的软件（相同版本和配置）、使用以太网作为这两个实验媒介、使用基于 IP 的 DNP3 协议，以及假设试验的设备不会退化（有关于平均失效时间的研究，可以用来支持这个假设）。

表 9-2 双样本比较试验实例

试验	带宽的干预
1	100Mb
2	1Gb

其中包括比较计算机行为在内的大多数试验，都应当力求平衡设计。平衡设计（Balanced Design）是一种实验设计，每次试验都有相同数量的观测数据。由于当涉及计算机时，生成相同数量的事件是"相当"容易的，所以最好是进行平衡设计，使比较在更平等的条件下进行。

（2）析因设计。析因设计（Factorial Design）是一种控制方法，在这种方法中，你要测试在每种可能的干预值组合中为干预选择的每个自变量。析因设计要求将每个自变量定义为离散状态。一个完全析因设计在每个层次上为每个可能的自变量组合创建一个试验。局部析因设计将选择如何改变一些自变量，以必要的试验数量去优化结果。例如，对于中间人攻击研究（MitM Attack Research）中的带宽自变量，我们知道大多数用户使用 10Mb 和 1Gb，但是很少有人使用 100Mb，并且没有人使用 10Gb。为了节省资源，我们可以做一个局部析因设计，只执行 10Mb 和 1Gb 的实验。析因设计的一个重要方面是它可以创造条件做方差分析（Analysis of Variance，ANOVA）统计方法来比较几组的实验结果，而不是做许多两两比较。我们将在 9.4 节详细讨论统计比较概念。

区块化（Blocking）是创建测试环境的多个副本的概念，使它们是等效的，以便可以在共同的基础上测试不同干预。对于网络安全，在处理网络系统时，这通常是一个相当琐碎的问题。重新设置系统、使用虚拟机或重新启动应用程序以重新创建相同的初始条件是常见的做法，在大多数情况下应该很容易实现。然而，当在人类实验对象的背景下进行实验时，重要的是创建一个参与者池，然后使用随机选择来确保统一的人员配置。可以围绕感兴趣的变量为每个试验平等地选择受试者，这样就不会对任何一个试验参与者有偏向。

> **你知道吗？**
>
> 区块化这个术语来自农业实验。作为一种手段，为了避免测试农业处理的环境变化，将土地划分成块用于不同的处理。由于可以假设一个地区的土地具有相同的特征，将一块土地分割成块可以避免环境的混杂变化。

我们示例中的一个简单的 2×3 析因设计将扩展在比较中讨论的实验设计，以包含两种 MitM 攻击类型。现在有了两个带宽设置和两个 MitM 级别，物理在线攻击和 ARP 欺骗。同样地，所有其他的自变量在整个试验过程中都保持相同的配置。如表 9-3 所列，对于一个完整的 2×3 析因设计的示例组，我们需要做 6 次试验。

表 9-3 用于 2×3 析因设计的示例组

带宽	没有攻击	在线攻击	ARP 欺骗攻击
100Mb	实验 1	实验 2	实验 3
1Gb	实验 4	实验 5	实验 6

（3）正交设计。正交设计（Orthogonal Design）是一种控制方法，在这种方法中，你可以知道某些自变量是不相关的或正交的，这样你就可以同时创建包含多个维度或自变量的干预试验。与析因设计不同，我们不需要对每个自变量的每个组合进行测试，而只需要在其中一个试验中检测每个干预。因此，如果做出假设（这是一个错误的假设，但是为了阐述一个例子，我们将忽略它），带宽和攻击类型将不会相互影响，我们可以将设计改为正交设计，试验设置如表 9-4 所列。

表 9-4 用于正交设计的示例组

带宽	没有攻击	在线攻击	ARP 欺骗攻击
100Mb	实验 1	实验 2	—
1Gb	实验 3	—	实验 4

（4）顺序。顺序设计（Sequential Design）是一种控制方法，其中设计一系列试验，使得下一次试验可以取决于前一次试验的结果。这种类型的设计在实验应用研究并试图预测防御技术和方法的未来有效性时非常有用。这有助于模拟网络安全的共同演化特性，并确定红队的效率如何随着他们对系统的了解而增加。我们将在第 11 章"应用实验"以及第 14 章"应对对手"中，阐述建模和控制对象的方法来更多地介绍此类研究。

9.4 分析

分析数据的过程是确定证据是否支持假设的关键步骤。正如实验过程的其余部分一样，建立和定义分析过程需要严谨与合理。在本节中，将讨论在设置实验进行分析过程中需要做什么，并在运行实验对收集的数据进行深入挖掘。

9.4.1 假设检验

统计假设检验（Statistical Hypothesis Testing）是通过测量样本产生支持或反对假设证据的过程[7]。通常，假设检验是对两个或多个数据样本进行比较，以确定是否存在差异效应。其中一个数据样本通常取自基线或非重建环境。测试是试图确定基线和包含干预的数据样本之间是否存在影响或差异。没有影响的陈述称为零假设（Null Hypothesis）。假设检验的频率论方法提供了观察采样数据的概率，前提是零假设为真。

p 值（p-value）是频率论假设检验的关键统计量。如果零假设为真，则 p 值提供结果等于或大于观察值的概率[8]。p 值是对反对零假设的证据强度的度量。为了确定是否应该否认零假设，需要选择显著性水平。从历史上看，传统上接受的显著性水平是 0.05[9]。但是，由于某些领域的结果重现性存在一些挑战，有些人要求显著性增加到 0.005[10]。由于网络安全还很年轻，还没有一个公认的显著性水平，因此我们建议从 0.01 开始，但需要根据研究问题和数据形式，使用自己的判断。

关键是要了解 p 值结果告诉你什么，因为经常会有很多混淆。首先，显著性低的值意味着零假设不是真或是低概率事件发生。如果进入研究阶段，你对零假设有一个强烈的信念，那么得到低值 p 值应该会让你质疑为何得到低 p 值。这是漫画阅读器（XKCD）中著名的比较贝叶斯和频率统计学[11]漫画的基础，其中有一个传感器用来检测太阳是否爆炸，它扔两个骰子，如果出现两个 6，那么，它就会说谎。虽然传感器出现故障的可能性很小（在这种情况下是谎言），但是零假设（太阳没有爆炸）的先验概率是如此压倒性的，以至于你应该怀疑 p 值的重要性。此外，虽然低 p 值意味着可以拒绝零假设，但这并不意味着原始假设是高度可能的或真实的。p 值仅根据零假设来定义，因为你确信存在影响，它可能与潜在原因无关。这意味着，作为一名优秀的研究人员，对所有事情都持怀疑态度，甚至是统计数据。统计是一种工具，而不是灵丹妙药。如果结果看起来很奇怪，那就应该提问。

然而，p 值对于确定拒绝零假设并相信有影响很重要，这不是故事结束的地方。同样重要的是考虑并报告置信区间和效应大小。置信区间表示一个范围，该范围从显著性水平导出的概率将包含感兴趣的真实固定值。换句话说，如果从被测系统中取出 100 个采样数据集，则 100 个置信区间（Confidence Interval）中的 95 个将包括感兴趣的值。置信区间提供了感知过程的不确定性度量，并提供了一种约束真实值可能实际落在区域的方式。效应大小（Effect Size）是干预实际效果的度量。p 值测量数据是否存在差异或统计效应，而效应大小测量所看到效果的大小。随着数据样本大小增加，p 值测试变得更敏感，这意味着，它将检测越来越小的效果，直到测量的差异是绝对零。由此可见，在研究问题的背景下，你可能会发现具有统计意义的结果，实际上，这些结果非常小，以至于它们无关紧要。从示例中，这将表示发现基线和 MitM 攻击之间的延迟改变的统计显著性，但实际差异是 1ns，这实际上是不可测量的，因此没有用。

你知道吗？
P 篡改（P-hacking）是一种在实验中出现的不道德行为。P 篡改是操纵数据集，丢弃或重新研究，以找到统计学意义的过程。P 篡改是导致统计数据不可信

> 任的主要方法之一，使统计数据用于显示你想要的任何答案。P 篡改并不总是恶意地进行。你可能认为这仅仅是在你的结果中不包括一些试验的数据，但它会影响统计数据和概率，所以它是不道德的，是不被赞成的。请记住，没有结果是坏的，应该始终报告生成的所有数据。

决定我们具有适当样本大小以确定高可信度效果的方法是功率分析（Power Analysis）。功率分析是一个估算适当样本大小的过程，以便在检测效应大小时获得信心。实验中充足功效（Adequate Power）意味着实现假阴性的可能性足够低。与显著性水平一样，功率水平不是一个硬性规则。一般的方法是使用 80% 的功率。然而，这又是你需要思考的因素。在医学界，通常设置一个非常高的功率（大于 80%）以确保非常低的假阴性[12]，因为最好错误地认为你患有疾病并做更多的检查而不是错误地确定某人是健康的，但实际上他生病了。网络安全一般不应该有这种程度的关注，但每种情况都不同，所以用你最好的判断来构建适当的实验。

满足指定功率的样本大小是基于实验的基础分布，估计的影响大小（或可接受的误差大小）和置信水平（1-显著性水平）的函数。正如将在下面讨论的那样，有时我们不知道基础分布，但是为了计算样本大小，选择分布是必要的。一个常见的建议是选择参数分布，计算样本大小，然后再添加 15%[13]。我们在第 4 章"探索性研究"中更深入地讨论了计算样本量，并且有很多在线资源协助计算功率和样本量。在大多数情况下，可以使用它们[14]，但确保适合你研究中的研究方法和数据类型的公式。

所有这些统计数据都需要了解数据在其中的分布。有一些不同的统计检验（Statistical Tests）更有效和更强大（得到可信的结果需要更少的样本），但它们对基础分布的类型有不同的假设，如果你在错误的情况下使用它们，你就会限制它们的有效性和功效。下面描述了一些更常见的参数和非参数检验及其用途。

1. 参数化检验

（1）*t*-检验（*t*-Test）是最常用的假设检验统计之一，在比较两个样本的参数时是有用的。*t*-检验在假设潜在总体分布是正态分布或高斯分布的情况下运行。*t*-检验有许多不同的用途，最常见的是学生 *t*-检验，测试一个零假设，使两个样本的均值相等。你可以使用韦尔奇（Welch）*t*-检验的测试来执行配对测试，其中干预在同一系统上执行，并且之前和之后的均值不同。*t*-检验也可以用于回归测试，以查看拟合线的斜率是否远离 0。

（2）方差分析（Analysis of Variance，ANOVA）是另一种常用的检验方法。该检验用于查看多个干预措施是否存在影响。零假设是不同样本之间互不影响，或者多个样本的均值相同。对于该检验，重要的是，要理解不支持零假设仅表明至少一个样本与其他样本不同。这并未提供有关哪些样本集在多大程度上代表效果的信息。与 *t*-检验一样，方差分析假设总体呈正态分布，并假设样本之间的方差相似。

2．非参数化检验

（1）曼-惠特尼检验（Mann-Whitney Test）（也称为曼-惠特尼-维尔考逊检验）是学生 *t*-检验的非参数版本。当总体分布未知或非正态分布时，它很有用。曼-惠特尼检验要求数据至少是可测量的。

（2）威尔科克森有符号秩检验（Wilcoxon Signed-Ranks Test）是配对检验的非参数版本。当分布未知或非正态分布时，在很大程度上可以取代韦尔奇 *t*-检验。威尔科克森有符号秩检验要求数据至少是可测量的。

（3）克鲁斯卡尔-瓦利斯（Kruskal-Wallis）和弗里德曼检验（Friedman's Test）都是方差分析检验的非参数检验。斯卡尔-瓦利斯检验（Kruskal-Wallis Test）用于正常的方差分析情况，即当你需要确定是否有许多样本是等效时。由于它是非参数的，并且均值与分布相关联，因此，中位数被用作检验的度量。弗里德曼（Friedman）检验是一项特殊的检验，旨在确定多个样本之间的测量是否存在差异。例如，如果你想研究多重网络安全分析师协议的有效性，可以向分析师提供一系列系统警报，然后，使用弗里德曼检验来查看任意分析师的评级是否一致。

3．示例

将所有统计分析信息与其中一个示例放在一起，如果回到 MitM 攻击并想要测试改变系统带宽对通信延迟的影响，我们需要绘制两个样本，一个是系统在 100Mb 网络上进行通信，而另一个是通过 1Gb 网络进行通信。

在这种情况下，我们的零假设如下：

h_0：$s_1 = s_2$ 其中 s_1 是 100Mb 样本，s_2 是 1Gb 样本。

为了确定其余值以建立统计分析，我们首先必须执行实验数据收集。我们使用 100Mb 通信收集了 1h 的数据，并发现了如图 9-1 所示的网络通信延迟分布。

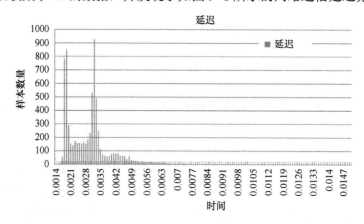

图 9-1　网络通信延迟分布

显然，可以看到，这个数据集并不是一个正态分布，这意味着，我们将使用曼-惠特尼（Mann-Whitney）检验而不是学生 t-检验。同样，使用这个初始数据集，可以估计所需的其余值。我们可以利用此数据集的标准差（Standard Deviation），计算出为 0.01484；还需要估计预期的影响，并且通过查看数据集，可能会注意到大部分波动发生在 0.001s 或以上。为了确保捕获这些效果，可以将效果大小设置为该值。

对于这个例子，我们可以使用约定的 95%置信度值或 0.05 显著性水平，还可以将功率设置为 90%。

使用以下保守样本量计算进行定量假设检验[15]：

样本量 $= (2 \times \sigma^2 (Z_\alpha - Z_\beta)) / \Delta^2 = (2 \times (0.01484)^2 (1.96 - 1.645)^2) / (0.001)^2 = 43.703$

式中：σ 是标准偏差；Δ 是显著性水平；Z_α 是置信度值的 Z 得分；Z_β 是功率的 Z 得分。

由此计算出每个测试需要 44 个样本。但是，在使用非参数测试时，最好将样本量增加 15%，因此最终样本量为 51。

在收集了两个数据集之后，现在是时候计算检验统计量来确定零假设的可能性或有没有效果。如果 Mann-Whitney 检验产生的 p 值为 0.759382047434，将其与 0.05 的显著性水平进行比较。p 值大于显著性水平，因此，在这种情况下，我们不能否定零假设，即运行 100Mb 和 1Gb 的实验对通信没有影响。

9.5 将理论与结果相结合

如果从理论中得出假设，重要的是，要回过头来确定你的结果如何与理论相结合。如果实验结果证实了你对理论的期望，只需要记录证据支持该理论。但是，如果结果与理论相反，必须思考这意味着什么。虽然很容易说理论已被证伪，但事情通常并不那么简单。你应该重新评估自己的变量列表，评估传感器，并查看统计信息。其中任何一个都可能会使结果产生偏差。正如在本章前面所讨论的那样，在测试假设时，如果理论很古老且有很强的证据支持，那么，应该质疑研究过程。也许某个假设是不正确的，也许某个感知环境的方法出了问题，也可能是设置了不正确的统计方法。在尝试证伪一个强有力的理论之前，一定要检查你的过程，重复一些实验等。

> **你知道吗？**
> 海王星的发现是因为观测与牛顿模型不匹配。人们采用牛顿模型预测当时太阳系中的 8 个行星的路径，发现了天王星的不规则性。研究人员开始研究可能错

> 误的假设，而不是抛弃牛顿的引力模型，这些引力模型是重要的验证证据。太阳系中存在的另一颗行星将解释天王星的路径，这导致了海王星的发现（实际上，已经多次观察到，只有没有人知道他们看到了什么）。

然而，如果在严格审查你的方法之后，你仍然有同样的信念，或者所测试的理论是相当新的，没有其他研究的大量证据支持，那么，就需要谨慎地质疑这个理论。你可能找到了理论不支持的极端案例。如果可以，需要修改理论并验证以前的结果，以确保理论仍然适用于过去的证据。实验的目标是产生强大的、一般的普适理论，所以采取额外的步骤将你的结果整合到该领域的知识体系中，这非常重要。

9.6 报告结果

科学工作的最后一个重要步骤是报告你的结果。如果伟大的发现没有人知道，或者不能为未来科学发展提供知识的支持，又或者不能设计出一些具有超前眼界的事物，那它将毫无意义。记录实验结果的两种最普遍的形式是会议和期刊。它们提供了一个途径，将你获得的知识投入到该领域的知识库中。然而，这都需要经过同行评审。同行评审提供了针对研究主题、研究方法和报告质量的验证性检查，以确保一定的质量水平。理想的情况是，论文的质量应该是决定接受与否的唯一标准，实际上，话题的新颖性、开创性和受欢迎性也在评审过程中起作用，所以在投稿目标时应该考虑这些因素。在本节中，我们提供了一个通用的模板，用于报告假设-演绎研究，这将适用于大多数会议和期刊。

9.6.1 样本格式

下面我们将提供用于发布结果的大纲。每一个出版物都会提供格式指南。当你决定提交研究成果时，请检查你选择的出版方的提交要求，以确保遵循大纲和格式规范。这里提供的大纲遵循已发表的论文中归纳出的通用行文，并且应该可以满足很多出版方的要求。

每篇论文都是独特的，并且需要一些不同的呈现方式；然而，所提供的样本包括了论文中必须涵盖的所有一般信息。当开始写一篇假设-演绎论文并修改它以符合出版方要求时，我们通常从这种格式开始。每个研究都有自己的风格，所以你可以自由地偏离这个大纲。每个部分的讨论都用来解释哪些内容很重要以及为什么要包含它，所以你可以以任何最适合你风格的方式呈现这些重要信息。

1. 摘要

摘要是论文简明易懂的概述，目的是为读者提供一个关于论文所讨论内容的简要描述，应该只讨论在文章的剩余部分中将要陈述的内容，不需要其他额外的信息。每个论文出版方都将提供编写摘要的指导方针，通常包括摘要的最大字数限制以及格式要求，但有时也会包括对提交论文的类型和版式的要求。

2. 介绍

论文的第一部分从来都是给予读者有关论文其余部分的介绍，提供了进行研究的动机和推理，应该包括研究问题和所用假设的陈述。如果需要任何背景信息，如解释研究的领域、环境或关联，你将在这里讨论它。如果本论题的某方面会对受众有明显筛选，那么，可能需要创建独立的背景部分。如果假设是由某种事物产生的，那么，应该解释假设的起源。如果使用理论或模拟来产生假设，那就提供相关信息。如果从观察开始得到假设，你应该解释初始预测。

3. 相关工作

相关工作部分应包括关于该研究课题领域知识的简要总结。有没有竞争性的解决方案？做过其他实验、研究或理论研究吗？如果在这一领域曾做过大量研究工作，请涵盖对你来说最有影响力的研究工作。

4. 实验设计

你的论文的实验设计部分应该清楚地定义执行实验所需的过程。这部分至关重要的是保证清晰和完整，以便读者能够在他们的环境下复现实验。你需要定义因变量和自变量以及它们的推理关系。你需要定义实验控制方法以及哪些自变量需要进行干预。你应该定义每个将要运行的实验以及如何在它们之间改变自变量，包括你将使用何种方法控制变量，以及将如何控制其他自变量以防止干扰结果。最后，应该定义使用的统计数据和使用它们的动机。

5. 实验配置

实验配置部分应该讨论被测试的系统以及用于执行一系列实验的实验环境。你需要提供尽可能完整的文档，包括硬件（配置的服务器的供应商/型号、固件）、软件（类型、版本、配置）、网络配置（物理连接，包括 IP 地址的逻辑连接等）和仪器（位置、频率等）的信息。与实验设计部分一样，目标是保证内容完整，以便读者可以复制配置。由于文章篇幅有限，这部分往往是第一个缩减的地方，因为它不如结果那么重要。如果你发现自己需要缩减该部分，最好将此作为附录完整地记录并添加到你的论文中，因为你可以在附录中提供带有说明性信息的附录，而不用计算字数。

6. 数据分析/结果

在论文的结果部分，说明你分析后发现的内容。设置所有实验的显著性、置信区间和效应大小。以表格展示结果是一种高效的方法，还可以显示相关图片，即数据异常或显示数据样本的分布。如果在测试期间发生任何意外情况（如设备故障）并显示在数据中，请在本节中进行说明。

7. 讨论/未来工作

讨论/未来工作部分是为了突出关键的结果和你在结果中发现的有趣或值得注意的事情。你应该让读者知道结论存在的局限性，可以解释和讨论任何重要的相关内容，并讨论结论的普遍性和确切的因果关系。讨论你认为该工作将导向何处。

8. 结论/总结

在论文正文部分的最后一节，总结本文的研究结果和结论。结论部分通常是读者在阅读摘要后快速阅读的地方。对这项实验的最终结果和你从中得出的结论做一个清晰而简明的陈述。

9. 致谢

致谢部分是你向在论文中未包含的部分研究中帮助过你的任何人表示感谢的地方，也是致谢支持你研究的资金来源的好地方。

10. 参考文献

每个出版物都将提供有关参考文献的格式指南。遵循他们的指导规则，在论文结束部分列出所有引用的参考文献。根据论文的篇幅，需要调整引用的数量。论文越长，引用越多。一个比较好的方法是，6 页的论文有 15~20 个参考文献。对于同行评审的出版物，你的大多数参考文献应该是其他同行评审的作品。引用网页和维基百科不会让审稿人感到可信度。另外，确保你只列出对你的论文有用的引用，也就是说，不要夸大你的引用计数。好的审稿人会检查，这很可能会反映出你的不合格之处，导致拒稿。

参考文献

1. Curd, M., and Cover, J. A. (1998). Philosophy of Science: The Central Issues. New York: W.W. Norton & Co.
2. Peisert, S., and Bishop, M. (2007). How to Design Computer Security Experiments. In Fifth World Conference on Information Security Education (pp. 141–148). Springer US.
3. Frei, S. (May 23, 2013). Correlation of Detection Failures (Tech.). Retrieved February 25, 2017, from NSS Labs website: https://www.nsslabs.com/research-advisory/library/infrastructure-security/data-center-intrusion-prevention-systems/correlation-of-detection-failures/
4. Dror G. Feitelson. Experimental Computer Science: The Need for a Cultural Change. Internet version: http://www.cs.huji.ac.il/~feit/papers/exp05.pdf, December 2006.
5. Wireshark. (October 30, 2013). CaptureSetup/Offloading. Retrieved February 25, 2017, from https://wiki.wireshark.org/CaptureSetup/Offloading
6. Gordon, S. (November 3, 2014). Segmentation and Checksum Offloading: Turning Off with ethtool. Retrieved February 25, 2017, from https://sandilands.info/sgordon/segmentation-offloading-with-wireshark-and-ethtool
7. Jones, J.V. 2006. Integrated Logistics Support Handbook, 3rd edition. New York, NY, USA: McGraw Hill.
8. Biau, D. J., Jolles, B. M., and Porcher, R. (2010). P Value and the Theory of Hypothesis Testing: An Explanation for New Researchers. Clinical Orthopaedics and Related Research, 468(3),

885–892. http://doi.org/10.1007/s11999-009-1164-4
9. Cowles, M., and Davis, C. (1982). On the origins of the. 05 level of statistical significance. American Psychologist, 37(5), 553.
10. Johnson, V.E. (November 11, 2013). Revised Standards for Statistical Evidence. PNAS 2013 110(48) 19313–19317; http://doi.org/10.1073/pnas.1313476110
11. Munroe, R. Frequentists vs. Bayesians [Cartoon]. Retrieved February 25, 2017, from https://xkcd.com/1132/
12. Sample Size and Power in Clinical Trials (Tech. No. 1.0). (May, 2011). Retrieved February 25, 2017, from North Bristol NHS Trust website: https://www.nbt.nhs.uk/sites/default/files/attachments/Power_and_sample_size_in_clinical_trials.pdf
13. Erich L. Lehmann. Nonparametrics: Statistical Methods Based on Ranks, Revised, 1998, ISBN = 978-0139977350, pages 76–81.
14. Australian Bureau of Statistics. (n.d.). Sample Size Calculator. Retrieved February 25, 2017, from http://www.nss.gov.au/nss/home.nsf/pages/Sample size calculator
15. Charan, J., and Biswas, T. (2013). How to Calculate Sample Size for Different Study Designs in Medical Research? Indian Journal of Psychological Medicine, 35(2), 121–126. http://doi.org/10.4103/0253-7176.116232

第 10 章 准实验研究

网络空间是广阔的、不断增长的,每天都有更多的网络设备被激活,更多的功能被添加到域中。网络空间的规模和复杂性增加了受控实验的难度。完全受控的实验是理想的,但并不总是可行的。无论是由于某些环境不完全可控,还是由于对象群体很小或难以研究,你都会遇到无法进行完全受控实验的情况。在本章中,将讨论准实验方法,将在你不能完全控制所有变量时提供帮助。

如果你被引导到本章,那么意味着你有一个假设,你怀疑有一些难以控制的变量。准实验方法旨在在这些条件下提供帮助。虽然其没有提供强有力的证据,但准实验与完整实验非常类似,共享许多相同的概念。因此,本章将不会重复第 9 章相同的内容,只讨论新概念以及与真实实验的差异。为了完全掌握本章中的概念,必须首先阅读并理解第 9 章"假设-演绎研究"中的概念。

本章将比较真实实验和准实验,讨论准实验的一般因素以及准实验与社会科学的区别,然后介绍网络安全研究中影响使用准实验方法的常见因素。这些因素可能提供一份关于潜在问题的起始清单,而这些问题可能有助于准实验。最后将通过示例实验来介绍研究方法并展示每种方法的优点以及如何在实践中应用。这一章将阐述准实验的定义,什么时候适用,以及如何使用这种方法。

10.1 真实实验与准实验

正如第 9 章所定义的,实验是通过受控的环境和过程研究系统行为,以便通过控制方法或干预来分析所有自变量。实验为现象学和因果关系提供了一些最有力的证据,通过有条理地控制自变量,你可以有信心地确定影响因变量的因素。然而,能够控制所有自变量通常超出了研究人员的能力范围。

重要的是,在你无法控制自变量的情况下,一切都不会丢失。准实验是指一个或多个自变量不完全受控的实验。在社会科学领域,当受试者群体由于某些原因不能充分随机化时,通常使用准实验。这种情况通常发生在受试者群体很小,或者是医学治疗只能应用于特定亚群的情况下,也就是说生病了。准实验方法使研究人员能够在这些条件下继续进行实验,同时也认识到,结果不那么有力并且包含内部有效性问题(如控制组和治疗组之间的差异会影响测量)。

虽然由于网络安全的社会原因，仍然有可能出现一种不完全随机、小样本的情况，这将在后面讨论，但这不是网络安全需要准实验的唯一情况。在本书中，我们扩展了准实验的定义，以表示任何实验，其中有少量的自变量不完全控制。10.2 节将讨论导致不可控性的一些常见因素。通常，当受控实验环境与自然或操作环境相交时，就会发生这种情况，正如第 9 章所讨论的，由于无法控制所有自变量，此时，通常不适合进行真实实验。在第 13 章"仪器"中，我们就讨论实验测试平台，并提供一些具有可能可用资源的实例环境。

需要注意的是，准实验并不一定意味着自变量完全不受控。由于真实实验代表了生成现象学最有力证据的过程，因此应该始终努力尽可能接近真实实验。如果有机会从某种程度上控制难以控制的变量，应该尽量去争取。在 10.2 节，将讨论导致准实验的网络安全研究的一些常见变量。本章讨论的研究方法代表了一些应对这些挑战的实验方法。

10.2 网络驱动的准实验设计

当进行真实实验很困难时，不应将准实验路径视为简单的出路。然而，准实验在特定条件下是合理的。与其他领域一样，有一些常见的、重复出现的因素推动准实验设计的使用。在本节中，将讨论一些常见情况，在这些情况下，完全的实验控制是不可行的。

- 不可控变量（Uncontrollable Variables）是推动准实验研究的一个常见因素。一个变量可能由于各种原因无法控制，如规模过大或者不能在实验室环境中复制。
  - 互联网是有史以来最复杂和最庞大的系统之一，它将许多不同的系统集合在一起，产生新的行为。复制或模拟互联网的复杂性是非常困难的。因此，互联网研究难以采用可控的实验方法。在这种情况下，应该采取谨慎的准实验方法。
  - 用户（作为背景噪声）行为是最难以建模和复制的行为之一。整个人工智能/机器学习/深度学习等领域都致力于重现人类的思维和行为方式。复杂的实验可能需要用户作为实验对象或者背景环境，用户将提供现实行为的真实度数据（如犯错误、点击链接、非理性行为等）。
- 关于群体限制（Population Limitations），在社会科学中，当受试群体不够大，无法使用随机化技术进行控制时，主要使用准实验方法。由于网络安全科学包含重要社会因素，因此也会存在这种情况。
  - 威胁（Threats）往往是指很小的群体，也是一个经常强烈反对被研究的群体。因为他们通常都不希望被发现，他们想要保护自己的方法，所以

很难得到参与研究的威胁。红队可能是一个合适的替代者，但它仍然是一个小群体，很难得到足够大的样本。因此，在进行威胁实验时往往采用准实验的方法。

- 网络环境（Cyber Environments）的每个实例都是一片雪花。有无限种方式将硬件与几乎无限数量的软件类型一起进行架构，因此，用于测试的网络环境的数量是一个巨大的空间。建立和测试网络环境的工作限制了能够测试的数量。因此，可以使用准实验方法来帮助处理有限的测试环境。
- 关于用户，获得不受特定环境限制的一般最终用户是容易的，但是获得对绑定到特定用例的大量用户的访问可能非常困难。在这种情况下，通常会使用准实验的方法。

> **深入挖掘：暗网**
>
> 暗网（Dark Web）指的是一个正在蓬勃发展的、包括威胁及其工具的电子商务市场。由于大多数威胁活动的非法性，匿名性受到高度重视。暗网已经成为销售包括黑客服务和工具在内的非法材料的常见场所。暗网是一个隐藏在互联网上的网络，如为匿名通信而开发的洋葱路由（Onion Routing）就提供了多层加密路由，使得很难确定通信各方的位置或身份。建立著名的"丝路"（Silk Road）等大型暗网电子商务网站的目的是通过互联网提供黑市交易，而威胁主体在暗网上出售他们的专业知识、服务（DDoS 僵尸网络）和工具（利用工具）时，暗网既妨碍了研究威胁的能力，也提供了观察威胁活动的场所。然而，在使用这些站点时要小心，因为它们可能导致严重的报复行为。

10.3 准实验研究方法

在了解了哪些情况给假设-演绎实验方法提出了挑战后，接下来将讨论准实验研究方法。列出的方法并不能穷尽所有社会科学中使用的准实验方法，因为针对特殊情况开发的方法有很多变体。这里列出的是一些常见的方法以及我们在研究中发现的有用方法。研究的例子将被用来帮助解释设计这些准实验方法背后的逻辑。

10.3.1 双重差分设计

最常用的准实验方法之一是双重差分法（Difference-of-differences）。例如，将在受控实验中反复使用的对威胁进行建模的技术，即进行渗透测试（Penetration testers），称为红队。红队在操作上用于建模威胁以确定发现了哪些漏洞，以及如何利用它们。在研究中，红队可以被用来调查安全性、不同场景下的攻击行为以及从应用用例来看安全应用程序的有效性或与当前实践比较。

在研究中使用红队会给控制带来挑战。红队人数并不多且需要大量的费用。在有红队参与的实验中，想要得到一个足够有力的样本大小，而拥有足够多数量的队伍以及每个队伍中有足够多的人会成为一个问题。因此，红队的样本一般较小。当使用小样本时，设置控制来解释不同红队之间的差异也会成为一个挑战。这些差异可能来自不同的专业知识、经验水平、访问工具和舒适度，或者也可能针对实验设置进行了专门调整。所有这些潜在的差异都必须解释清楚，才能保障结果的有效性。

可以利用诸如提供实验前培训之类的技术，帮助管理用户的某些差异。然而，小的训练模块能够处理的差异数量有限，从而用户为实验做同样准备的能力也有限。一般来说，这种技术还不足以一般化红队的经验和能力。这种技术更适合用户不了解实验中的某些内容时采用，如在测试环境中训练红队的例子。

由于红队差异不能控制到真实实验的程度，因此可以采用准实验方法。在这种情况下可以采用双重差分法研究设计，这种方法能够评估测试用例中响应的相对差异以便研究基线差异。当必须测试可能不从同一位置开始的主题时，此方法很有用。没有共同的基线，就不可能直接比较效果。有两个或两个以上的红队时就是一个例子，在这种情况下所使用的专业知识、工具集、技术培训，都因团队成员而异。此外，团队本身可能是新的，缺乏强有力的领导等因素都将使得参考点难以评估。

在真实实验中，对重复样本结果的一般测量方法是测量处理后的结果的差异。然而，在基线不同的情况下，这往往是不可能的，双重差分法测量相对效应的差异时通过对所有的红色队进行预测试和后测试实行。预测试（Pretest）是指在进行任何干预之前对每个受试者进行测试以量化起始值或起始位置，其结果可以作为确定效果的起始值。由于每个红队的预测试结果可能会有所不同且不知道何种因素导致了这种差异，所以这种测量往往无效。后测试（Posttest）是实验干预后的测试，用来测量可能存在的干预效果。对于本例来说，后测试也很可能会出现每个红队答案不同的情况，而直接比较也是没有必要的。由于干预是预测试和后测试之间唯一的因素，所以有理由相信干预推动了结果的变化。因此，测量相对差异可以看出一个因素如何影响结果。

以移动目标防御（Moving Target Defense）为例，移动目标防御是一个概念，如果网络环境以某种方式不断变化，就将阻碍攻击者获取和执行成功攻击的能力。这种解决方案自然会引发如下研究问题，即"当移动目标技术出现时，攻击者理解和推理网络环境的能力会受到什么影响？"有人可能会假设，使用移动目标防御系统时检测到的真正正面漏洞或持续存在的漏洞的数量会减少。我们可以设计并执行一个实验来验证这个假设。

> **你知道吗？**
>
> 移动目标防御是由于攻击者利用技术不断改变其攻击特性以避免被发现而产生的想法。多态、打包和加密等方法使攻击能够快速转移，以混淆和欺骗检测。这建立了一种不对称的关系，防御者必须找到所有可能的构造，而攻击者可以重复使用少量的攻击方法。移动目标防御希望提供反向不对称，防御者可以利用移动网络环境使攻击者难以理解和准确定位网络漏洞[1-2]。

为了简化讨论，我们只关注不同的移动目标方法。作为干预，在这个例子中，我们将使用内存和网络地址随机化方法。其中，内存地址随机化方法包括 Linux 环境下的地址空间布局随机化（Address Space Layout Randomization，ASLR）和不可执行内存保护（No-Execute，NX）[3]，以及 Windows 环境下的地址空间布局随机化和数据执行保护（Data Execution Prevention，DEP）[4]。网络地址随机化方法包括网络地址空间随机化（Network Address Space Randomization，NASR）[5]和开放流随机主机突变（OpenFlow Random Host Mutation，OF-RHM）[6]。如图 10-1 所示，移动目标防御双重差分法设计描述了解释这个概念的抽象设计。例如，3 个红色团队的例子，第一个红色团队是没有经过处理的基线测试，攻击一个遵循最佳实践的传统安全环境；第二个红色团队攻击一个遵循最佳实践的环境，并且所有应用程序在可用的情况时利用内存地址随机化；第三个红色团队攻击一个遵循最佳实践的环境，并实施网络地址随机化。

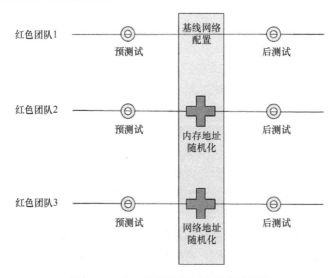

图 10-1　移动目标防御双重差分法设计

1. 双重差分法执行

在进行双重差分检验之前必须首先评估每个红队的预测试能力。由于处理方法是将红色团队暴露在使用不同防御策略和技术的复制环境中,需要注意,不能在没有防御技术来控制成熟效果的情况下使用这个环境。由于红队可以在预测试环境中对环境有更多的了解,在使用处理环境时存在成熟偏差,这使得不论采取何种防守策略,红队都可能在后测试中变得更加有效。为了确保实验设计不会影响结果,需要在设计预测试时进行充分的控制,包括在类似,但不同的预测试环境中进行测试并实现一些基线安全设置,或者选择创建一系列与后测试环境相关的测试。例如,如果环境中有 Web 服务器或数据库(Databases)之类的服务,就可以为每个红队提供关于开发一些预先构建的、脆弱的 Web 服务器和数据库的测试,从而得到一个类似的预测试结果。

2. 双重差分法分析

图 10-2 给出了对移动目标双重差分法准实验的试验结果的概念示例,显示了这个例子的抽象结果。3 个红色团队在漏洞发现和利用上都有不同的预测试分数。这导致了一个不确定的结果。然而,这些原始值不是结果,而是相对度量。图 10-3 给出了内存与网络随机化对红队影响的概念示例,显示了这个虚构数据集的相对差异,即基线预测试和后测试的差异与其他测试的差异的比较。当它被压缩到这一组数字中时是可以比较的。理论的结果中,内存地址随机化对漏洞的发现没有太大的影响,但对漏洞的利用结果有一定的影响。我们创建这个抽象数据集是为了显示我们期望的结果。在内存地址随机化的情况下,我们认为它不会影响攻击的初始阶段,但是会破坏攻击的效果,这在数据中以相对差的大小来表示。假设网络地址随机化的结果几乎是相反的,我们认为在漏洞检测方面会有效果但对漏洞利用的影响很小。网络地址随机化的目的是移动服务的逻辑位置使它们难以定位。如果网络抖动发生得太快而无法执行某个工作,也会影响到漏洞利用的能力。

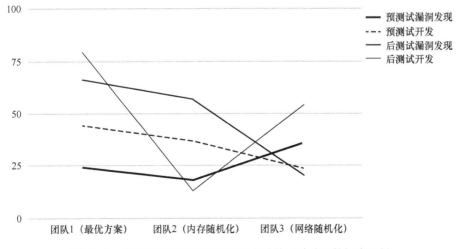

图 10-2 对移动目标双重差分法准实验的试验结果的概念示例

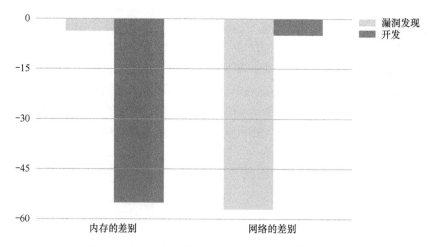

图 10-3　内存与网络随机化对红队影响的概念示例

从这个例子中可以看到，双重差分检验对于网络安全研究的作用。这些研究问题不可能具备真正实验所需的测试条件和能力。双重差分检验是提供一些答案的最理想方法。由于相同因素影响着所有测试受试者，这种方法具有很强的内部有效性。然而，由于测试对象数量不足，该方法的外部有效性不强。

10.3.2　时间序列设计

另一个准实验方法是时间序列设计。一般来说，时间序列设计是一种方法，需要在一段时间内进行多次测量，看看干预效果如何持续。该方法有一定的医学检验依据，同样有助于理解网络安全的进化本质。

科学的理想结果是理解的可预测性，不仅是在当前，而且是对未来的预测。这种可预测性将使诸如如何最好地分配资金以降低网络风险等操作决策成为可能，这也是网络安全最具挑战性的方面之一。防御者和攻击者随着时间的推移会根据彼此的行动而进化与变化。理解这种关系对于提供预测性理解至关重要。利用时间序列准实验设计，可以将这种成熟效应集成到实验中。

我们可以利用同一个移动目标防御研究的例子来解释时间序列的概念。在之前的双重差分法实验中，可以理解攻击者对移动目标方法的第一反应。然而，这并不能说明全部情况，也不足以进行预测建模。如果实验中的攻击者被发现受到了显著的影响，或者由于移动目标防御而使得其攻击变得不那么有效，人们可能会认为这是一种值得应用的技术。然而，这可能是错误的。当对手获得更多的经验与新的防御技术，他们将学习并改变行为。如果攻击者能够快速理解移动目标防御，并且有了这方面的知识，他们的攻击会比以前更加有效。理解共同进化的影响对于理解新技术的最终用途是很重要的。

如图 10-1 所示，双重差分设计是用预测试和后测试建立的。如果想要研究共同进化的影响，需要随着时间的推移增加更多的测试。传统的时间序列设计允许自然发生进化，这在我们的例子中是可以做到的。然而，红队仅通过发现来学习，其所需的资源会是非常极端的。因此，我们希望添加受控的信息，以了解当对手获得更多的知识时，他们会如何表现。当前的双重差分设计后测试是在一个防御环境中进行的，而对手对此防御一无所知。为了可预测性，有必要知道当对手了解环境和新的防御方案时，他们的行为会有何不同。

如何回答这两个额外问题呢？可以为每个知识增益添加两个后测试，形成如图 10-4 所示修正后的移动目标防御时间序列设计。第二个后测试是当红队了解测试环境后的处理效果。最后的后测试是当红队在了解防御的操作情况下测试他们能否得出有效的对抗防御的策略。这些后测试的时间间隔取决于设计人员，并且常常受到资源限制的约束。需要给红队足够的时间来吸收环境和防守策略信息，这样他们就可以计划和制定进攻策略。因此，应该设定几个星期到几个月的测试间隔以保证充足的反应时间。

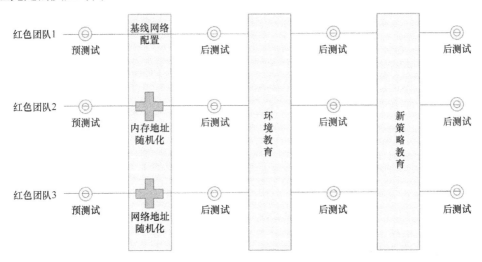

图 10-4　修正后的移动目标防御时间序列设计

现在，有 3 个时间序列设计：基线防御、内存地址随机化和网络地址随机化。在这个例子中，需要保持双重差分设计，以便比较 3 种防御方式和 3 支红队的效果。结合研究设计实现目标是实际的选择，既要了解对手如何与防御策略协同发展，又要保证在防御策略之间比较结果，因此，需要一个多时间序列的双重差分设计满足我们的需要。

1. 时间序列执行

接下来可以进行实验了。本节的其余部分将使用理论来解释示例实验的结果，以及如何对结果进行分析。由于 10.3.1 节已经讨论了双重差分实验的分析，所以我们将只关注这一节中的时间序列分析问题，也就是即使现实中需要继续使用差值计算，使得结果并不是直接可比较的，但在这里将其直接进行比较。

实验过程中，红队需要在每次后测试之前提供更多的实验系统配置知识。第一个后测试是在不了解实验系统设计的情况下进行测试的。第二个后测试是在红队获得包含正在运行的服务、网络拓扑、发生的通信类型、显示的数据类型等关于环境的信息后进行的测试。最后的后测试是在向红队提供了环境中使用的防御的详细信息之后进行，这包括服务操作的版本和类型、防御部署和配置。即如果部署了防火墙，它使用了哪些规则，或者如果配置了喷鼻息入侵检测系统（Snort IDS），它使用了哪些规则集，以及内存和网络地址随机信息，它们是什么，它们是如何提供操作的。

> **你知道吗？**
>
> 喷鼻息（Snort）是最大的开源入侵检测系统之一，之所以这样命名它，是因为它是一种额外的网络嗅探器（Sniffer）。这个有趣的名字已经迅速发展成一套拥有这些名字的工具[7]。鱿鱼（Squil）是一个态势感知工具，帮助收集和显示 Snort 数据与警报。Snort 是一个包生成器工具，它使用 Snort 规则集作为包格式的输入。Pulledpork 是自动安装和管理社区 Snort 规则集的工具。Barnyard 是将 Snort 数据捕获传输到集中数据收集器的工具。Snort 有一个强大的社区，你可以看到，这个社区在命名工具方面非常智能。

2. 时间序列分析

图 10-5 给出了示例移动目标研究的理论时间序列结果。红队在检测和利用漏洞方面的有效性随着其获得信息而呈指数级曲线增长，这与预期结果一致。因为攻击者对系统和防御的了解使他们能够更准确、更有效地发现与锁定漏洞。从网络地址随机化中可以看出，第二个后测试比第一个稍有效，但是第三个测试表明红队的效率几乎和基线一样。基于网络波动工作原理的知识，红队能够产生一个有效的策略。在内存地址随机化的前提下，第二个和第三个后测试仅略高于第一个后测试。这意味着，红队在针对内存随机化的有效策略上失败了。这些抽象结果仅仅是辅助解释概念和有效策略的，如面向返回的编程已经开发出利用内存随机化技术的有效策略。然而，在这个例子中使用内存随机化是有原因的。ASLR 是内存随机化的常见方法且已经经受住了大约一年的有关利用漏洞的尝试。这就是研究的目标，即通过实验技术发现有时间序列的结果遵循对数增长而不是指数增长。这代表了一种相关知识被获取时仍能保持其安全属性的技术，也将是一种强大的防御方式，使攻击者了解该技术后继续为防御者提供好处。

有必要了解这个实验设计的限制。首先，红队在防守策略方面的经验和专业知识可能存在偏差。当我们试图用双重差分设计来控制时，需要明白它并不完美，结果可能是不同的。如果红队的顺序被打乱，或者使用另一组红队，可能会产生不同的结果，因为他们可能有与时间序列准实验中使用的防御策略特别一致或不一致的经验或专门知识。

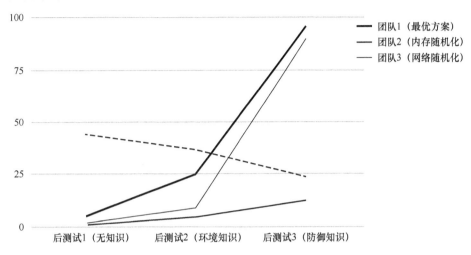

图 10-5 示例移动目标研究的理论时间序列结果

其次，虽然理论防御策略（Theoretical Defensive Strategies）可能合理并有效，但实现过程并不容易，可能导致漏洞。熟悉密码学领域的人都很清楚这个因素，因为有很多基本安全的算法在实现时容易被利用。这种理解对于结果分析非常重要，因为如果漏洞是由于执行策略造成的，那么就需要进行调查。即使实现结果不理想，仍然有方法来修复，以便更准确地实现策略。

我们将讨论的最后一个潜在偏差是测量成熟度。时间序列设计目的是研究这种成熟效应，但它也不完美。攻击者和红队利用了社区与行业产生的大量知识优势，采用了先进的工具和技术，而这些工具和技术包含了对之前多年的研究与努力的整合，而时间序列设计并没有提供这种技术成熟度。我们将在第 14 章"应对对手"中讨论如何对攻击者的工作或资源使用进行规范化和量化。

10.3.3 队列设计

准实验队列设计与传统队列相似，但使用实验干预来测试效果。第 4 章"探索性研究"中已经讲到，队列研究选取一组测试对象根据一些共同因素进行分组，并在一段时间内对其进行研究。队列研究最常用的情况之一是对疾病传染者的受试者进行研究。网络安全领域也可能出现系统和用户暴露于恶意软件或攻击的情况。探索性研究和准实验队列设计之间的主要区别是：准实验中实验者的干预要么导致受试者分成队列组，要么导致自然发生队列反应的差异。这被认为是准实验研究，因为队列经常超出实验者的控制而成为实验中的非受控变量。队列研究是解决这些情况的有效设计。

1．队列设计示例

通过一个队列准实验设计的例子来回答"网络安全培训对最近被利用过的实验对象更有效吗"这个问题。假设最近被利用的对象更有动力改善其行为，因此训练更有效，我们想要在培训结束后马上进行研究，看看培训的效果是否会持续或者效果是否会随着时间的推移而降低。由于在选择谁被利用或不被利用方面无法控制，因此，只能选择那些已被利用的对象进行测试，控制上的局限性使得使用准实验队列设计成为一个很好的选择。

假设我们可以访问一家小公司的员工集合。随着时间的推移，我们可以等待一些员工成为真正攻击的牺牲品，但这可能需要几个月的时间，而且可能无法在一个时间框架内获得足够多的受害者使得他们都是"最近"被利用的。相反，我们可以在设计中进行钓鱼实验以生成一组在同一时间内被利用的员工。为了控制实验偏差，企业事件响应团队将对那些成功的钓鱼攻击做出响应，这样用户就会感受到真实攻击的效果，并相信攻击是真实的。实验结束后，用户将被告知这是模拟实验。这一网络钓鱼活动将形成两个组：一个是暴露于攻击之下；另一个则不然。网络钓鱼实验后两组学员均会接受训练，并且实验前后会进行网络安全知识测试。在超过一年的时间里测试其理解，第一次后测试是在培训结束后，第二次后测试是在 6 个月后，最后一次后测试是在第一次后测试 1 年后。图 10-6 为本实验的队列设计示例。

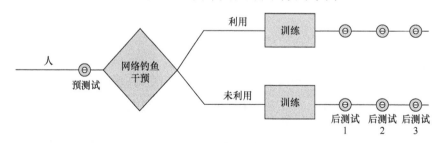

图 10-6　队列设计示例

2．队列设计分析

假设对于那些最近被攻击的实验对象来说培训将更有效。第二个问题是这种影响会持续多久？图 10-7 为本实验示例队列实验的理论结果。可以看出，确实存在影响，在被攻击队列中，从预测试到后测试的测试分数增长很大。然而，这只是准实验的结果。因为受害者不是直接选择的，所有的自变量都不能完全控制。因此，一种潜在偏差是可能存在一种共同因素，其既使得这些用户被攻击，同时使他们更容易吸收训练知识。结果表明，被网络钓鱼电子邮件攻击组的平均预测试考试分数明显低于那些没被攻击组,导致这种情况的一个可能原因是本身知识水平偏低,这意味着,低分可能才是导致培训效果增加的因素。但这还不足以肯定地回答这个问题。进一步的实验会对各范围测试分数的受试者进行培训和重新测试,会更明确地回答这个问题,并弄清楚缺乏相关知识是否是一个影响因素,以及被攻击是否像假设中提到的那样可以对训练产生积极作用。

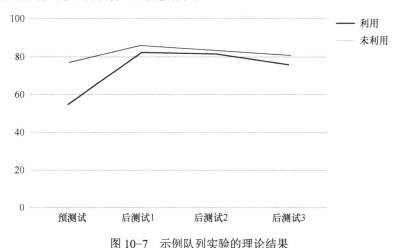

图 10-7 示例队列实验的理论结果

对于第二个问题,如果对结果进行线性回归将得到如图 10-8 所示的结果。在这个虚构示例中,培训效果似乎会随着时间推移而下降,生成函数似乎没有明显不同,因此,这说明不管他们过去经历如何,训练给所有受试者带来的好处都有相似下降。然而,需要注意的是,这个结果有一些外部有效性挑战,因为所有研究对象都来自同一家公司,并且只使用了一种培训方法,所以这并不意味着这些方法在所有情况下都能成立。为了对这些结果的可概括性有信心,还需要进一步的实验和研究。

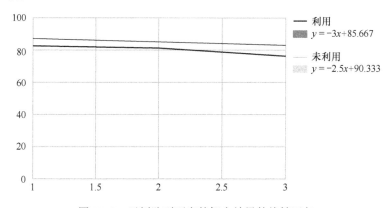

图 10-8 示例队列研究的概念结果的线性回归

这个例子简化了结果，还有更多的东西可以探索。第一，可能会有知识子主题要测试，你可以在知识子类别中寻找相关性和利用价值。在网络钓鱼等漏洞中，被利用的人在基于钓鱼和电子邮件安全的知识方面得分明显低于那些不容易受到目标邮件影响的人。第二，我们将结果数据简化为单个队列平均测试结果。然而，队列中每个受试者的得分是一种分布，应根据统计方法来确定结果是否有显著性。这些分布可以提供额外证据证实测试分数是否是一个因素。如果这些队列不相交，这仍然是一个悬而未决的问题。然而，如果有大量重叠，那么，可以分析对于队列中得分相似受试者的训练增长是否有差异，这可以确定预测试分数是否影响了受试者在实验中的变化。我们的目标是在本节中解释队列设计概念，但你仍然应该确保遵循统计验证、结果同行评审和发布所需的严格流程。

当根据自然发生的子群体来回答研究问题时，准实验队列设计是有用的。然而，作为准实验，它留下了偏差的可能性，因为所有的自变量不完全受控。这种研究方法可能不能提供最终的准确结果；但是它可以为将来的实验提供强有力的证据，从而导致高置信度的结果。

10.4　报告研究结果

准实验研究遵循与真实验研究相同的流程，其论文格式应与假设-演绎论文的格式相同，遵循提出研究问题、假设、设计并执行实验、分析结果的流程。由于所有这些操作对于所有的实验都非常相似，所以论文的格式适合于大多数论文。使用准实验方法的论文也可以使用第 9 章 "假设-演绎研究" 中的论文大纲。

与所有研究一样，重要的是，承认结果中可能存在偏差。从定义中就可以看出，使用准实验研究方法存在偏差，因此讨论它们及其影响很重要。更多的时候，它们为未来的研究方向提供了帮助，而这正是我们的目的。不应该因为存在偏差或感知到的弱点而害怕进行准实验研究。相反，将准实验研究视为一种启动对困难研究问题的了解手段，可以在以后获得更可靠的结果。

参考文献

1. Krebs, B. (March 15, 2013). The World Has No Room For Cowards. Retrieved February 25, 2017, from http://krebsonsecurity.com/2013/03/the-world-has-no-room-for-cowards/
2. Krebs, B. (September 21, 2016). KrebsOnSecurity Hit With Record DDoS. Retrieved February 25, 2017, from https://krebsonsecurity.com/2016/09/krebsonsecurity-hit-with-record-ddos/
3. Boelen, M. (October 24, 2016). Linux and ASLR: kernel/randomize_va_space. Retrieved February 25, 2017, from https://linux-audit.com/linux-aslr-and-kernelrandomize_va_space-setting/

4. Howard, M., Miller, M., Lambert, J., and Thomlinson, M. (December, 2010). Windows ISV Software Security Defenses. Retrieved February 25, 2017, from https://msdn.microsoft.com/en-us/library/bb430720.aspx
5. Antonatos, S., Akritidis, P., Markatos, E. P., and Anagnostakis, K. G. (2007). Defending Against Hitlist Worms Using Network Address Space Randomization. Computer Networks, 51 (12), 3471-3490.
6. Jafarian, J. H., Al-Shaer, E., and Duan, Q. (August, 2012). Openflow Random Host Mutation: Transparent Moving Target Defense Using Software Defined Networking. In Proceedings of the First Workshop on Hot Topics in Software Defined Networks (pp. 127-132). ACM.
7. Fisher, D. (July 31, 2013). Martin Roesch on Snort's History and the Sourcefire Acquisition. Retrieved February 25, 2017, from https://threatpost.com/martin-roesch-on-snorts-history-and-the-sourcefire-acquisition/101510/

第五部分 应用研究方法

第 11 章 应用实验

应用研究是网络安全研究的一个主要方面。安全在很大程度上是为达到预期结果的知识应用，而网络安全就是安全在网络空间的应用。因此，迄今为止，我们所涵盖的基本研究方法有助于我们获得所需的网络空间知识，并能够指导我们如何进行安全控制设计和有效地应用。应用研究是研究生命周期中的一个步骤，在这一步骤中，将了解如何利用知识来设计系统以解决紧迫的问题，并产生可预测的结果。

如果你开始阅读本章，则意味着你想要了解你或其他人开发的解决方案的性能或有效性。本章将介绍应用研究的实验方法，以量化科学知识应用于问题时的有效性。本章中的方法确定了某个特定问题相关的性能，而第 12 章中介绍的观察方法更适合于总体上理解性能边界。所有应用实验方法都利用受控测试来尝试捕获真实世界的行为，以确定应用系统的行为方式。应用实验研究主要涉及一些所谓的验证测试，以查看是否针对该问题"构建了正确的系统"。

由于应用研究主要确定解决方案在解决问题时的有效性，所以通常需要将结果与其他解决方案进行比较。解决问题的方法总是有很多种，所以找到最优解是具有挑战性的（研究人员应始终了解与其研究相关的其他机构同行以及商业行业正在做什么）。通过标准化测试过程和测量，可以在不同条件下评估最佳解决方案，这为决策者提供了有关在现实世界中投资和部署哪些方法的可操作和可衡量的信息。

11.1 从理论出发

在开始讨论应用实验的不同方法之前，首先讨论基础科学和应用科学应该如何相互作用是很重要的。对许多人来说，目前的研究进展是一种"黑帽"周期，即每年都有一些研究人员发现新的漏洞，而其他研究人员开发防御措施来防止去年的漏洞。这些研究的目的都不是为了发现潜在危险，也不是为了利用它来开发他们试图解决的特定漏洞之外的解决方案。因此，这个循环可以无限地持续下去，而不会取得任何真正的进展。这不是轻视这项工作，只是简单地指出网络军备竞赛的共同进化性质，并指出目前防御研究和发展的局限性。

在不了解问题和系统行为的情况下，开发解决方案通常不是最有效的方法。如果不了解系统中的因果关系，就很难开发出控制变量以实现预期结果的有效解决方案。例如，如果用户的网络安全卫生实践更依赖于网络安全工具和实践的易用性和透明度，那么，花费数十万美元来演示专有教育计划可能是浪费的，因为它针对的是错误变量。

基础科学提供的知识使得设计和工程能更有效地解决问题。从基础科学成果中建立概念模型使我们能够了解在控制环境中解决方案如何运作。然而，只有在理想情况下，我们才能够对其完全理解，概念、科学模型才能与现实完全匹配。因此，虽然决定选择哪种解决方案的是基础知识，但是应用研究仍然是必要的，以保证解决方案确实如预期的那样工作。如果解决方案不能满足问题要求，那么，可能需要回到基础科学研究中去学习更多。

应用研究成果也可以反馈给基础科学。虽然应用研究形成的解决方案通常不是最佳执行或完美的方案。但是它们不理想的信息很重要，要么说明了科学认识的缺失，要么指出了基础研究将取得丰硕成果的方向。在这两种情况下，通过应用研究提供的信息可以反馈到基础科学中，以提高我们对世界的理解。如果投入资金进行用户教育，并测试是否能解决不良网络行为问题，若效果很差，那么这将告诉我们，用户有不良网络安全行为的驱动变量可能不是教育。

11.2 应用实验方法

应用实验（Applied Experimentation）是评估工程系统在严格控制条件下解决问题性能或有效性的过程。当我们从由基础科学产生的一些知识中开发出一个解决方案时，它可以及时地应用到某个实践问题中进行应用实验。应用实验基本特征是用于量化性能测量的度量、严格的过程和确定效果的控制应用。区分应用实验与基本假设-演绎实验的特征是假设、因变量和目标。回忆一下第9章"假设-演绎研究"中讨论的基本实验，假设的重点是对可能被证伪的行为进行预测，而因变量的重点则旨在为假设提供证据。在应用研究中，被测试解决方案总是有一个隐含假设，这将解决某些问题。应用实验的因变量通常是围绕被测系统在解决问题时的性能或有效性来定义的。最后，应用实验是理解一个现存系统的行为，应用研究是理解一个工程系统的行为，以及它是如何满足设计要求的。

然而，应用实验并不是应用研究的唯一方法，应用观察研究也是了解科学应用效果的一种方法。这两种方法的关键区别是测试的控制和目标。应用观察研究更多地针对控制较少的情况，这意味着使用合成值来推导一系列响应或使用不可控的操作环境，应用实验使用特定的控制环境和测试来了解一个解决方案执行方式。另一个区别是，应用实验方法的结果是可比较的，以确定一个解决方案是否更适合一个用例。一般来说，对于难以再比较分析使用的用例或解决方案而言，应用观察研究提供的信息是独一无二的。可以参考第 12 章"应用观察研究"对这些方法进行更深入的讨论。

应用实验有基准测试和验证测试两种方法。基准测试（Benchmarking）使用一组原子测试用例来评估一个解决方案的有效性。通常情况下，测试用例是真实数据或过程，或者真实数据或过程的副本。例如，使用真实恶意软件基准测试防病毒产品。当很容易采样原子测试用例时，基准测试非常有用。虽然基准测试使用真实数据，但并不试图复制真实情况。因此，当想要了解解决方案在更现实的操作条件下如何运行时，基准测试并不是最好的解决方案。

然而，验证测试（Validation Testing）用于评估受控环境中的解决方案，以查看它们在不同现实条件下的行为。接下来将会介绍，验证测试非常类似于第 9 章"假设-演绎研究"中讨论的基本实验。验证测试是一个很好的方法，能在不同的环境下考察解决方案的进展。应用研究的一些挑战是难以重现真实建模的环境和情况。本章的其余部分将更详细地讨论这两种应用研究方法的用例、优点和挑战。

11.3 基准测试

基准测试是一种比较事物的工具或测量方法。基准是一种跨行业使用的通用工具，为比较解决方案提供容易可行的方法。可以把基准看作一种性能测试标尺。因为标尺保持相对恒定，使用它测量新的方法或解决方案，就可以看出与过往解决方案相比表现如何。

基准测试被广泛用于计算领域。不管是测量超级计算机的功率谱[1]、笔记本电脑的电池寿命[2]，还是测试图形处理单元（Graphics Processing Unit，GPU）[3]，基准都是广泛应用的性能测试工具。很大程度上，这是因为基准为测试提供了一种可共享和可比较的简单测试方法。

你知道吗？
"基准"一词来源于测量史。一种测量基准的制作方法是：在石像或墙壁上刻上缺口，将斜杆嵌入缺口，再挂上水平基准杆，这样水平基准就制作成功了。

为了使用基准，首先要了解什么是一个好的基准，以及如何执行它。基准

（Benchmark）是用来产生性能度量的一组标准的数据、算法或过程。基准的形式取决于试图测量的问题和解决方案。如果问题是检测恶意软件，那么，基准将包括恶意软件的数据集。如果问题是事件应对，则基准可以是一组测试场景，事件应对团队必须基于他们的程序和技术对网络攻击进行应对。这种一致的测试场景集将有助于不同团队进行性能对比。

从性能测量中导出一个或多个度量。度量（Metric）是性能测量的某种推导，是量化性能测量的一种标准。许多情况下，度量是测量的直接应用。在浮点计算能力的标准测量（Linpack）中，度量是每秒浮点操作数（GFLOPS）。在其他情况下，度量可以包括多个测量，使用公式来标准化并将它们组合为单个数字，如3DMark 为 GPU 提供单个性能得分。为了能够比较，需要商定并标准化测量解决方案类别的度量；否则，会导致每个人报告不同基准下的结果，从而无法直接比较。

为了更好地理解这些概念，现举例说明。每个人都有手机，手机设备显著地扩大了网络空间。虽然工作站的反病毒相当普遍，但它们在移动电话领域的分布是有限的[4]。有一个问题是，反病毒应用程序在检测时是否有效？恶意软件一个常见并且重要的特点是打包。一般来说，有几个主要的恶意软件家族，代表了常用技术、漏洞利用和恶意目标[5]。为一个新恶意软件家族开发新能力是复杂和昂贵的，因此黑客找到简单的方法，如改变特征绕过反病毒，从而实现攻击。打包（Pachers）是压缩可执行文件以提高存储空间效率并保护它们免受盗版打击的技术，它会更改恶意软件的二进制表示，这可能会影响检测方法的性能，有时影响会非常显著。针对手机反病毒打包处理方法基准将非常有用。我们将在本节基准的其余部分，通过这个实验帮助阐明该方法的概念。

深入挖掘：软件打包

打包已经成为恶意软件的支柱[6]，提供了一种改变恶意软件特征的低资源方法，以绕过最常用的检测方法，即基于特征分析的检测方法。这说明了防御者和恶意软件开发者之间不断的竞赛。两个示例打包工具是 PEID[7]和 ExeInfo[8]，均可用于帮助识别已经打包的恶意软件。然而，更顶尖的黑客将自行打包自己的恶意软件，使得利用现有检测工具更难识别。

11.3.1 收集或定义基准

定义基准必须收集可用于执行测试用例的数据集或测试集。寻找数据集或测试集的目标是保证对问题空间的足够覆盖率。从基础科学角度考虑问题时，参数是影响结果的独立变量。我们这里说的是实际效果而非显著效果。正如在第 9 章"假设-演绎研究"中所讨论的，统计上的显著性结果并不总是转化为实际结果。对于应用研究，我们只关心具有实际效果的变量。对于实验，一方面，我们可能知道使用硬件的某些接口会影响软件打包的方式,那么,我们应该对使用不同硬件接口的应用程序进行采样;另一方面,如果我们知道手机模型不影响打包行为,那么,就可以在任何平台上进行测试。对于没有任何有力证据证明是否有显著影响的变量,如果可能,最好把它们包含在基准中。

最好的基准是基于现实的。基准是用来测量解决方案在现实情况下的表现。这就是为什么使用真正的数据集,如使用实际的恶意软件检测解决方案是最好的基准,因为它体现出实际性能。这种方法的缺点稍后再讨论。如果无法获得实际数据,那么,使用最好或最坏情况下的数据是有代表性的。但是总的目标还是理解一个解决方案在运行时的有效性。一个提供完全脱离现实的度量基准并不能为你提供很多信息。

我们的基准最好是从实际打包恶意软件的抽样中得出。这个基准的要点是考察检测已打包已知恶意软件的能力,恶意软件的选择应该基于更常见、更知名的恶意软件,这些恶意软件通常应该能在未打包时被检测到。由于移动恶意软件通常特定于平台/操作系统,所以最好创建一个覆盖不同平台的基准集,如安卓(Android)和 iOS(这里存在小的盲区,在这个实验中我们先忽略它)。一方面,iOS 只有很少的恶意软件,所以现存这 6 个未修改的软件[9](即非越狱)一定满足基准要求;另一方面,Android 有数百个家族的恶意软件可以选择。不过,举例的这 10 个家族约占感染总量的 3/4[10]。这些是最常见的,任何正常的恶意软件检测能力都应该能够检测它们。因此,这些家族的常见变种对于基准非常有用。表 11-1 展示了用于基准示例的恶意软件清单。

表 11-1 基准示例恶意软件清单

Android 恶意软件	iOS 恶意软件
FakeInst	FindCall
SMSSend	LBTM
Eropl	Oneclickfraud
Boqx	PawnStorm.A
GinMaster	Toires
QdPlugin	YiSpeter
Droidkungu	
Smsagent	
SmSpy	
FakeApp	

恶意软件清单仅是基准的输入而不是基准本身。基准是打包的恶意软件,用于测试手机反病毒应用程序的检测能力。因此,我们需要一个附加的打包工具列表来处理恶意软件实例。下面列出一些常见的手机端打包服务和应用(不包括某些特殊

用途）。表 11-2 列出了基准示例的打包工具，包括了大多数常用打包工具。一些边缘的打包工具应该以采样为基准，但是为了简化本实验，我们将不对整个打包工具群体进行采样。此外，每个打包工具将有一组影响打包行为的设置。

表 11-2　基准示例打包工具清单

Android 打包工具	iOS 打包工具
Ijiami	Morpher
BangCle	Metaforic
DexGuard	Arxan
LIAPP	LLVM Obfuscator

> **你知道吗？**
>
> 虽然 Android 平台有成百上千的恶意软件家族，但 iOS 仍然几乎没有受到恶意软件的攻击，只存在少数处于初期的恶意软件，其中大多数只能在破解的手机上工作。这导致 iOS 成为迄今为止黑市上零日漏洞价格最高、最受追捧的平台之一[11]。

与其他形式的实验一样，当生成基准时，第一个需要意识到偏差，需要仔细考虑测量的具体内容，以及在什么地方划定基准。如果恶意软件的类型、编码技术、打包工具类型或任何其他独立变量可能显著地改变呈现用于分析方式的输出，那么，在基准中囊括这些内容将非常重要。设定基准的目的是为可能的操作情况提供良好的覆盖率，以便比较解决方案。如果错过了一个重要的方法，它会把结果偏向那些处理某个类别更好的解决方案。我们不深入讨论恶意软件和打包技术的技术细节，但是在生成基准时需要这样做。

我们的实验中已经定义了需要的数据集，即用于基准的恶意软件和打包工具列表。第二个需要意识到的是打包工具的配置，因为配置可能会影响结果。例如，一个加密的打包恶意软件看起来与只对其变量和方法名进行模糊处理的恶意软件完全不同。因此，我们需要将列表中的打包工具的不同配置包括在内。如果我们每个打包工具有 10 个可能的设置，选择的 Android 和 iOS 的恶意软件组合的数量分别为 400 和 240。

基准的总体规模可以很大，就像我们的实验一样。基准应该是相对容易应用于解决方案的东西。因此，通常要将其化简到一个合理而具有代表性的规模。这可以通过几种方式来完成。一是可以将整体进行分类，分解为技术、目标等。我们必须了解你的情况并知道做到这一点的最好方法，如我们讨论的恶意软件，你可以依据他们的攻击目标或共享代码的家族进行分类。二是可以从这些类别中进行采样并规模化简。在我们的例子中，有大量的组合选项，可以从组合中取样。三是无论选择什么样的方法来选择样本，都要充分考虑并记录你的逻辑。

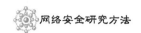

为了简化示例基准的规模,我们可以对打包的恶意软件集合进行采样。就像第 4 章关于抽样的讨论,抽样就是选择总体的一个子集,将其特征反映总体到你指定置信水平的过程。如果我们选择了 95%的置信水平,或者总体覆盖率,以及 10%的置信区间,或者误差幅度,那么,实验中的样本大小对于 Android 是 79,对于 iOS 是 69。为了生成我们的基准,将随机从每组打包恶意软件中进行选择。

消除基准偏差:

正如我们提到的,你需要确保不会对基准产生偏差,所以在开发基准时,还有一步。这可能是打包自身,需要对其检测分析。它在检测打包恶意软件方面可能会有很好的结果,但是它也会检测所有打包的项目,包括非恶意软件应用程序。为了保证这种情况不出现,在基准中加入应对误报的测试将变得很重要。就像选择恶意软件一样,我们想选取那些不应该被识别为恶意软件的普通文件。一个简单的方法是选择谷歌播放(Google Play)和苹果商店(Apple Store)中排名前五的免费应用程序,这两个商店都提供了下载量最高的免费应用程序的列表。然后,我们希望通过在各种配置中使用相同的打包器(Packer)复制剩余过程,以生成大量非恶意软件打包应用程序。最后,我们将对总体进行抽样,以减少基准所需的测试次数。

11.3.2 运行基准

针对一个解决方案运行一个基准的过程本质上是一个简单的实验,这就是为什么它被分类为本章中的原因。基准的执行需要有条理、缜密、严谨。根据定义,基准需要可重复。因此,过程中的任何变化都是不好的。

执行基准的过程非常简单。选择一个基准数据集和一个操作数据的工具,将后者应用到前者并记录结果,就完成了整个过程。然而,事情并不总是那么简单。对于更复杂的情况,如组织性能度量、事件响应或网络安全策略等,必须开发过程来持续、准确地收集计算指标所需的度量。

与任何实验一样,重要的是,要清楚地定义执行基准的过程。希望所有定义的步骤都清晰,从而使得其他人可以执行基准来复制你的工作,并利用它来基准测试其他的解决方案。在我们的示例中,执行基准的过程很简单。这些文件被提供给反病毒解决方案的测试应用程序,方法是将它们放置在手机模拟器的文件系统上,并让它们扫描基准文件,由测试应用程序产生的报告信息被用来确定测试文件是否被检测为恶意软件。

11.3.3 分析结果

应该定义一组指标用来度量解决方案在处理问题时的有效性。问题空间的性能定义是非常主观的。这可能意味着检测反病毒、入侵检测系统、漏洞扫描器检测的有效性；事件响应、取证克隆/搜索、渗透测试的持续时间；密码破解或密码分析的尝试次数。每种情况都可能有多指标，其中一些指标的重要性或权重高于其他指标。在定义基准之前需要定义这些指标，这一点很重要，因为基准确实需要围绕这些指标来开发。

使用多个指标时需要考虑如何呈现结果。虽然只显示观察到的指标总是一个选择，但这可能会带来问题。当你有多个指标时，可能不太清楚如何组合或者将它们标准化。由于基准的目的是提供一种测量解决方案有效性的方法，所以能够提供单个数字有助于快速显示差异。如果让使用者独立地组合这些值，它们可能会以不同的方式进行组合，从而抵消基准的好处。由于每个用例都有其自己的需求，独立地提供指标仍然很重要，因此，在处理特定问题时，可能会出现一个指标的性能大大超过其他指标的情况。虽然一个解决方案在一般情况下是最好的，另一个解决方案某些指标存在缺陷，但是可能是针对特定问题的最佳解决方案，因为在这个特定情况下它具有最佳的指标评分。

让我们用实例来解释这些概念。假定我们对 5 个 Android 反病毒应用程序运行了基准，性能基于检测得出的指标是真正率和假正率。真正率是检测器或分类器准确地检测了对象。在实验中，一个真正是指一个反病毒解决方案成功检测出打包的恶意应用程序为恶意软件，假正是检测器没能准确地检测对象，实验中假正是反病毒检测将打包的非恶意应用程序认定为恶意软件。图 11-1 展示了检测打包恶意软件的真正率，在这种情况下，根据这个指标，可以得知直方图越长越好，也就意味着 AV5 是最佳的解决方案。图 11-2 展示了检测打包恶意软件的假正率，在这种情况下，直方图越短越好，这意味着 AV2 是更好的解决方案。

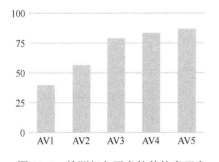

图 11-1　检测打包恶意软件的真正率

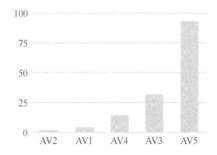

图 11-2　检测打包恶意软件的假正率

参照这两种指标就能选出不同的反病毒解决方案。但是我们应该如何将这两个值结合起来分析什么是最好的解决方案呢？分类问题的一个好指标是马修相关系数（Mathew's Correlation Coefficient，MCC）。在测试集不平衡的情况下，它结合了真正、假正以及真负、假负的数量。它还将值标准化在–1～1，其中接近 1 的值表示该解决方案擅长检测，并且没有误报，0 值表示该解类似于随机选择，而–1 表示一个糟糕的解决方案，不能很好地检测事物。表 11-3 展示了反病毒实验的 MCC 度量。从这个组合指标中可以看出，AV5 和 AV2 都不是最好的总体解决方案，而 AV4 具有最佳的真正假正比率（True-to-false-positive Ratio）。

表 11-3　反病毒实验的 MCC 度量

反病毒解决方案	MCC
AV5	−0.14
AV1	0.43
AV2	0.46
AV2	0.62
AV4	0.68

分析过程不能以指标作为评量基准的终极目标而结束。数据集是一种可能关于有用或有趣行为模式的观察性研究。例如，如果我们的基准只考虑检测恶意软件，那么，FakeInstall 和 SMSSend 家族几乎占所报告事件的 80%。因此，如果你对数据集执行了案例对照研究（参见第 4 章"探索性研究"，以了解详细信息），以查看反病毒解决方案在检测这些恶意软件家族方面有多么有效，那么，结果会更偏重解决方案的有效性，因为它会有一个更广泛的影响。一些防病毒解决方案可能无法检测到由多个打包工具打包的恶意软件，这也可以成为很有趣的研究内容。这将暴露解决方案的一个严重弱点，从而利用该弱点使该方案无效。

虽然由于问题空间的动态特性，标准化基准不总是可行的，但在领域内进行标准化是有好处的。标准（Standard）是一个由团体同意、接受和支持的想法或概念。网络领域和网络安全领域有许多不同类型的标准，如通信协议、加密方法、随机数生成等。然而，我们只对基准的标准感兴趣，基准标准化应该覆盖生成它的数据集或过程、执行方法、度量过程和计算度量。

深入挖掘：网络安全基准

虽然网络安全领域没有太多基准标准，但是可以从几个方面开始并作为启发。一些网络安全基准的列表：

（1）https://www.owasp.org/index.php/Benchmark

（2）https://code.google.com/archive/p/wavsep/

（3）https://benchmarks.cisecurity.org/

（4）https://www.securityforum.org/tool/the-isf-benchmark-and-benchmark-as-a-service/

（5）http://dl.acm.org/citation.cfm?id51978683

（6）http://www.eembc.org/benchmark/dpibench_sl.php

（7）https://www.eicar.org/download/eicar.com.txt

（8）http://energy.gov/oe/cybersecurity-capability-maturity-model-c2m2-program/electricity-subsector-cybersecurity

（9）https://www.praetorian.com/nist

（10）https://www.ipa.go.jp/files/000011796.pdf

11.3.4　基准测试的问题

虽然基准是一个有用的工具，但目前仍存在一些限制其效用的挑战。首先，网络空间发展得非常快。今天的技术很快就会过时并被取代。想想 10 年前世界是多么不同。我们不会做基准实验，因为 iPhone 和 Android 都没有发布。发展的高速意味着必须频繁地更改和更新基准，这需要资源和社区协议。

其次，作为这些变化的一部分，黑客总是试图做一些前无古人的事情并不断成功。零日（Zero Days）漏洞是未被公开或被防御者发现的漏洞。对于已经发现的事物，很容易定义基准，却很难为将来的未知情况生成测试。基准仅包含已知内容，限制了对结果未来的预测性。在运行一个基准的几分钟后，其可能就会因为新技术或策略的发布而失效。

第三个问题是网络安全被定义为一个竞争领域。所以攻击者总是试图找到绕过防御的方法。如果防御基于基准来开发，那么，攻击者可以利用基准作为工具来确定他们的攻击是否能够击败防御。基准还可以带来虚假的安全感。与其他领域一样，供应商也可以基于基准来开发，从而使得解决方案可能会变得教条地依赖基准。

最后，需要理解如何适当地使用基准。在过去的时间里，已经有了网络安全基准[12]，虽然开发的意图是好的，但是由于偏倚等问题而变得不受认可。使用这些数据集会损害你结果的可接受性[13]，甚至使得你的论文被拒。对不是亲手做出的数据集保持怀疑态度是尤为重要的。了解它们是如何开发的，以及开发它们是如何度量的，对于确定它们是否适用你感兴趣的方法以及测试你感兴趣的问题非常重要。随着网络空间领域的快速变化，我们需要不断地重新评估任何基准，看看它们是否还适合这个目标。

11.4　报告结果

当使用基准时，结果通常只是记录为白皮书和技术报告。你可能在互联网上见过它们[14]。基准常常被用来作为对一种新的研究工具进行评价。这些类型的文章往往集中描述解决方案。如果使用基准，则将其作为分析性能的方法，并对结果进行讨论。由于基准应该已经定义得很好，所以只需要参考其完整的文档，对基准进行简要的讨论。基准的另一种类型的文章是关于生成一个新的基准。基准的生成和实验之间的界

限是模糊的。一般来说,这些论文将遵循相同的格式和类似的内容类别。下面将讨论一种通用文章格式,适用于利用已有基准进行解决方案性能研究的论文。关于适用于生成新的基准的文章格式,请参阅本章后半部分的验证测试部分。

11.4.1 样本格式

下面将为你提供用于发布结果的大纲。每一个出版物都会提供格式指南。当你决定提交研究成果时,请检查选择的出版方的提交要求,以确保你遵循大纲和格式规范。这里提供的大纲遵循已发表的论文中归纳出的通用行文,并且应该可以满足很多出版方的要求。

每一篇论文都是独特的,需要不同的表达方式。这里提供的行文式样包括了所有的通用信息,这些信息对基准类的论文来说十分重要,而且这些信息也包括了通用的开篇格式。对于用到基准的应用研究论文,一般从下面的大纲开始,可以调整它来适应你的主题和出发点。我们知道每个研究者都有自己的写作风格,所以你可以自由地偏离这个大纲。每个章节的讨论都点明了重点,以及其之所以为重点的原因,因此,可以用最适合你风格的方式展示重要信息。

1. 摘要

摘要是论文简明易懂的概述,目的是为读者提供一个关于论文所讨论内容的简要描述,应该只讨论在文章的剩余部分中将要陈述的内容,不需要其他额外的信息。每个论文出版方都将提供编写摘要的指导方针,通常包括摘要的最大字数限制以及格式要求,但有时也会包括对提交论文的类型和版式的要求。

2. 介绍

论文的第一部分从来都是给予读者有关论文其余部分的介绍,提供了进行研究的动机和推理。对于基准研究,应该介绍将测试什么新的解决方案,旨在解决什么问题,在此之上,你将用什么样的性能指标来评估解决方案。

3. 相关工作

相关工作部分应包括对该研究课题的领域知识的简要总结。有没有竞争性的解决方案?解释过去的应用有怎样的不足。在解决方案空间中欠缺的什么激发了本文定义的解决方案。应该包括对过去执行的基准的讨论。

4. 指导理论/科学

对于基准测试来说,此部分是可选的。如果你正在对你设计的一个新系统进行基准测试,那么,强烈建议你使用此部分。相反,如果你正在对其他人开发的一个或多个解决方案进行基准测试,那么,你可能会缺乏编写本节的信息。

如果你确实认为本部分是合适的,那么,最好讨论一下哪些理论或基础科学是你所用方法的基础。在本部分中,你应该提供你所用方法的背景。阐述你在构建解决方案时用到了哪些相关问题和领域的知识。例如,从一个观察研究中,我们知道了攻击者使用的技术发生了改变，正在使用一种与以往风格不同的新型打包工具。根据文献综述得知，一个特定的机器学习方法善于发现这种新的打包方式；我们将有健全的科学基础来开发新的反病毒解决方案。在开发解决方案和解释你所应用的科学时，让你对自己的推理充满信心，这一点很重要。本部分的目的是为你提供证据，说明为什么你在解决方案中应用科学是合理的。

5．测试用例/方法

本节涵盖不同的材料，具体取决于你是对自己开发的解决方案还是其他人开发的解决方案进行基准测试。如果是前者，应用论文的方法部分通常是论文的重点或主要部分。在方法这一节中，要描述你的解决方案，包括一切的细节内容，如算法、函数、代码等。相反，如果你正在测试其他人的解决方案，那么，你应该有一个测试用例部分，讨论如何以及为什么选择你正在进行基准测试的解决方案。

6．方法

在方法部分中，你将讨论使用的基准，以及为什么选择该基准。简要解释测试的基准包括什么，它评估什么性能指标，以及你执行该基准所遵循的过程。如果测试需要特定的系统或环境配置，请记录如何设置测试环境。本节的目的是明确说明如何生成基准测试的结果，以便其他人可以独立复制你的测试。

7．数据分析/结果

在论文的结果部分，说明进行基准测试后发现的内容。讨论基准的度量和解决方案的得分方式。将其与其他方案的结果进行比较。通过表来展示结果是一种实际而高效的方法。你还可以显示有趣结果的图片，如发生的数据异常，或者展示数据样本的分布。如前面所讨论的内容，如果在探索结果的过程中发现超出度量的任何有趣的东西，请在这里解释它们。

8．讨论/未来工作

讨论/未来工作部分供你指出截至此文你无法执行的工作，你希望执行的后续工作，以及对你之后可能执行的人的一般建议。为你得到的结果提供你的解释。如果结果有趣并影响了一个理论，告诉读者你认为发生了什么，以及你认为论文结果是否将改写这个理论，讨论你认为该工作将导向何处。

9．结论/总结

在论文正文部分的最后一节，总结本文的研究结果和结论。结论部分通常是读者在阅读摘要后快速阅读的地方。对基准测试的最终结果和你从中所学到的东西做一个清晰而简洁的陈述。

10．致谢

致谢部分是向在论文中未包含的部分研究中帮助过你的人表示感谢的地方，也是致谢支持你研究的资金来源的好地方。

11. 参考文献

每个出版方都将提供有关参考文献的格式指南。遵循他们的指导规则，在论文结束部分列出所有引用的参考文献。根据论文的篇幅，你需要调整引用的数量。论文越长，引用越多。一个比较好的方法是，6 页的论文有 15～20 个参考文献。对于同行评审的出版物，你的大多数参考文献应该是其他同行评审的作品。引用网页和维基百科不会让审稿人感到可信度。另外，确保你只列出对你的论文有用的引用，也就是说，不要夸大你的引用计数。好的审稿人会检查，这很可能会反映出你的不合格之处，导致拒稿。

11.5　验证测试

验证测试（Validation Testing）是一个严格的控制过程，用于研究应用科学解决问题的性能。应用实验有时也称为验证过程。验证测试是确定工程系统如何很好地解决问题的过程。基准测试实际是更为预先确定并生成的一次性测试，而验证测试是完全受控的环境，以确保只有问题和解决方案的某些方面被一起研究。

验证测试与假设驱动的实验（第 9 章"假设-演绎研究"）密切相关。两者使用相同的术语、非常相似的过程、严格和有条理的应用要求。两者的主要区别在于研究的目的或重点。假设-演绎实验着重于获得对系统的基本理解以及它如何在不同环境下工作，应用实验则侧重于系统是否良好地解决工程问题。这种界限可能是模糊的，因为网络空间很大程度上是由工程系统组成的。判断是否是应用研究的一个简单方法，询问相关测量是否基于性能。也就是说，是否有期望达到或超过的一些性能指标（更快、更多、效能、更便宜等）。如果考察的内容更多的是基于行为的（发生什么、为什么），那么这就是一个基础实验。

由于验证测试非常类似于我们已经讨论过的假设驱动实验，所以本节将只讨论这两者之间的主要差异。为此，将通过一个例子来说明验证测试。移动目标防御系统[15]是一个非常受欢迎的应用研究课题。在一个攻击者的网络攻击链里[16]，攻击者通常要经过一系列步骤来执行攻击，第一步是侦察攻击目标。移动目标防御的理论基础是：如果防御性网络空间以某种方式足够快地移动或改变，将阻止攻击者对目标足够长时间的锁定，从而使攻击者无法成功攻击。在我们的例子中，可以假设要测试的是一个新的移动目标防御系统的性能。

深入挖掘：移动目标防御
移动目标防御是一个广泛的主题，但通常指的是防御技术，这种技术"移动"网络资产使得攻击者很难发现漏洞。移动目标防御是在过去 10 年中最成功的防御技术之一。地址空间布局随机化（ASLR）是一种随机化可执行文件在存

> 储器空间中的位置的技术，能防止攻击者知道内存漏洞溢出缓冲区的位置。ASLR 与数据执行保护（DEP）一起给挖掘缓冲区溢出漏洞增加了难度。

验证测试的不同之处在于假设或缺乏假设。假设是基础实验的重要组成部分。然而，他们在应用实验中更加强制或者更加隐含。应用实验的研究问题始终是"解决方案有多有效？"隐含的假设通常是"新的解决方案等同或超越过去（竞争）的解决方案"。

11.6 自变量

验证测试对自变量的处理应该与基本实验相同。需要完全地记录你的假设，任何可能影响解决方案性能的方面都应该列表并解释。当然，这个列表包括被测试的解决方案和竞争对手，但它也涵盖了无关的变量。表 11-4 列出了验证测试实例的自变量。

表 11-4 验证测试实例的自变量

变量	描述
硬件	硬件的品牌、模型和配置会影响系统的安全基线
软件	软件的品牌、版本和配置会影响系统的基线安全性，这包括操作系统以及其他运行的应用程序
架构	体系结构，或者硬件和软件是如何相互连接的，可能影响系统的安全基线
安全传感器类型	所使用的安全传感器的类型可能影响系统检测攻击的能力基线
分析工具	分析工具的类型，如 SIEMS，可能会影响系统检测攻击的能力基线
传感器放置	所使用的传感器的位置可能影响系统检测攻击的能力基线
攻击者经验	攻击者的经验可能会影响攻击者在攻击测试环境时获得成功的能力基线，在运行多个测试时尤其具有挑战性，如何确保攻击者在测试之间不学习或改变
攻击者目标	攻击者目标将决定攻击者锁定什么以及攻击的复杂性，这可能影响攻击者成功攻击测试环境的能力基线
攻击者策略	攻击者使用的策略可能影响攻击者成功攻击测试环境的能力基线。在运行多个测试时尤其具有挑战性，如何确保攻击者在测试之间不学习或改变
攻击者工具	攻击者使用的工具可能影响攻击者成功攻击测试环境的能力基线
攻击者社会因素	文化、国籍和组织会影响攻击者成功攻击测试环境的能力基线

11.7 因变量

与自变量一样，在应用实验中，因变量（Dependent Variables）的处理与其在基础实验中基本相同。在第 9 章"假设-演绎研究"里，因变量是被监测以确定实验效果的可观察变量。在应用实验的情况下，因变量总是一些性能测量的观察值。测量应用程序安全性能的方法并不总是简单明了的。到目前为止，还没有找到一种方法来测量系统的实际安全性。因此，一般情况下，必须找到某种形式上的替代品来测量安全性。

回到例子中，可以展示如何用替代品来处理测量。我们的最终目标是测量系统的安全性。没有一种直接的方法来测量一个系统的安全性。因此，我们将开发一些替代品来确定安全的有效性。有两种主要的度量标准可以确定面对攻击时安全防护的有效性，即执行设计目标的能力和攻击者的成功程度。设计目标是与特定环境高度关联的，但一般来说，可观察值是对完成了多少关键动作的某种量化。我们的实验环境将模拟一个电子商务网站，设计的目标度量可以映射到服务器和其他应用程序的业务功能里，这将在 11.8 节中更深入地讨论。销售数量和收入是销售部门的关键点；代码行数和工作时间是软件工程部门的关键点；考勤和薪资是人力资源部门的关键点。对于威胁成功类别，因变量为开发时间、数据泄露量和目标完成百分比。

11.8　实验设计

通过实验设计（Experimental Design），我们需要选择哪些自变量是处理变量，哪些是需要控制使其不起作用的无关变量。在示例实验中，我们选择的两个处理变量是威胁目标和防御工具的选择。接下来，我们将讨论无关变量的控制策略，然后将处理变量分块设计到测试中。

所有的环境变量都是无关变量，所以我们将在所有的测试中使用相同的环境。我们将建立一个基于电子商务网站的软件环境模型。每个部门，包括人力资源、销售和产品开发都有业务流程来驱动公司内部的角色行为。我们将用基于代理的软件来模拟这种行为。该环境将配置最佳安全实践安全工具和布局。该环境架构将遵循一种通用的思科网络架构，它有一个将部门分开的核心网络和一个承载所有内部服务的服务器中心。非军事区（DMZ）承载面向外部的服务，包括电子商务网站。对于真实实验，记录这种环境所需的特异性水平将显著增大。然而，为了实验的目的，我们需要一个足够现实的实验环境，并在实验测试之间保持稳定。

为了比较移动目标防御的有效性，必须有另一种假设。隐含的假设是新的方法将提高安全性能。因此，在测试中必须有一些其他配置来提供结果的比较。这可能是一个不同的移动目标防御或一些其他的新方法，但为了简单起见，我们将指定它为以下网络安全最佳实践。在这个实验中，我们将遵循 NIST 800 系列准则[17]建立传统的安全控制。这些相同的安全控制将出现在移动目标环境中，我们将查看其他技术的加入会导致多大的变化。

为了测试基于威胁的无关变量，我们将有 3 个红队作为实验对象。虽然从红队总体中随机选择一个更大的集合会更好，但是这样做成本太高，并不实际。此外，我们将为他们提供一周的训练，尝试控制受试者的经验。为了理解移动目标是否仅对特定类型的攻击有影响，实验将包括 3 个攻击目标：拒绝服务（DoS）、数据泄露和数据完整性操作。我们将让每个队执行 3 个攻击目标，以使我们能够从威胁队伍的经验、方法或工具的差异中检测到任何影响。我们将打乱顺序以及每个攻击执行和防御工具的对应关系，以便得出更好的效果并提供确定效果所需的比较信息。表 11-5 描述了我们将在这个实验中执行的分组测试。

表 11-5　应用实验控制分组示例

威胁队伍	最佳实践	移动目标防御
1 队	泄露、拒绝服务	完整性
2 队	完整性	拒绝服务、泄露
3 队	拒绝服务	泄露、完整性

表 11-5 中列出的实验计划分组使我们能够严格地测量新移动目标防御的性能。为了应对红队数量有限的实际限制，有必要设计额外的控制，以处理成熟效应、经验水平和策略差异的同时，获得足够的试验。通过测算红队的效率以及各种业务流程的停机时间，我们设计了一个方法来量化新移动目标防御的性能。我们故意选择这个例子来展示验证测试的问题以及如何用周到的设计来解决这些问题，因为验证实验经常遇到实验和测量能力方面的限制。11.9 节将详细介绍在验证测试中可能遇到的一些挑战。

> **深入挖掘：证明与验证**
>
> 证明与验证是评估工程系统的常用过程。证明是通过测试以确保开发符合规格要求，验证是测试确保问题得到解决。或者更直截了当地说，证明是确认方案是否正确的过程，而验证就是确定是否构建了正确事物的过程。通过科学严谨地进行验证和证明，可以确保得到强有力的证据来确定解决方案是否合适。本章讲到的验证在很大程度上是一个实验过程。证明可以从更探索性的角度进行，而第 12 章中描述的可操作性边界测试和灵敏度分析方法都是很有用的技术。

在执行这些实验后需要分析数据以确定效果。同样地，用于假设-演绎实验的统计分析方法也可以应用于这里。第 9 章"假说-演绎研究"已经简要介绍了这些分析方法。

11.9　验证测试问题

在进行验证测试时，需要牢记一些挑战。首先，建模现实环境是非常具有挑战性的。关于如何构建网络环境，没有任何公认的通用案例。实例化网络空间模型进行验证测试通常需要多个能力（IT 系统、用户、应用程序、网络等）。不幸的是，我们仍然缺乏关于如何量化一个环境"真实"程度的科学，即便包含详尽的功能列表也是如此。第 13 章"仪器"将更详细地讨论这些测试平台的能力。然而，这些功能昂贵且难以操作。

其次，操作系统几乎从来没有向实验开放。鉴于操作环境是有目的的，通常认为在操作系统中执行潜在的破坏性实验是不好的做法。即使可以在真实环境中进行实验，你也缺乏将环境控制到足够水平的能力。这导致无数的混杂，以至于很难确定实际发生了什么事件以及哪些行为是造成影响的原因。所有这些都导致操作环境对大多数验证测试无效。

最后的挑战是建模攻击者的能力。攻击者不喜欢被研究，当他们的技术被发现时，他们会做出改变，以免被抓住。这使得建立攻击者模型的实验变得非常困难。只能使用真实的人作为攻击者，正如样例中的红队。红队很昂贵，而且很难量化他们的专长。因为威胁试图隐藏在雷达之下不被察觉，真正的攻击可能花费几个月的时间来执行。作为实验，维持一个月的攻击是不切实际的。

虽然这些都是执行验证测试的巨大障碍，但不应该就此停下来。验证测试是理解科学应用有效性的一种强有力的形式。如果不进行验证测试，作为一个社会，我们将缺乏如何最好地投资于防御和击退攻击的客观知识。验证测试很困难，但却是一种崇高的追求。

11.10 报告结果

科学工作的最后一个重要步骤是报告结果。如果伟大的发现没有人知道，或者不能为未来科学发展提供知识的支持，又或者不能设计出一些具有超前眼界的事物，那它将毫无意义。记录实验结果的两种最普遍的形式是会议和期刊。它们提供了一个途径，将你获得的知识投入到该领域的知识库中。然而，这都需要经过同行评审。同行评审提供针对研究主题、研究方法和报告研究质量的验证性检查，以确保一定的质量水平。理想的情况是，论文的质量应该是决定接受与否的唯一标准，实际上，话题的新颖性、开创性和受欢迎性也在评审过程中起作用，所以在投稿目标时应该考虑这些因素。在本节中，我们提供了一个报告验证测试研究的通用模板，这将适用于大多数会议和期刊。

11.10.1 样本格式

下面将为你提供用于发布结果的大纲。每一个出版物都会提供格式指南。当你决定提交研究成果时，请检查你选择的出版方的提交要求，以确保你遵循大纲和格式规范。这里提供的大纲遵循已发表的论文中归纳出的通用行文，并且应该可以满足很多出版方的要求。

每篇论文都是独特的，并且需要一些不同的呈现方式；然而，所提供的样本包括了论文中必须涵盖的所有一般信息。当开始写一篇应用实验论文并修改它以符合出版方要求时，我们通常从这种格式开始。我们知道每个研究都有自己的风格，所以你可以自由地偏离这个大纲。每个部分的讨论都用来解释哪些内容很重要以及为什么要包含它，所以你可以以任何最适合你风格的方式呈现这些重要信息。

1．介绍

论文的第一部分通常应该是给读者提供论文其余部分的介绍。介绍部分提供了为什么进行研究的动机和推理。对于应用研究，它应该讨论问题域，也就是说，论文的其余部分试图解决的问题是什么。

2．相关工作

相关工作部分应包括关于该研究课题的领域知识的简要总结。有没有竞争性的解决方案呢？解释过去应用的不足之处。在解决方案空间中欠缺的什么激发了本文定义的解决方案。

3．指导理论/科学

由于应用研究的基础是从基础科学获得的知识，讨论什么理论或基础科学是所用方法的基础是个很好切入点。在这一部分中，你应该提供方法的背景。阐述对创建解决方案所运用的问题和领域的知识。例如，从一个观察研究中，我们知道了攻击者使用的技术发生了改变，他们使用了一种与以往风格不同的打包工具。从以前的文献中我们还知道，一个特定的机器学习方法善于发现这种新的打包方式；我们将有健全的科学基础来开发新的反病毒解决方案。在开发解决方案和解释你所应用的科学时，让你对自己的推理充满信心，这一点很重要。这便是本部分的目的。

4．方法

应用论文的方法部分通常是该论文的重点或主要部分。在这一部分中，要描述你的解决方案，包括一切的细节内容，如算法、函数、代码等。

5．实验设计

论文的实验设计部分应该清楚地定义你执行实验所需的过程。这部分至关重要的是保证清晰和完整，以便读者能够在各自的环境重复实验。在本部分中，你需要定义测量解决方案性能的方法以及可能影响性能的自变量，包括与解决方案有关变量和无关变量。你需要定义实验控制变量的方法，决定哪些自变量会产生影响。此外，要说明每个实验将如何运行，以及自变量在它们之间有何变化。这应该包括你将使用何种方法控制变量，以及你将如何控制其他自变量以防止干扰结果。最后，你应该定义使用的统计数据和使用它们的动机。

6. 实验配置

实验配置部分应该讨论被测试的系统以及用于执行一系列实验的实验环境。你需要提供尽可能完整的文档，包括硬件（配置的服务器的供应商/型号、固件）、软件（类型、版本、配置）、网络配置（物理连接，包括 IP 地址的逻辑连接等）和仪器（位置、频率等）的信息。与实验设计部分一样，目标是保证内容完整，以便读者可以复制配置。由于文章篇幅有限，这部分往往是第一个缩减的地方，因为它不如结果那么重要。如果你发现自己需要缩减该部分，最好将此作为附录完整地记录并添加到论文中，因为你可以在附录中提供带有说明性信息的附录，而不用计算字数。

7. 数据分析/结果

在论文的结果部分，说明分析后发现的内容。设置所有实验的显著性、置信区间和效应大小。与过去的或竞争的应用解决方案进行比较分析，对于将结果置于背景中讨论非常有帮助。没有以前的性能数值，很难确定你的工作是否有成果。创建表以显示结果是一种高效的方法。你还可以展示有趣结果的图片，即是否发生数据异常或者显示数据样本的分布。如果在测试期间发生任何意外情况（如设备故障）并显示在数据中，请在本部分进行说明。

8. 讨论/未来工作

讨论/未来工作部分是为你获得结果提供解释。讨论你认为应该执行的附加测试。讨论从验证测试中获得的知识可能导致的未来研究方向。如果性能低于预期，应该进行更多的观察研究吗？在测试过程中发生了一些奇怪的现象，可以通过假设-演绎实验来研究吗？

9. 结论/总结

在论文正文部分的最后，总结本文的研究结果和结论。结论部分通常是读者在阅读摘要后马上阅读的地方。对这项实验的最终结果和你从研究中得出的东西做一个清晰而简明的陈述。

10. 致谢

致谢部分是向在论文中未包含的部分研究中帮助过你的人表示感谢的地方，也是致谢支持你研究的资金来源的好地方。

11. 参考文献

每个出版物都将提供有关参考文献的格式指南。遵循他们的指导规则，在论文结束部分列出所有引用的参考文献。根据论文的篇幅，你需要调整引用的数量。论文越长，引用越多。一个比较好的方法是，6 页的论文有 15~20 个参考文献。对于同行评审的出版物，你的大多数参考文献应该是其他同行评审的作品。引用网页和维基百科不会让审稿人感到可信度。另外，确保你只列出对你的论文有用的引用，也就是说，不要夸大你的引用计数。好的审稿人会检查，这很可能会反映出你的不合格之处，导致拒稿。

参考文献

1. The Linpack Benchmark. Retrieved February 25, 2017, from http://www.top500.org/project/linpack/
2. Futuremark. PCMark 8. Retrieved February 25, 2017, from https://www.futuremark.com/benchmarks/pcmark
3. Futuremark. 3DMark Benchmarks. Retrieved February 25, 2017, from https://www.futuremark.com/benchmarks/3dmark/all
4. Consumer Reports National Research Center. (April, 2014). Where's My Smart Phone? [Digital image]. Retrieved February 25, 2017, from http://www.consumerreports.org/content/dam/cro/news_articles/Electronics/CRO_Electronics_Lost_Stolen_PhoneV6_04_14.jpg
5. Carrera, E., and Silberman, P. (April 14, 2010). State of Malware: Family Ties. Speech presented at Blackhat EU in Spain, Barcelona.
6. Ugarte-Pedrero, X., Balzarotti, D., Santos, I., and Bringas, P. G. (May, 2015). SoK: Deep Packer Inspection: A Longitudinal Study of the Complexity of Run-Time Packers. In 2015 IEEE Symposium on Security and Privacy (pp. 659-673). IEEE.
7. Aldeid. PEiD. Retrieved February 25, 2017, from https://www.aldeid.com/wiki/PEiD
8. A.S.L. (February 21, 2017). Exeinfo PE (Version 0.0.4.4) [Computer software]. Retrieved February 25, 2017, from http://exeinfo.atwebpages.com/
9. Spreitzenbarth. (May 12, 2016). Current iOS Malware. Retrieved February 25, 2017, from https://forensics.spreitzenbarth.de/current-ios-malware/
10. Mobile Threat Report (Tech. No. Q1 2014). Retrieved February 25, 2017, from F-Secure Labs website https://www.f-secure.com/documents/996508/1030743/Mobile_Threat_Report_Q1_2014.pdf
11. Greenberg, A. (November 18, 2015). Here's a Spy Firm's Price List for Secret Hacker Techniques. Retrieved February 25, 2017, from http://www.wired.com/2015/11/heres-a-spy-firms-price-list-for-secret-hacker-techniques/
12. McHugh, J. (2000). Testing Intrusion Detection Systems: A Critique of the 1998 and 1999 Darpa Intrusion Detection System Evaluations as Performed by Lincoln Laboratory. ACM Transactions on Information and System Security (TISSEC), 3(4), 262-294.
13. Brugger, T. (September 15, 2007). KDD Cup '99 Dataset (Network Intrusion) Considered Harmful . Retrieved February 25, 2017, from http://www.kdnuggets.com/news/2007/n18/4i.html
14. Rubenking, N. J. (February 21, 2017). The Best Antivirus Protection of 2017. Retrieved February 25, 2017, from http://www.pcmag.com/article2/0,2817,2372364,00.asp
15. Jajodia, S., Ghosh, A. K., Swarup, V., Wang, C., and Wang, X. S. (Eds.). (2011). Moving Target Defense: Creating Asymmetric Uncertainty for Cyber Threats (Vol. 54). Springer Science & Business Media.
16. Lockheed Martin. The Cyber Kill Chain. Retrieved February 25, 2017, from http://www.lockheedmartin.com/us/what-we-do/aerospace-defense/cyber/cyber-kill-chain.html
17. NIST. Computer Security Special Publications 800 Series. Retrieved February 25, 2017, from http://csrc.nist.gov/publications/PubsSPs.html#SP 800

第 12 章 应用观察研究

应用观察研究是最容易被忽视和忽略的一章，并有可能被其他诸如实验或理论等话题取代。有些读者可能认为应用观察研究与基本观察研究类似，但这个想法是一个重大错误。事实上，应用观察研究可能是网络安全领域中最常见的研究类型。与计算机科学和相关领域一样，网络安全领域的研究人员通常专注于向公众展示他们的技术、解决方案、算法或过程。这种方法能够确保信息在研究人员之间及时共享，但往往不具备实验出版物所需的科学严谨性，或不遵循案例对照研究的观察过程。然而，这并不意味着作者就可以不受任何限制地去解释研究结果。

应用研究（Applied Study）观察一种新的解决方案，以了解它在不同条件下的表现，这通常意味着新的防御特征或系统变化。此外，还可能伴随着一个假设或预测。换句话说，对观察受体会表现何种行为，研究者会有一个期望或不成文的假设。应用研究的设计者试图理解一些变化或影响产生的效果，这通常伴随着对性能或行为的假设。例如，对防火墙旨在理解当将其添加到网络时对性能成本影响的研究，被视为应用研究。此外，研究者要证明自己的假设即防火墙能提供更好的保护，但需要负担未知的成本。然而，寻求收集数据并试图更好地了解人类防御者如何通过防火墙（没有任何新技术或改变）保护企业的研究将难免落入经典的基础观察研究藩篱。

在本章中，我们将探讨如何将第 4 章"探索性研究"以及第 5 章"描述性研究"中介绍的技术和方法运用到科学应用研究中。虽然任何类型的研究都可以在应用环境中使用，但通常来说案例对照研究、案例研究和案例报告是最常见的方法。本章所涵盖的原则同样适用于其他类型的研究。严格的应用研究应该来自基础科学的应用结果。通常，科学领域之外的人认为研究和开发应该遵循从理论到实验再到应用的有序过程。应用研究也的确有助于启发理论和实验，实验和基础研究的结果也有助于指导应用研究，这是一种相互的关系，通常不遵循简单的线性路径前进。例如，一个应用研究的压力测试可能为将来的实验提供信息，这有助于完善理论，进而引出更多的研究。

因此，应用研究与非应用研究或基础研究的区别在于研究的动机和目标。基础研究的目的是了解系统的特性和行为，与之相对的应用研究的目的是获得对性能或功能的理解。这需要对性能进行预期，并引入特定的变化或系统来度量。

12.1 应用研究类型

应用研究与观察研究的关键差异在于其范围不同。应用研究观察特定主题的性能、功能、安全性等。基本观察研究观察整个系统，而不对行为进行假设。在自然科学中，这通常被描述为在"野外"或"自然栖息地"中研究自然。在网络空间中完成这种比较可能是一个挑战。基本观察研究的主题是整个网络系统，没有从观察者那里注入或引入变化或变量。与之相对，应用研究则引入一个待评估的特定变化或主题。

与基础观察研究一样，应用观察研究（Applied Observational Study）可以分为探索性（Exploratory）和描述性（Eescriptive）研究两类。应用研究（Applied Study）中的探索性是指研究者为确定网络系统行为的重要性和程度而做出的探索。经典的性能压力测试，如读/写速度、通信等待时间，或者与网络安全更相关的东西，如密码性能或密码响应时间等，都是应用探索性研究的实例。另一个例子则是灵敏度分析（Sensitivity Analysis），这种类型研究探讨了系统行为极限或界限，如解决方案的运行速度、广度、宽度等。关于应用描述性研究我们有无数例子可以借鉴。经典如"我的安全部件比去年快了 12%"，也许是一个不朽的、虽然经常遇到但很糟糕的例子。一个更好的例子是描述如何应用基础研究的结果。根据研究结果描述新培训训练实施的案例研究是应用描述性研究的一个例子。正如在本章开头提到的，基础研究和应用之间存在相互关系。经常有一个错误的假设，即从基础研究开始，然后随着时间推移，发展为应用研究。相反，往往是一个不断反复的描述性研究导致实验或探索性研究。本章所做研究可以帮助启示和改进未来的基础和应用研究与开发。

本节将研究如何采用第 4 章 "探索性研究"以及第 5 章"描述性研究"中提及的技术和方法。目的在于重点了解系统的行为，即所谓的基础研究。在这里，通过应用研究，我们将解释如何应用情感知识解决问题，并探索如何测量某个系统或事件的性能，这是应用研究的重点。

12.1.1 应用探索性研究

应用探索性研究（Applied Exploratory Studies）是指，当研究人员试图在特定条件下研究系统的性能或效果（与基础研究的一般行为相反）时，观察网络系统的行为或结果。这种研究可以引入一个特定的变化或被评估的主题。实例研究包括可操作性边界测试和灵敏度分析，如负载、性能和压力测试等。我们将使用一个新的基于异常的入侵检测系统的例子来说明应用探索性研究的概念。

1. 可操作性边界测试

可操作性边界测试（Operational Bounds Testing）的定义是显而易见的。这种应用观察研究的目的是探索一个被观察网络系统的边界条件、界限和极限。例如，一个系统或过程有多精确，执行一项任务需要多长时间，不同的条件下的性能类型有哪些，这些常常与需要的资源有关。例如，你的解决方案是否会实时运行，但需要大型超级计算机集群才能这样做？或者，系统或进程能处理多大容量？基本上，我们正在查看的是被测试系统的维度和度量。

可操作性边界测试实际上是由几种不同类型的测试组成的。这些类型可以包括压力、性能和负载测试。为了让可操作性边界测试符合探索性研究的类型，研究人员将收集或生成足够的数据来测试应用程序的性能边界，这些数据集将被分析，用于确定压力、性能或负载。

（1）压力测试（Stress Testing）评估系统在极端情况下可以执行的程度。

（2）性能测试（Performance Testing）评估系统行为符合预期的程度。

（3）负载测试（Load Testing）评估系统或进程在最大预期负载下的表现。

压力测试的目的是观察系统的运行速度、广度和宽度，这通常超出了正常甚至极端情况下的用户行为。这种测试在安全性或其他高可靠性应用中是至关重要的，与安全性测试相关，但是又不相同。两者都基于"正常用户行为"，而安全性测试假设操作者的行为会超出正常范围。当然，并非所有的系统都有用户输入或交互。有些研究可能事关一个新的安全代理的网络影响，这时，就将需要一个没有直接人工输入的环境。

对一种新的、基于异常的网络入侵检测系统进行压力测试，将包含观察被测系统能够处理多少数据，围绕测试的数据可以有多个载体，如大量相同类型的数据、更宽泛的数据、大量短连接以及超长连接。如果我们是这个新入侵检测系统的开发者，应该有这样的直觉，即在入侵检测系统算法的内部运作时，对数据量的这些不同视角中，是否存在影响较小且可以被完全忽略的项。但是，对于这个例子，我们假设正在测试一个由其他人开发的新入侵检测系统。对于每个测试，我们将不断增加数据量，直到达到测试能力的物理极限或入侵检测系统崩溃。例如，在对短连接数量进行压力测试时，将首先在两个网络设备之间创建合成通信。在测试的每个步骤中，将通信对数的数目增加 1。在不断增加设备对数的过程中，达到入侵检测系统网络接口卡的物理带宽限制，或者造成入侵检测系统算法无法跟上数据处理的速度。

性能分析需要预测系统行为。压力测试可能将系统推向极端，是在不太可能"自然"发生的操作条件下进行，而性能测试将运行系统来确定系统表现是否符合预期。例如，如果我们正在研究网络入侵检测系统的例子，并且已知网络流量为 100Mb，那么，在测试时能合理地期望这个入侵检测系统可以处理 100Mb 的持续流量。此外，性能测试可用来建立已知系统上的基准行为并在将来进行比较。性能测试涉及响应度、速度、延迟和利用率。关键是根据先前的研究、理论或经验，建立对性能的期望。

负载测试将通过最大预期负载对系统或进程进行测试。这种类型的分析介于压力和性能测试之间。这种测试也基于预期性能，其关键是确保充分利用被测系统以模仿满负荷的状态。该系统通常可以在轻负载下启动，之后稳定地增加负载，直到达到满负荷状态；通常用来描述系统运行表现或理解它在现实世界中的行为。

在对示例中的入侵检测系统进行负载测试中，需要定义一些常见的通信模式。这些可以通过观察真实系统或理论推导来得到。例如，你可以通过网上对网站的访问发现小的突发通信。通过视频、电话和互联网收音机发现长时间的稳定通信，并将测试设备上的这些实际负载以查看它的实际行为。

这种类型的研究是一个不断验证的过程。一个开发团队需要自我质询："搭建的系统与最初设想一致吗？""它符合要求吗？""这些要求已知吗？"这是确定有效性的初始步骤，通过这个步骤能看出未来的研究和投资是否值得。通常，全面的实验、试点或评估会耗费大量资源，在进行重大投资之前，像这样的初始评估可以帮助改进和修订。

2. 灵敏度分析

从形式上讲，灵敏度分析（Sensitivity Analysis）是研究系统的输出与系统的输入之间的关联程度，或者从数学上讲，是研究输出中的不确定性如何与输入相关。网络安全研究领域可以设计数学方法或算法来检测或分析网络系统行为，这包括从传统的基于网络的入侵检测系统到复杂的基于企业拓扑结构的异常检测图模型分析。灵敏度分析的目的是研究和理解基于不同输入的系统的范围、可变性和局限性。基于数学模型时，这一点更为重要。这种类型的研究实际上是对输入空间的不确定性、变异性和对刺激的敏感性的探讨。当开发全新的范例或技术时，研究人员可能无法准确理解该技术将倾向于哪种应用。例如，想象一下我们更进一步研究了图实例，可能已有研究应用了来自图论的新技术，利用逻辑网络结构的拓扑特征检测网络安全现象。但研究人员可能还不知道这种技术对于描述某种行为的优势或劣势，这种探索将有助于理解该方法的敏感性、实用性和相关性。研究人员希望探索这种新的检测算法的应用，以便更好地了解哪种类型的网络遥测最适合。通过灵敏度分析进行结构检测的测试示例包括以下几类：对于数据量的灵敏度、对所需样本大小的灵敏度、对信噪比的灵敏度（在什么噪声水平下我们仍然能够检测事件）。灵敏度测试的类型和数量可以根据测试的内容而变化。灵敏度分析的另一个问题是其在协助非实验性研究中的作用，如应对一个未观测到的或不可观测的混杂输入变量的挑战。

> **深入挖掘：混杂变量**
>
> 混杂变量是研究中的一个可以影响研究结果的因素或变量，例如，男性癌症发病率的研究可以尝试将吸烟与肺癌联系起来。但是如果这项研究没有考虑寻找其他可能导致癌症的因素，如在石棉厂工作，那么，混杂变量可能会对结果产生实质性的影响。不可观测的混杂因素就是指在当前研究方法中无法测量的因子。20 世纪 50 年代，康菲尔德在吸烟和肺癌研究方面所做的开拓性研究，为群体样本的观察研究奠定了基础[1]。

12.1.2 应用描述性研究

第二种应用观察研究是应用描述性研究（Applied Descriptive Studies）。如第 5 章"描述性研究"所提到的，这种研究更侧重于一个特定的受试者，焦点往往是单个主体或更具体的目标主体。这类应用研究的实例包括案例研究、启发研究和案例报告。应用描述性研究观察知识、过程或系统工作在实际环境中的应用，可以用于测试和评估原型，并研究新政策或程序对总体的影响或者评估新的安全技术的有效性。与应用实验不同的是，应用描述性研究并没有使用对照。包含对照、因变量和自变量中的任何一个都将使应用描述性研究变为一个实验、准实验或应用实验。

案例研究遵循正式的收集和评估过程。有必要认识到案例研究不是传闻证据，它的范围和适用性很有限。一个应用的案例研究将侧重于特定事件的表现或预期结果。

启发研究从人类主体收集信息，包括调查和对个体的采访。调查既是数据收集的方法，又是观察研究的手段。采访可能会引起对计算机系统的响应，但是引出的研究话题将限于人类主体。一项应用启发研究的访谈话题可能是对新工具的反馈，或者是关于新的网络安全工具的见解。

案例报告在其他领域可能用来描述疾病或发生的特定事件，网络安全的案例报告没有案例研究严格。应用案例报告可以记录从业者或研究者的观察结果。可能包括无法支撑一个完整案例研究或更深入的方法的注释或发现，但仍值得分享。

这类研究的基本原则是将研究对象添加到环境中，然后观察所发生的事情并对其进行描述。大体上看作是关于性能表现的描述：它比以前的方法能更好地解决问题吗？它是不是更便宜、更快、更好？这些问题可以通过应用描述性研究来解决。这种研究也应该确保描述任何不利的、消极的或无意的后果。例如，由于系统充斥着假正性，导致研究中的用户退出。归根结底，这是一个描述性的工作，所以应该努力而详细地记录环境（在某些方面，你的案例将是独特的）、在案例研究期间发生的事情以及观察者。

12.2 应用观察方法选择

可操作性边界测试（Operational Bounds Testing）和应用描述性研究（Applied Descriptive Studies）有不同的目标。如果你基于需求开发或选择了解决方案，可操作性边界测试技术将验证你的成果是否正确。应用描述性研究有利于对过程进行文档化，例如，如何将一个新的解决方案集成到一个真实的环境中并捕捉结果。

12.3 数据收集与分析

12.3.1 应用探索性研究

可操作性边界测试的数据将在特定的测试条件下收集或生成。如果是压力测试，将生成大量数据；如果是负载测试，可能需要从真实环境中收集数据。然而，合成生成通常是用于可操作性边界测试的首选方法，因为它具有成本效益，并可使你在生产中具有更大的灵活性。因为目标是在广泛的条件下研究解决方案，所以数据往往不具有真实流量的复杂性。例如，灵敏度分析的目的是评估在正常操作中罕见或不可能的极端条件，对于这类研究，研究人员的目标是了解在什么条件下的应用将正常运转，而什么条件下的应用将运行失败。

可操作性边界测试的分析大体上就是多选项测试。你可以建立一组预定义的测试，这些测试将探索解决方案的功能属性，以便提供足够的关于解决方案是否满足需求的知识。每个测试都可以设置一个通过或失败的标准，以便从分析中明确解决方案是否能够满足不同性能变量的最小阈值。

灵敏度分析需要更多的分析工作。一般的灵敏度分析使用图解法是有帮助的。当改变变量的数量时，绘制灵敏度分析产生的结果有助于揭示趋势。除了可视化结果之外，受试者工作特征曲线（Receiver Operator Characteristic Curve，ROC）是一种非常适合于大多数网络安全解决方案的灵敏度分析技术。由于网络安全问题中的许多问题是分类问题，如恶意软件检测、攻击检测和异常行为检测，所以有可能具有假正率和真正率。大多数网络安全解决方案的检测器或传感器都能够改变灵敏度参数，从而影响真/假正率。ROC 曲线显示了变化的灵敏度下的真正率与假正率，这通常称为灵敏度、召回率或者模型。即使在收集数据之后，该方法也可以用于探索结果。

12.3.2 应用描述性研究

在为应用观察研究使用或生成数据集时，第 5 章"描述性研究"中提出的建议仍然适用。带有偏差和抽样的问题可能会无意中影响甚至破坏应用观察研究的结果。从描述性研究中收集的数据通常是定性的，这包括采访、调查、思想刊物等。请参阅第 5 章"描述性研究"对这些数据收集方法的一些更深入的描述。

准备收集数据时，应该充分地理解调查或研究的路线，以便理解什么样的信息与这个特定的观察研究无关。毫无疑问，根据具体问题以及分析数据得出结论的方法将会变化，而如果一开始没有足够明晰，就会冒着风险收集数据，因为这些数据可能最终与我们的研究不相关。应用探索性研究的优点是相对容易修改和再次进行研究，这可以作为更深入的研究或实验的先导。

应用观察研究仍将使用相同的统计技术来理解所收集的数据，如回归测试、统计测试、t-检验的方法。详见观察研究方法的例子。

12.4 应用探索性研究：压力测试

假设你是一个更大的研究团队的一部分，该团队的任务是为第一响应者和紧急响应提供物联网和移动应用程序。该团队已经提出了一个新的通信应用程序，它支持对等通信而不需要层次结构（在灾难发生时经常会停机），并希望确保通信的安全。问题是所使用的加密工具可能很耗电，并可能不合理地消耗电池，最终给用户带来负担。

这要求研究人员对电池消耗进行研究。需要评估特定设备或系统，而不是在实际环境探索整个系统，因此这是应用研究，这也是构建应用程序团队的一部分。考虑到我们对性能评估的期望，选择应用探索性研究评估电池灵敏度和性能是一个合理的方法。更具体地说，我们将进行电力消耗压力测试。

这项"压力测试新的安全临时通信协议对第一响应者的功耗影响"的研究将需要像任何基础性观测研究一样严谨细致。毕竟我们希望对结果的正确性抱有信心，而且研究的过程也将影响该技术的可行性。我们也意识到，如果要收集的情况出现"负面结果"时，如应用程序执行得很差并且非常消耗电力，我们将有责任报告调查结果并确保其准确性。由于应用研究常常由利益相关者资助，这些利益相关者将以一定的方式获得利益，因此可能产生利益冲突。事实上，你是开发应用程序团队的一分子这件事可能就是利益冲突点。

根据这个例子将确定可能的利益冲突。例如，在与一些同事就你关注的事项磋商之后，他们建议采取补救措施，让来自同一家公司但不同团队的其他研究人员对研究方法和结果进行评审。这一努力的范围是相当狭窄的，使得你能够很好地定义研究的条件。我们将研究设计分为 3 类，即系统、行为和测试方法。

12.4.1 系统

需要定义研究的第一部分是被测试系统本身。由于我们正在评估软件的电量消耗性能，硬件的选择将对电池、计算和网络性能产生难以置信的影响。然而，我们很幸运地拥有现场第一反馈者的实际设备的复制品。这种标准化的硬件是压力测试的重要组成部分。如果要对与现场部署的设备非常不同的硬件进行测试和评估，那么，我们可能对性能结果缺乏信心。我们最初选择了 10 个设备以确保不会因硬件故障影响结果。

12.4.2 行为

接下来需要定义要研究的行为（Behavior）。由于所讨论的软件保证了通信的安全，并且由于射频（Radio Frequency，RF）传输通常消耗最多的能量，我们将把研究的重点放在通信的极端情况进行评估。这是用于研究的数据集不一定是"现实的"的典型例子。例如，我们不需要模拟真实的消息或者定义一个典型的前后对话的用户行为；相反，我们只想把系统推向极限。这些新的移动设备正在相邻网络区域使用最新的通信协议。我们将假设系统行为是最大带宽的全广播，这个极端情况可以将电池性能压迫到可能的最大水平。通常情况下，在系统的整个生命周期中，不应该有任何用户执行全广播，对于这个预期的应用程序，大多数点对点甚至分层应用程序主要是接收器，或者最多是成对通信。

12.4.3 测试方法

研究的最后一个部分是测试方法（Testing Methodology）。我们有几个基于主机的测试工具来评估移动设备的系统电池消耗，但这些工具本身是在设备上运行的。有人担心收集电池消耗遥测信息将无意中影响部署于主机的工具的结果，最初的测试是用这种方法运行的，但是这项研究将直接评估电池状态（通过有线硬件抽头）。最初，所有的 10 个设备都将用于测试，但是因为压力测试可能会无意中损坏硬件，所以我们将把这个缩减为 3 个基准和 3 个研究设备（注意：压力测试不需要基准测试，但是研究人员希望确保没有不利因素（硬件故障）影响压力测试的结果）。这些电池的规格状态是：在达到初始容量的 80%前，可以保证进行 500 次充放电循环。开放的文献表明，这个循环次数一般为 400~1000。因为这些电池是全新的，并且由于我们想要确保固有的电池缺陷或行为不影响研究，所以我们将首先对所有 6 个电池建立基准行为。为此可以测量电池中的几个值，将它们放电到 75%

测量，放电到50%再测量，最后放电到25%测量。注意：电池制造商建议不要将电量释放到零，因此，我们将在研究中避免这种情况。我们不认为不能完全放电会影响电池的消耗比较值，在每个测试中，我们将测量容量（A·h）、充电状态（获得电量百分比）、放电深度（%）、开路电压（V）和经过时间。我们计划运行这个测试10次以评估电池的一致性，但是10次是制造商声称的500次循环的一小部分。不幸的是，在测试过程中，我们发现1个电池的行为与其他9个电池基本上不同。这导致我们舍弃这块电池，并从剩下的4个电池中选择一个新的电池。我们担心新电池未充放过，所以我们将它循环充放了10次（使其等同于剩下的5个测试电池），然后重新测试所有6个电池。这时，6个电池都是一致的了。为了保证性能和基准运行，还将测量传输的字节数。运行基准系统（没有安全通信应用）和测试系统30个周期。这是一个双重压力测试，评估没有新的安全通信软件的设备，以及安装了软件是两个同时的压力测试。我们将收集数据以确定这是否足以进行分析，然后再进行更多的测试。前3部电话被编程为执行全带宽传输，直到电池达到75%、50%和25%，然后记录容量（A·h）、充电状态（获得电量百分比）、放电深度（%）、开路电压（V）、时间和传输的字节数。类似地，使用完全相同的协议对测试设备进行评估。30个周期后，我们收集足够的信息进行统计分析。我们使用 t-检验来比较这两个数据集。

当我们与外部同事回顾研究结果时，他们指出，当前的测试范例可能不像最初想象得那么精确。安全性测试将假定大于等于没有它时的功耗。因此，对于这些系统来说，达到75%的进一步状态的速度应该更快，问题是确定何时停止并对各种检查点进行测试。我们讨论了这个问题并决定修正消息的大小，因此，我们将在基准系统中传输足够数量的分组使得电池容量下降25%，然后对安全通信系统进行同样的处理。这将消除每经过1/4时的检查点，再运行30次后得到了一致的结果。本质上，我们正在向两个系统发出极端的流量，以确保将性能推向极限。

最后的测试目的是确定对设备的整个生命周期的影响，以确定它是否能经受住大量测试。我们再次进行了测试，但这次是100个电池周期。这样测试了4次之后，确定超过400次充放电循环是否会对专用通信软件的消耗产生显著影响。

这种测试用来评估系统的速度、消耗、利用和一般性能。这个例子说明了在安全通信软件上进行压力测试所需的步骤和注意事项。总是可以添加额外因素，但有效的研究将隔离测试条件和行为。这在很大程度上被认为是验证过程。我们建立了关于通信和电池性能之间的关系吗？它符合我们的期望吗？对于真实的数据集、实验或人类学科研究，这是很好的一步。

12.5 应用描述性研究：案例研究

让我们探索一个应用观察案例研究的例子。想象一下有同一个研究团队，为第一响应者移动设备开发了一种新的安全通信工具，并已经进行了压力测试，以了解系统在实验室条件下以及极端情况下的表现。但现在的研究目的是真实用户将如何使用手机。我们的计划是进行两个阶段的研究。首先是"一种新的安全临时通信协议对第一响应者的有效性的应用研究"。我们先将设备提供给第一响应者，并要求他们将其作为日常工作电话。我们将与每个受试者一起工作，以确保他们所需的典型应用和功能可用。但是因为这是该领域中使用的标准硬件，所以过渡将不会太困难。然后，我们将每月进行回访，以确定系统运行 4 个月的表现。我们希望集中于这些问题：①感知到性能或功能的下降；②任何增加的功能（当传统服务不可用但安全邻域网络可用时）；③帮助改进系统的任何用户反馈。

由于这项研究显然涉及人类受试者，我们首先需要从公司的机构审查委员会着手，得到一些关于在问卷中需要避免的问题的反馈，这可能是一些无关紧要的问题，但是会产生比本研究目的所需要的更多的个人可识别的信息。我们计划使用当地的第一响应者来进行研究以获取信息并降低成本。我们不需要讨论这些第一响应者的普遍性是否同样适用于更大领域，因为这是一项具体的应用研究（这种方法范围有限而且具有特殊性）。由于我们在当地工作，这还牵涉到警察局长和消防队长。他们自愿让员工参与这项研究，并希望员工们了解和帮助这项研究的方向，从而提供他们的从业者视角，以及确保研究者不会干扰日常任务。最初的研究计划确定了目的、主题、干预手段和过程，并经受了所有利益相关者的审查（包括机构审查委员会）。

反应偏差的问题在这里将被直接关注。由于受试者知道研究的问题以及他们正在参与这个研究，可能会有多种因素影响结果的有效性。例如，如果用户想取悦研究者，他们可能过度夸大积极的一面或者低估负面因素。为了解决这个问题，研究人员将从手机本身收集功能性指标，如它的使用频率、安全通信应用程序的激活方式、使用时间等。第一，为了保证没有偏差，我们事先没有向受试者公开这件事情，只是收集了有限的信息，机构审查委员会批准了这一点，并在了解实情后同意。第二，我们向受试者简述了研究背景以及他们所做报告的重要性。同意书详细说明了这一工作的重要性和有效性。第三，这些问题被设计成尽可能地限制主观性。通过采用具体的定量术语、序数值和简短的回答来消除歧义，并帮助解决回答者的主观性问题。第四，研究工作要持续足够长的时间，以消除任何短期偏差问题。这样的工作通常会持续 6~12 个月，并包含几个检查要点。

这项研究的目的如前所述。目标是收集信息供用户做出确认：①感知到的性能下降（由于安全应用的使用）；②感知到的性能或表现的提升（由于安全应用的使用）；③任何额外的用户反馈（由于安全应用程序的使用，但这也可能包括多种因素）。

在这种情况下，研究对象是人类以及新引入的移动设备（工作电话）的组合。这是一项网络安全研究，需要将网络空间定义为计算设备、网络、信息和用户的组合。这项研究举例说明了仅仅研究人的行为，或者仅仅孤立地研究移动电话的性能，在理解完整的网络场景时缺乏有效性。

我们首先从消防部门和警察部门募集志愿者。在收集反馈之后，能够确定 22 名警官和 20 名消防应急响应人员愿意参加。我们担心可能没有足够的人来保证研究具有代表性，因为资源有限，只有 50 个设备能够出借（包括 10%的应对损坏和遗失的后备设备）。第一步是解释研究的目的、设备的操作、问题的格式，并回答任何问题。这项研究并不意味着要保证受试者一无所知或是需要隐秘进行。我们希望得到关于新型安全通信特性的可用性反馈。在回答完所有问题之后实验开始了，我们要求员工像使用正常工作电话一样使用实验电话。几个参与者的后续问题将由研究小组解决。一个月后，给 42 名参与者发放包含预先确定的问题的问卷。这些问题主要针对前两个目标。这项工作重复进行了两次并进行了最后的回访。用户被问到与目标 1 和目标 2 相同的一系列问题，也有机会进行开放式回答。在接下来的几个月里，用户和研究管理者几乎没有联系，除了有关设备或通信软件的技术问题。这是为了限制受试者和观察者之间的干扰。

第二阶段将是模拟灾害条件下的深入案例研究，同时进行区域性演习以测试类似灾害环境中的安全通信，如刚才描述的第一阶段案例研究不一定涵盖边缘或异常情况。演习是研究系统在日常运行中可能不经常使用的区域的最佳时间。

这是一个向系统添加组件之后观察结果的例子。采用的方法使它成为一个案例研究，特定的工具或方法被添加到环境的这一现实情况，使它成为应用研究。挑战是需要确保记录了关于环境、引入的系统或过程以及研究期间事件的足够信息。

12.6 报告结果

应用观察研究的最后一个重要步骤是报告你的结果，这也是应用观察研究过程可能与基础观察研究不同的另一个方面。具体而言，合同研究是根据赞助组织要求进行的，这与资助研究不同，资助研究是为了公共利益进行的。不要把事情想得很复杂，任何政府都可能为了公共利益而使用合同来资助研究，但是认识到两者的区别很重要。任何研究都应该对他们的研究费用如何获得以及研究人员被寄予了何种期望有充分的了解。

> **深入挖掘：研究者的期望**
>
> 法律上，研究者的责任和期望可以根据筹资合同而发生很大变化。一个典型的例子是政府补助与政府合同协议。合同是为承诺清单提供法律约束力的协议。赠款是一种联邦媒介，用来为公众利益创造或转让一件有价值的东西。http://science.energy.gov/grants/about/grants-contracts-differences/。

例如，商业赠款可能明确禁止出版物、公开发表或某些类型的内容。通常，对于学术界或其他研究机构来说，限制研究成果的传播相当具有争议。合同将可以由法律来保证执行。然而，不管同行评审发表与否，每个人都会期望研究人员把他们的结果彻底记录下来。可能在会议或期刊上发表压力测试、应用案例报告或研究，但此外的备选方案，可用于传播信息的信件、技术报告、公告或其他替代品。这些方法虽然通常不被同行评审，但适合于主题，并能确保群体可以获得这些材料。技术报告这种形式经常被商业或非营利研究机构使用，这些机构不像学术界那样重视同行评审的出版物。需要澄清的是，同行评审确实提供了针对研究主题、研究方法和报告研究的质量检查，以确保其具有一定质量水平。在本节中，我们提供了报告应用观察研究的通用模板，并指出了可能需要做出的更改。

12.6.1 样本格式

下面将为你提供用于发布结果的大纲。每一个出版物都会提供格式指南。请检查你选择的出版方提交要求，以确保遵循大纲和格式规范。这里提供的大纲遵循已发表的论文中归纳出的通用行文，并且应该可以满足很多出版方的要求。

每篇论文都是独特的，并且需要一些不同的呈现方式，然而，所提供的样本包括了论文中必须涵盖的所有一般信息。当开始写一篇论文并修改它以符合出版方要求时，我们通常从这种格式开始。我们知道每个研究都有自己的风格，所以你可以自由地偏离这个大纲。每个部分的讨论都用来解释哪些内容很重要，以及为什么要包含它，所以你可以以任何最适合你风格的方式呈现这些重要信息。

1. 标题

标题部分应该是不言自明的。提供足够的信息帮助读者确定他们是否应该深入阅读。有些作者喜欢聪明或有趣的标题，你的标题可能会有所不同。你应该指出你进行了什么类型的研究，并强调它是应用研究。例如，"压力测试新的安全临时通信协议对第一响应者的功耗影响"或"一种新的安全临时通信协议对第一响应者的有效性的应用研究"。但是请注意，标题应该涵盖研究的类型、目的和主题。

2. 摘要

摘要是论文简明易懂的概述，目的是为读者提供一个关于论文所讨论内容的简要描述，应该只讨论在文章的剩余部分中将要陈述的内容，不需要其他额外的信息。每个论文需求方都将提供编写摘要的指导方针。通常包括摘要的最大字数限制以及格式要求，但有时也会包括对提交论文的类型和版式的要求。

3．介绍

论文的第一部分从来都是给予读者有关论文其余部分的介绍，提供了进行研究的动机和推理，应该包括研究问题的陈述和用于研究的任何激励性问题。如果需要任何背景信息，如解释研究的领域、环境或关联，你将在这里讨论它。如果本论题的某方面会对受众有明显筛选，那么，可能需要创建独立的背景部分。

4．相关工作

相关工作部分应包括对本研究课题相关知识的简要总结。有没有竞争性的解决方案？做过其他实验、研究或理论研究吗？如果在这一领域曾做过大量研究工作，请涵盖对你来说最有影响力的研究工作。对于应用研究，这部分可以用于介绍正在开发的系统或过程。如果你用到这一节，也可以根据以前的研究工作进行调整。但无论哪种方式，一定要涵盖其他类似的研究例子。

5．研究方法

论文的研究方法部分应清晰定义你进行研究的过程。至关重要的是这一部分要清晰和完整，以便读者能够复制该方法。本部分应详细说明具体的观察方法（探索性或描述性）、设置/环境和研究的规模。此外，应详细说明参加者/受试者。首先，应描述观察变量，包括结果、定量值和任何混杂因素。其次，应该明确可能出现的偏差，并说明如何控制和减轻它们的影响。最后，应该定义你使用的统计数据以及使用它们的动机，还可以说明是否存在遗漏的数据以及如何处理这些数据。如果你进行了采访或调查，那么，提出问题的方法和样本问题也可以包含在此处。

在压力测试的实例中，方法一节将包括系统描述、观察到的行为和测试方法。在应用研究的实例中，这一节将包括关于目的、主题、干预手段和过程的信息（除非相关工作部分涵盖了主题）。

6．研究结果

在你的论文结束部分，应该解释你在进行分析后发现了什么。列出所有研究的意义、置信区间和影响程度。通过表格展示结果通常是一种高效和可行的方法。另外，你也应该提供研究参与者的信息，还可以展示有趣结果的图片，如发生的数据异常，或者展示数据样本的分布。这应该包括描述性数据（输入）、结果数据（输出）以及分析。如果有任何预期以外的事情发生，并出现在数据中，请在本节进行解释。

7．讨论/未来工作

讨论/未来工作部分是为了突出关键的结果和你在结果中发现的有趣或值得注意的事情。你应该让读者知道结论存在的局限性。你可以解释和讨论任何重要的相关内容，并讨论结论的普遍性和确切的因果关系，讨论你认为该工作将导向何处。

8. 结论/总结

在论文正文部分的最后一节，总结本文的研究结果和结论。结论部分通常是读者在阅读摘要后快速阅读的地方。对这项研究的最终结果和你从中研究得出的东西做一个清晰而简明的陈述。坦率地说明研究的成功和失败之处。

9. 致谢

致谢部分是你向在研究中帮助过你的任何人致谢的地方，也是致谢支持你研究的资金来源的地方。应用研究需要在这一节来向他人致谢，确保在致谢对象中提到他们。

10. 参考文献

每个出版物都将提供有关参考文献的格式指南。遵循他们的指导规则，在论文末尾列出所有引用的参考文献。根据论文的篇幅，你需要调整引用的数量。通常，论文越长，引用越多。一个比较好的方法是，6 页的论文有 15~20 个参考文献。应用研究和技术报告可能少于这个数量，然而，完整性和彻底性总是需要努力争取的，最好能有同行评审保证质量，即使文档可能永远不会公开发布。对于同行评审的出版物，你的大多数参考文献应该是其他同行评审的作品。引用网页和维基百科不会让审稿人感到可信度。另外，确保你只列出对你的论文有用的引用，也就是说，不要夸大你的引用计数。好的审稿人会检查，这很可能会反映出你的不合格之处，导致拒稿。

参考文献

1. Hill, G., Millar, W., and Connelly, J. (2003). "The Great Debate": Smoking, Lung Cancer, and Cancer Epidemiology. *Canadian Bulletin of Medical History*, 20(2), 367–386.

第六部分 辅助材料

第13章 仪器

测量能力是基于经验的科学的基础。观察是研究和理解现象的过程，测量则是将观察结果转化为可比较数量的过程。你测量什么，如何测量它，以及从这些测量中提取什么信息，这些都是在执行研究时必须回答的关键问题。

数据可以来自任何地方，包括操作环境、数据收集工作或受控实验室环境。无论数据来自何处，都必须了解使用哪些工具以及如何收集数据。如果使用不当，数据收集方法可能会成为一个影响结果的外来非受控变量。无论传感器是否具有跨网络的不同步时钟，从而影响确定事件真实顺序的能力，还是采样 IP 格式互联网交换（IP Format Internet Exchange，IPFIX）流量传感器无法捕获确定效果所需值的保真度，收集数据的方法通常与确保数据回答手头问题的研究方法同样重要。

网络安全的独特之处在于大多数可用的传感器都不是为科学探索而开发的。相反，网络空间中的大多数传感器都是为运营用途而开发的。无论是监控系统的性能还是提供恶意软件的检测，大多数传感器的目的都不是确保科学的覆盖范围和保真度，而是针对可用性、效率和成本设计的。最普遍或易于访问的传感器并不总是能够回答研究问题。了解传感器如何工作及其局限性，以及如何校准是非常重要的。

本章将讨论科学仪器的构成，将包括对操作仪器的讨论和比较。讨论的主题包括数据采样、仪器覆盖和数据保真度维度。此外，还将提供通用传感器的概述和用例。最后，将讨论具有现有示例功能的测试平台环境属性。

13.1 了解数据需求

研究科学仪器的第一步也是最重要的一步，是对解答研究问题所需信息进行充分理解。正如前几章讨论的，在设计一个研究计划时，必须确定需要什么信息来回答你的问题或使你的假设无效。然后，可以将所需的信息分解为原始数据源，从中可以提取信息。了解所需信息是确定研究所需仪器和数据收集的第一步。

将研究需要的信息映射到数据类型并不容易。网络安全研究的一个常见且经常具有挑战的特征是要理解不容易观察到的概念。网络空间是一个超自然的空间，它独立于物理空间运行。因此，所有对网络空间的观察都需要将超自然结构映射到物理媒介。例如，网络攻击通常是通过网络空间传输来窃取或更改信息。观察网络空间攻击的一个挑战是：攻击所需的大部分信息都包含在网络空间内捕获和更改信息的背景、意图和目的中。为了观察这一点，我们必须将其映射到数据源。然而，我们将在后面更详细地描述的常见数据源（如网络日志和基于主机的日志），它们都处于原子操作级别，并且缺乏确定意图或目的的简单方法。因此，了解你的信息需求是什么以及可以从可能的数据源中获得哪些信息非常重要。

数据的一些不同属性与它们能提供的信息有关。了解这些数据源要求对于确保选择适当的数据传感器类型非常重要。选择不正确的研究仪器可能会导致结果不确定或降低结论的准确性。以下部分描述了在为研究制定仪器计划时应审查数据的不同属性。

13.1.1 保真度

保真度（Fidelity）是传感器在表示其收集数据方面的准确度。由于网络空间大多是离散空间，因此通常可以在"原子"或最小级别上捕获数据。然而，获取大量数据本身就可能是一种负担，因为存储和处理数据都会产生资源成本，因此，应该考虑研究问题的保真度要求，从而选择适当的数据保真度。

有多个属性可以测量数据的保真度。根据研究问题和数据源，这些属性的优先级将发生变化。但是应该仔细考虑所有这些数据收集过程以确保获得所需数据的适当保真度。

（1）时间保真度（Time Fidelity）是传感器测量时间的准确度或精确度。时间对于确定因果关系的事件顺序非常重要。但是，时间是一个连续变量，能够在不断提高的精度水平上进行测量。因此，一个传感器可以以毫秒为单位进行测量，而另一个传感器可能必须以秒为单位进行测量。从第一次测量到第二次测量的时间窗内，测量会导致观测的不确定性。一个很好的例子是传感器时间同步方法。使用计算机网络时间协议（Network Time Protocol，NTP）实现时间同步的计算机只能将测量精确到毫秒。如果计算机使用全球定位系统（Global Positioning System，GPS）代替时间同步就可以测量精确到几十纳秒。了解数据源的时间保真度对于理解可以执行分析的局限性至关重要。

（2）采样率（Sample Rate）是数据源采样的频率、速度或比率。网络空间是离散的，可以对数据源进行完整的抽样。但是，网络空间生成数据的速度与你采样的速度一样快，有时甚至更快。例如，捕获在 10 千兆以太网络（GbE）的每个链路上完整数据包时，需要一套非常昂贵的设备，包括处理和存储设备。因此，经常会产生成本/效益比的讨论。可以设置仪器来收集过滤、截断或采样的数据。过滤数据（Filtered Data）是仅收集错误而不是警告等特定的数据子集，截断数据（Truncated Data）是仅保留测量的子集。例如，只记录协议头信息而不是记录数据有效载荷以减少空间需求。下采样数据（Downsampled Data）是指仅以指定间隔记录测量值，如可能只收集每 1000 个流记录中的 1 个来采样网流，重要的是，要了解数据收集需求，以便在决定仪器采样时充分地回答所研究的问题，以免浪费精力。

物理数据源可以是连续的。对于这些数据流，重要的是，要了解流将呈现什么特性以及你期望看到什么现象。例如，如果你从基于波的源（如交流电源或 RF 通信）中采样，而采样速度太慢，则可能会在事件发生时错过高速动态振荡。如图 13-1 所示仪器采样效果示例，曲线显示正弦波信号高保真采样是完美的平滑波形；较慢采样率仍然可以检测到正弦波的形式，但波列表的平滑度和准确振幅丢失了；更慢采样率，可以看到信号中丢失了大量信息，甚至无法检测到信号是否符合正弦波。

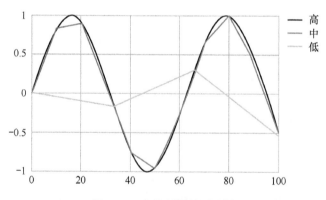

图 13-1　仪器采样效果示例

（3）汇总/压缩（Summarization/Compression）与数据的特异性级别有关。下面有两种观点：数据截断和数据聚合。数据截断（Truncation of Data）仅将信息捕获到设定的阈值。例如，tcpdump 经常使用的功能是截断数据包的大小记录以节省空间，这可以获得数据包级保真度而无须管理存储所有数据的负担。但是，在使用截断之前理解回答研究问题所需的信息非常重要。如果截断仅包含传输控制协议（TCP）消息头但部分现象仅存在于封装的 HTTP 消息头中，将错过重要的观察。

聚合（Aggregation）是指聚合事件来生成数据汇总。例如，网流（Netflow）是仅通过查看从一个 IP/端口对到另一个 IP/端口对的流或数据包，通过聚合来自数据包的信息对数据包捕获进行汇总。汇总此级别的数据包可提供有关与设备松散关联的正在进行通信的 IP 地址及其通信模式（即通信时间、频率、数据量等）。但是，此汇总会删除有关正在通信的内容。因为数据集很容易获得，或者本身就是操作环境中共享的信息，所以，很多时候，研究人员从数据集的不充分汇总中就能得出强有力的结论。只有当你知道汇总和压缩技术不会删除所研究问题所需的信息时，才能使用汇总和压缩技术。

（4）关于代理（Proxy），并不总是可以直接测量你正在研究的现象，如测量攻击者的攻击行动。在这些场景中，你必须找到间接测量现象的观察代理（Proxy Observations）。在寻找捕捉现象的测量时，要注意不能从太高或太低的水平捕获正确的数据。虽然监控每个电子在计算系统中移动时的监控是你可以实现的最低级别和最高保真度，但它可能由于规模太小而错过了提供研究问题答案所需的正确背景。从正确的角度看待数据并了解研究现象的位置非常重要，在网络安全领域通常假设网络或主机捕获等技术日志足以捕获恶意行为。但是，通常情况下，行动是在特定情况下考虑的，否则完全可以接受。映射行为对于确保收集适当代理的数据非常重要。

（5）规模（Scale）的保真度对于了解要收集的数据量非常重要。是从一个系统收集足够的数据还是需要收集数百个？预期研究中的现象会被控制在一个小范围内还是大范围内？虽然我们已经讨论了确保结果重要性需要多少统计数据，但规模问题却不同。规模保真度是指跨越网络空间的传感器的必要数量和位置以捕获现象的所有信息。例如，为了研究蠕虫的行为，我们可能会将传感器放置在受感染的主机上。但是，如果蠕虫使用快速通量 DNS 与服务器作为命令和控制结构，那么，具有可以观察 DNS 命令和控制通信的传感器将能够研究蠕虫的进展。

13.1.2 类型

需要收集什么类型的数据？研究计算机还是计算机系统？研究的目的是用户还是硬件？是否存在直接的可观察量，还是你必须像研究威胁时那样测量间接可观察量？需要收集的数据类型与你提出的研究问题应该直接相关。前面章节已经提到，严密而专注的研究问题和假设将帮助你确定要收集的数据类型。

有许多不同类型的数据可以收集，但最高级别有两类：网络数据和物理数据。网络数据（Cyber Data）是在网络空间内收集的数据，或者是代表网络空间内逻辑信息的数据集。物理数据（Physical Data）是更传统的科学数据集，包括从计算设备的电压到用户的生理数据的各个方面。13.2 节将介绍常见数据类型和传感器。

13.1.3 数量

数据数量原则已经在前几章中讨论过。第一个原则是基于需要的统计能力。如果使用频率统计,选择的显著性级别将影响所需的数据量。正在使用数据的可变性也会影响需要的数据量。虽然不是科学过程的一部分,但资源和收集能力也会影响收集的数据量。虽然简单方式是收集所有的数据,但通常情况下,由于成本或其他局限,往往无法收集到所有数据。第二个原则是基于时间段收集。纵向研究可以在整个研究过程中收集数据。数据的保真度会影响数量,汇总收集数据时可能会比收集原始数据的数量少得多。最重要的一点是,要了解研究的数据量要求,多个数据收集参数可能会影响数据量结果。

13.1.4 源地址

数据收集位置的变化可能导致数据呈现内容的改变。例如,测量以太网电缆电压的示波器会体现每侧通信设备的信息,它们是否符合以太网规范,是否在可接受的范围内,或者它们是否体现出不同的行为;测量主板电压的同一示波器可能会告诉你设备上正在进行的活动类型,处理器是否负载过重,是否发生磁盘输入/输出(I/O)等。另一个例子可能是考虑在哪里放置数据包捕获传感器的问题,如果将其放在部门的防火墙内,你将获得该部门与外部交互的信息。如果将数据包捕获传感器放在公司防火墙之外,将获得该用户联系人信息以及访问网站的信息。相同的传感器和测量仅根据测量地址提供不同的信息。重要的是,要决定希望从收集数据中获得哪些信息,然后将其适当地映射到收集数据的位置。

13.1.5 操作测量与科学测量的区别

使用操作传感器进行科学测量是必要的,但更加重要的是要了解操作传感器和科学传感器的不同目的。虽然科学传感器需求是收集适当数量的数据以确保得出一段时间内发生的事件的结论,但操作传感器的首要重点是维持业务流程的稳定和高效运行,这通常意味着对运营绩效指标的监控。无论是系统正常运行时间和状态还是网络流量采样以确保正常运行,操作传感器通常旨在收集检测操作问题所需的最少量数据。

保障网络安全需要采取运营绩效的视角,因此传感器虽然在运营中有用,但并不总是在整个环境中充分部署。网络安全传感器部署通常旨在检测问题,并在发现问题时制定其他流程,以便确定发生的事件以及影响的范围。例如,网络核心的采样网络流可能是正常的操作传感器,但是,当在主机上发现恶意软件时,需要在网段上启用完整的数据包捕获,以发现恶意软件在与什么进行通信。为确保捕获足够的因果关系信息,科学传感器可能需要在整个事件中完整捕获数据包。操作传感器非常有用,但不一定能满足所有需求。基于需求确定操作系统是否足够或需要扩充是非常重要的。

13.2 数据和传感器类型概述

既然你知道要考虑数据的哪些属性,这样就可以决定满足你研究目标的需求,那么,我们就可以讨论检测网络空间的当前能力。网络空间中数据传感器是常用的仪器,而我们使用的大多数传感器实际上更多地用于性能测量和监视系统。在大多数情况下,它们并不是作为科学仪器设计的,这给研究带来了一些挑战和限制。虽然一些研究人员开发了专门设计的科学仪器,但通常情况下,使用这些操作传感器是出于方便,因为它们已经在实际系统中就位。本节的其余部分将概述网络系统中的常见传感器。

13.2.1 基于主机的传感器

基于主机的传感器是运行在网络设备上或测量网络设备的传感器,主要聚焦在设备网络特征,接下来的硬件传感器则专注于设备物理特征。基于主机的传感器主要由在设备上运行的软件组成,生成有关其他应用程序或进程的数据或日志。下面是常见的基于主机传感器的简要描述。

(1) 事件日志(Event Logs)是一种系统日志,系统日志(System Logs)是由主机操作系统或应用程序生成的日志,操作和错误消息都记录为事件。有多种机制捕获事件日志。操作系统为应用程序提供事件日志框架以记录操作信息。如图 13-2 所示,Windows 10 系统事件查看器提供 Windows 事件日志[1],利用 syslog[2]和 MacOS 提供的基于 syslog 框架扩展的统一日志记录工具[3]。但是,应用程序并不总是利用系统事件日志 API 报警,有时会将报警记录到本地文件或数据库。

(2) 防病毒(Antivirus)/主机入侵检测系统(HIDS)/主机入侵防御系统(HIPS)是在主机上运行并监视文件、内存和系统操作以检测已知或可疑恶意事件并对其做出反应的应用程序。防病毒机制用于观察何时发现已知的恶意文件或代码块。主机入侵检测系统(Host-intrusion Detection Systems,HIDS)和主机入侵防御系统(Host-intrusion Prevention Systems,HIPS)除了会生成恶意文件的日志,还可以提供与特定主机、内存和文件访问模式以及其他内部系统操作模式的日志网络通信。

(3) 主机防火墙(Host-based Firewalls)是一种主机定义和实施通信策略的应用程序,可以用来创建来自特定地址、端口和应用程序的通信的许可规则,可以将防火墙配置为在不同详细级别触发规则时进行日志记录。主机防火墙日志是用于观察主机正在发生的通信模式的良好数据源。

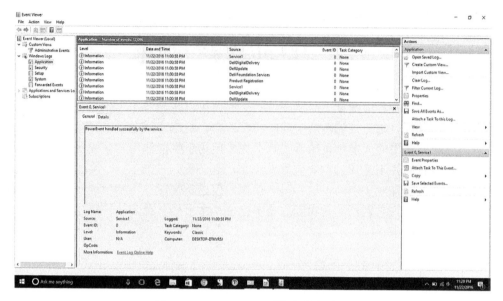

图 13-2　Windows 10 系统事件查看器

13.2.2　基于计算机网络的传感器

基于计算机网络的传感器提供主机或终端设备之间的通信测量。设备之间的通信需要如铜线上电信号或空中微波等跨物理介质传输数据。基于网络传感器监视这些物理介质，并提供正在传输数据的信息。

（1）数据包捕获（Packet Capture）设备是一种很常见的网络传感器类型。数据包是通过数字网络传输的原子数据。数据包捕获设备捕获部分或完整的数据包。部分捕获或捕获消息头数据可提供有关正在通信的设备以及以何种方式进行通信的信息。部分捕获缺少有关正在传达的消息的信息。完整数据包捕获提供包括消息头信息和应用程序消息在内的所有信息。推动更多加密流降低了完整数据包捕获的有效性和机会。一些代理通信工具可以解密传输层安全性（TLS）通信以重新启用完整的包捕获。需要关注它对实验的影响[4]。有关更多讨论，请参阅本章后面的"传感器校准"部分。

> **深入挖掘：TCPDUMP 和 WIRESHARK**
>
> 两个最有用和最快速的包捕获工具是转储（Tcpdump）和线鲨（Wireshark）。Tcpdump 是一个用来捕获和显示网络上的数据包的命令行工具。Wireshark 是一个用于捕获和分析数据包数据的图形界面。了解如何执行全包捕获是网络安全研究中常用的能力。学习使用这些工具中的一个或两个来提高效率将有助于进行网络通信研究。

传统的网络通信即基于因特网协议的通信不是唯一的通信方式，还存在例如低功率无线通信和传统串行通信等专用方式。它们都有用于分析的软件[5-6]以及用于收集数据的工具[7]。一般来说，所有媒体都有用于传感器通信的工具。

（2）计算机网络防火墙（Firewall）与基于主机的防火墙非常相似，但是，它可以覆盖多个设备的通信。可以设置网络入口，进入网络以及离开网络的出口规则以阻止设备之间、网络之间的通信。网络防火墙看不到同一网络内设备之间的通信。与主机防火墙一样，记录的信息包括阻塞的和用户可配置的允许通信量。

（3）网络入侵检测系统（IDS）/入侵防御系统（IPS）也类似于主机 IDS/IPS，但是，这些设备仅监视网络通信。这些传感器有基于知识和基于行为两类。基于知识入侵检测系统包括基于恶意威胁载体的知识（基于签名入侵检测系统，Signature-based IDS），以及基于目标规范和配置入侵检测系统（基于协议 IDS）。基于行为入侵检测系统（Behavior-based IDS）使用统计和其他数学过程来确定与网络上设备的一般通信模式相关的通信何时异常[8]。网络入侵检测系统不提供数据包捕获设施提供的全部数据量，但是，它们可以提供网络行为的统计分析，并且在查找特定现象时可以创建签名。

13.2.3 硬件传感器

硬件传感器测量运行在网络空间中机器的物理行为。这些传感器对网络空间信息传输和处理过程的物理效应进行采样。硬件传感器可以测量从内部 I/O 通道到闪烁 LED 状态指示灯的所有内容。当网络空间行为具有物理表现时，硬件传感器很有用。

（1）关于信号分析（Signal Analysis）。网络空间建立在数字测量的模拟信号上，如无线电波或电子电压。通过监控网络系统的物理信号，可以获得有关系统如何运行，是否执行意外操作或开始失败的信息。示波器（Oscilloscopes）可以提供一种很好的方法来传感网络系统中的 I/O 信号[9]，处理组件之间以及通过铜线传输的网络系统，如 CAT5、USB 或 DB9 电缆。频谱分析仪是在网络设备之间传感无线通信信号的好工具。

（2）关于温度（Temperature）。网络组件的物理温度可以提供系统处理负载和操作的替代物。因此，温度模式可用于确定网络组件正在做什么以及系统是否在安全条件下操作。由于大多数网络系统对高温敏感，它们通常内置温度传感器用于自我监控和保护。有些工具可以收集内置的传感器信息[10]。

你知道吗？
著名女演员海德维希·伊娃·玛丽亚·基斯勒（Hedwig Eva Maria Kiesler），又名赫迪·拉马尔（Hedy Lamarr），因其 20 世纪 30 年代至 40 年代的电影而闻

名，是大多数现代无线通信基础的信号传输技术的发明者之一。拉玛尔与作曲家乔治·安泰尔（George Antheil）一起开发了扩频无线电通信系统，以创建一种难以阻塞的通信格式。扩频技术已经成为诸如 WiFi、蓝牙和蜂窝技术之类的无线通信中的常见机制，以减少其他通信设备的干扰。

13.2.4 物理传感器

物理传感器（Physical Sensors）提供了测量网络设备周围物理空间的方法。本节描述的传感器主要用于监控网络空间环背景下的人类活动和参与情况。它们能够将网络空间内的事件与人类用户的物理行为联系起来，使人们研究网络物理现象学。

（1）摄像机（Camera）已成为计算机系统中的常见品，既可以用于笔记本电脑和蜂窝/平板电脑设备的内置摄像头，也可以用于 USB 或网络设备的其他常用接口，具有众多选择。摄像机提供了一种捕获人类用户或网络系统的物理活动的方法，它可以提供态度和情绪的视觉代理，记录用户击键或鼠标操作等实际行为，也可以提供用户存在和真实身份的验证（注意：虽然有大量研究将摄像头用于网络安全操作的认证系统，但这不是本声明的意图，而是摄像头可以提供原始数据，可以通过任何必要的方式验证，如通过手动验证在网络设备上执行操作的人）。

（2）关于话筒和录音机（Microphones and Recorders）。话筒（Microphones）是监控用户之间通信或收集流式思维的常用工具，用于监控网络系统用户的行为推理。话筒和录音机也适合采访。虽然有更合适的传感器，但话筒还可以提供记录活动的行为，如击键或鼠标点击等。话筒和录音机是进行启发研究的常用工具。

（3）生物传感器（Biological Sensors）利用振动和空间定向等硬件传感器建立专用分析。心率、眼动追踪和面部表情以及其他生物测量可以提供关于用户状态的信息，如他们的感受如何、吸引他们注意力的是什么、是否有压力等。专门的医疗设备，如功能性磁共振成像（Functional Magnetic Resonance Imaging，FMRI）[11]或脑电图（Electro Encephalo Graphy,EEG）[12]也可用于充分探索网络空间背景下的人类行为。

13.2.5 蜜罐

蜜罐是一种收集有关威胁行为和威胁载体信息的网络系统与进程。它可以将真实或模拟的系统和进程配置成看起来就像是真实系统，通常带有漏洞。许多先前描述的传感器被插入蜜罐内和蜜罐周围，以收集有关威胁行为的数据。蜜罐已用于从单个服务器到服务器网络，通过客户端进程和文件或信息发挥作用。蜜罐是用于感知不受控制的威胁源的常用技术和工具[13]。

> **深入挖掘：蜜罐**
>
> 蜜罐的概念和技术有了很大的发展。最初的蜜罐简单模拟服务捕获威胁行为。随着时间的推移，威胁已经改变了行为以防止被蜜罐技术捕获。高级平台，称为分布式欺骗平台，是当前的蜜罐技术的最高表现形式，具有多级欺骗和高交互功能，全部通过集中控制和管理服务。这些系统创建真实的网络服务以及虚构的账户凭证，并通过网络操作用户计算机上的数据，使攻击者将其视为已使用的服务。

13.2.6 集中式收集器

集中式收集器（Centralized Collectors）不是传感器，但它们是收集传感器数据的通用存储库，也可能是一个好的数据源。这些收集器通常是数据库，它们接收来自整个系统的分布式（通常是异构传感器）的数据。所有收集器都提供 API 或界面来查看数据，但当今大多数收集器还提供分析工具，对现场数据进行分析。

（1）日志收集器（Log Collectors）是一种收集来自异构传感器的日志的工具。集中日志收集可以使用 syslog 服务器设置 rsyslog[14]收集器，或将事件日志[15]转发到完整的功能集合框架[16-17]。集中日志收集可以提供在运行环境中查看大量数据的功能或从大型实验中收集数据的有效方法。

（2）安全信息和事件管理器（Security Information and Event Managers，SIEM）提供传感器收集功能以及查询和分析功能。它们提供了集中网络日志和接口的工具以便收集其他传感器和基于主机的传感器部分的日志。此外，通常还提供查询和分析所收集数据的功能。SIEM 为研究和实验提供了一种良好的数据收集机制，其分析平台可用于建立分析，并在收集数据时生成图表[18]。

13.2.7 数据格式

日志必须遵循数据格式规范以便于理解。数据格式通常定义用于存储特定类型信息的语法、结构和语义。随着时间的推移，网络安全社区使用了一组普遍接受的数据格式。以下简要介绍了你在执行网络安全研究时可能会看到或发现有用的常见数据格式。

（1）关于系统日志（Syslog）[19]。在应用程序和系统服务中，系统日志格式（Syslog Format）都被广泛支持。它是一个相当宽松的标准，因为只需要日志类型、严重性级别、应用程序或进程标记和内容。内容字段的格式未指定，这导致一些不一致和互操作性问题。有很多工具可以捕获 syslog 消息，包括 Unix 和 Linux 内核中的内置服务。

（2）元数据访问点接口（Interface for Metadata Access Points，IF-MAP）[20]是

一组由可信计算组[21]开发的数据格式和通信框架,为传感器之间传递安全日志通信提供可互操作的标准。元数据映射存在一些不同的用例。虽然 IF-MAP 没有普遍支持,但仍有大量传感器可以提供支持[22]。

(3)网络可观察对象描述(Cyber Observable eXpression,CybOX)[23]是一种标准化语言,用于编码和传递有关网络可观测量的高保真度信息,无论是动态事件还是在运营网络域中可观察到的有状态措施。它提供了一种标准格式,用于记录可见的事件,这些事件可以是经验性的,也可以是理论性的。该格式的目标是在协作实体之间共享威胁指标。

(4)简单网络管理协议(Simple Network Management Protocol,SNMP)[24]提供收集网络基础架构状态和控制设备的功能。为了实现互操作性,SNMP 协议定义了管理信息库(Management Information Base,MIB)。MIB 定义信息结构和格式,其提供分层存储关于通信网络中实体信息的方法。

(5)过程特性分析软件包(Pcap)[25]是一种二进制格式,为记录网络数据包捕获提供了一种简单的结构。文件格式的结构包括一个全局消息头,它提供有关捕获属性的信息,后跟一系列数据包消息头,它们提供捕获信息,如时间和大小以及数据包数据。下一代 Pcap[26]是 Pcap 的新扩展,提供更高精度的时序和可扩展性。但是,如图 13-3 所示 Wireshark 工具中的 Pcap 框架剖析,最初的 Pcap 仍然是最受支持和使用的数据包捕获格式。

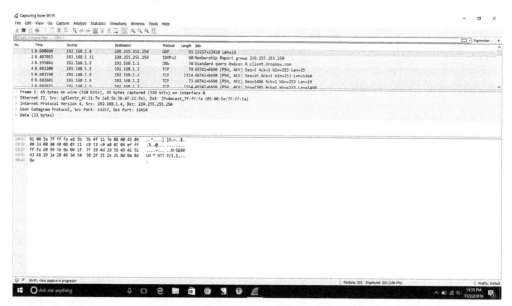

图 13-3　Wireshark 工具中的 Pcap 框架剖析

(6)IP 数据流信息输出(IP Flow Information Export,IPFIX)[27-28]是一种基于

Cisco Netflow 协议的用于记录 IP 流摘要信息的二进制格式和传输协议。IP 流由相同传输端口上的两个网络设备之间的一系列数据包组成。IPFIX 提供汇总信息，如哪些设备正在通信、多长时间、交换了多少数据以及流的时间。大多数 IPFIX 是单向的，或者仅包括从一个设备到另一个设备的传输信息。但是，大多数网络通信都是双向的，IPFIX 确实提供了捕获双向流信息的能力。IPFIX 捕获的信息少于 Pcap 格式，但它也减少了资源消耗。由于资源成本的原因，IPFIX 比 Pcap 更频繁地部署在更多的地方。

（7）结构化威胁信息交换（Structured Threat Information Exchange，STIX）[29]是一种用于存储威胁信息的数据格式。STIX 的目标是提供一种标准机制，通过该机制可以编码和共享有关威胁的信息。有关可观察量、策略和威胁源的已知防御的信息是标准化的，并以机器和人类可读格式呈现。

13.2.8 传感器校准

传感器是科学研究的重要工具，所用传感器体现了研究人员对研究问题的观点，并且可能成为偏差的来源。在分析传感器生成的数据时必须了解传感器的功能。如果不了解收集和偏移数据传感器的局限性，则很容易产生错误的结论。

连续值传感器测量有 3 个重要概念：分辨率、准确度和精度。分辨率（Resolution）是度量的粒度或精细度。准确度（Accuracy）是传感器测量值与真实测量值的接近程度。最后，精度（Precision）是传感器的可靠性和可重复性。这些特征共同定义了传感器的功能。虽然网络空间是一个离散的空间，但它确实存在于测量模拟变量的物理系统中。因此，如果数字传感器的底层物理系统的分辨率、准确度和精度不够，就可能会丢失数据。

网络安全传感器最关键的校准工作之一是时间同步。通常可能会有许多分布式传感器，这些传感器跨网络和物理空间收集数据。为了确定支持因果推理和趋势分析的事件顺序，在传感器之间适当地同步时间是至关重要的。因此，时间是讨论这些概念的一个很好的例子。"你知道吗？"部分讲到了 Linux 操作系统内核（Linux Operating System Kernel）中的时间分辨率。Linux 利用系统 jiffy 或系统的 HZ 来确定时间分辨率，可以改变 jiffy 以增加或减少时间分辨率。从内核 2.6.13 开始，HZ 值是内核配置参数，可以是 100、250（默认值）或 1000，产生的 jiffies 值或时间分辨率分别为 0.01s、0.004s 或 0.001s[30]。如果时间同步使用 NTP 执行，可以预期协调世界时（UTC）的时间精度在几十毫秒。如果使用本地 GPS 时钟，则可以实现微秒或纳秒的时间精度。因为 NTP 基于对分布式时钟源的周期性时间检查，所以节点上的时间精度基于维持时间同步之间的硬件和软件。因此，可以预期普通计算机具有较低的精度。因为普通计算机缺乏硬件时间源并且用户操作系统不是实时的，所以不期望它们具有一致的执行行为。网络性能的波动也会影响精度。NTP 没有协议规范来解决路由器或交换机排队问题。IEEE1588 精密时间协议（PTP）通过定义透明的交换和路由功能来提高精度，从而解决了这个问题。

网络研究中使用的另一种常用工具是虚拟化。这种方法提供了将少量物理资源扩展为大量虚拟化资源的能力，但是也可能会影响网络系统的性能。可能有许多因素决定了性能影响，如从不同芯片组的使用、虚拟化类型[31]，再到正在运行的应用程序类型。在某些情况下，你可能发现性能会提高。另一个需要考虑的工具校准是在虚拟网络组件之间共享物理资源时。一个虚拟机可能会影响和偏移其他虚拟机的性能[32]。如果你将虚拟化作为实验的一部分，那么，首先量化并了解虚拟化对数据的影响是非常重要的。

由于用于测试的工具会使传感器产生偏差，因此，了解传感器的功能以及工具如何影响结果非常重要。因此，最好先对工具进行初步研究（如果尚未完成）以便了解你对它们的期望。这个过程能够增强研究信心。

13.3　受控测试环境

仪器对于所有实证研究都很重要，即观察研究和实验研究都很重要，但实验通常需要操作环境之外的平台来支持控制和操作。所有假合成的、可控的网络环境都可以归类为测试平台，这个词在不同亚文化中具有不同含义。它可以表示从原型设计环境到演示功能到培训设施的所有内容。然而，出于本书和科学探索的目的，测试平台（Testbed）被定义为可控的网络环境、可实现实验等。

测试平台是网络安全研究的重要和必要组成部分。正如化学家需要化学实验室一样，网络安全研究人员也需要测试平台。通常情况下，操作环境不能进行实验，这可能是由于避免释放新蠕虫而研究感染模式带来的风险，也可能是因为无法改变策略从而达成研究目标。因此，有必要建立一个独立的、可控的环境用来控制与隔离变量并探索影响和因果关系。

测试平台的功能可能包括一些专用的设备，或是某些高度动态和可配置的功能，也可以通过一些属性来改变其功能。表 13-1 简要介绍了网络测试平台属性及描述。

表 13-1　网络测试平台属性及描述

属性	描述
目的	目的是测试平台的驱动目标或用例。不同的工具集和功能可以使其更好地实现某些目的，教育和培训测试平台[33]提供了创建学习与探索主题环境的能力，运动测试平台[34]支持有组织地准备训练练习。实验测试平台[35-38]提供了沙箱环境，用于探索概念和理解系统交互。测试和评估测试平台[39-40]提供了在真实环境中测试设备或应用程序的能力，以查看它们的行为和反应。最后，演示测试平台旨在展示特定的功能或应用程序

(续)

属性	描述
资源	测试平台的资源决定了最适合的研究领域和类型。资源包括测试平台支持的硬件和体系结构类型,以及提供或允许的应用程序,资源还包括支持测试平台的人员以及他们为用户提供的经验和专业知识,测试平台的资产可以包括网络应用[35,37,41]、网络物理硬件[36,38-39]、军事架构[34]、无线通信[42-43]、云架构[44]等
资源管理	资源管理和分配是配置测试平台基础设施以执行其目的的过程。与此相关的任务范围包括从手动配置到完全自动,在这个范围的中间是混合化配置,其中测试平台的某些部分是手动配置的,而其余部分是自动化的
配置/初始化	配置和初始化扩展到支持实验的基础设施之外,包括配置作为实验一部分的服务、应用程序和测试设备。这涉及定义和配置软件(操作系统、应用程序、服务)、固件(版本、功能)和账户(用户、服务),与资源管理一样,与此相关的任务范围可以从手动配置到完全自动化
实验设计	实验设计是用户描述其实验的过程,以便可以为其执行配置测试平台,此过程可以是启动设备操作者配置适当环境的提议,它还可以包括使用实验配置语言来启动自动配置过程,该定义可能包含测试平台的整个基础结构,包括服务和流量,或任何子集。如何在测试平台中定义此属性会极大地影响其所具有的可重复性
实验控制	实验控制是一个属性,它说明了测试平台在开始实施后控制和操纵实验组件的功能,这可能包括在实验期间访问设备的能力、操纵或控制实验设备或软件配置的能力、模拟系统特性(用户行为、网络流量、威胁行为)的能力,或注入故障或脚本行为的能力[45-48]
仪器和数据收集	仪器和数据收集属性定义了测试平台的功能,这包括网络和硬件(虚拟机监控)传感器、软件日志收集和实验元数据存储(事件日志),这些功能可以自动化、用户驱动或手动部署
可访问性	最后一个属性是测试平台的可访问性,这可以包括远程可访问性,如用于查看、配置和执行实验的门户[35-36],或有访问限制并需要物理存在才能访问测试平台[34]

在选择测试平台框架或服务时,除了资源之外,还要牢记你的研究需求。基于每个测试平台的属性,在保真度、可扩展性、可用性等方面存在权衡。

测试平台可以提供在操作环境中难以实现的额外能力来传感环境。这可能意味着在更多地方安装传感器,这将产生更多数据并具有更高的运营成本,或安装额外的传感器。例如,许多测试平台正在云基础设施上开发。使用资源虚拟化可以使用管理程序功能来感知和监控实验。传统的云功能允许监控虚拟化硬件的使用情况,即处理器、内存、磁盘驱动器负载等。此外,虚拟机自省[49]也成为可能。通过虚拟机自省,可以直接检查虚拟机的内存,以在不被检测的情况下确定机器执行的所有内容。

测试平台是极好的资源,其中有许多是作为研究界资源提供的。在制定研究计划时,请牢记测试平台。它们可能是你回答研究问题所需的完美工具。如果你需要可控制的实验环境，请评估不同测试平台社区的不同功能。选择一个符合你需求的产品，或者如果你发现存在缺口，可能值得为社区开发新功能。

最近，美国国家科学基金会赞助了一项关于需求的社区调查，以支持未来的网络安全实验[50]。该报告代表了多个研讨会，汇集了来自整个社区的研究人员，讨论当前需要提高实验能力的开放式研究问题，以及在未来实现改进能力的必要条件。此外，本报告还提供了对现有测试平台功能的良好调查，这些功能可以运行并可供社区使用。

深入挖掘：未来网络安全实验

美国国家科学基金会（NSF）支持的未来网络安全实验报告是由3个研讨会发展而来的，这些研讨会将研究人员聚集在一起，讨论开放式研究问题、需要什么工具和仪器回答这些问题，以及一个优先计划。最终报告总结了从研讨会收集的信息。阅读本报告可以提供2015年网络安全研究的一个横断面研究视图。

13.4　小结

我们对世界的理解受限于观察和测量世界的能力。我们使用的传感器和仪器就像单片眼镜，可以通过它观察网络空间。传感器的局限性和不准确性影响了我们对网络空间的理解。因此，研究的主要部分是了解可用的传感器，并选择适当的集合来收集回答研究问题所需的数据。有时，这意味着必须开发新的传感器以解决工具不足问题。无论哪种方式，选择传感器的过程应该是有条理的、严谨的和慎重的。

参考文献

1. Windows Event Log Reference. (n.d.). Retrieved November 20, 2016, from https://msdn.microsoft.com/en-us/library/windows/desktop/aa385785(v = vs.85).aspx
2. Syslog.conf(5) - Linux man page. (n.d.). Retrieved November 20, 2016, from https://linux.die.net/man/5/syslog.conf
3. Logging. (n.d.). Retrieved November 20, 2016, from http://developer.apple.com/reference/os/1891852-logging
4. Pirc, J. W., and DeSanto, D. (n.d.). Is the Security Industry Ready for SSL Decryption? Speech presented at RSA Conference 2014, San Francisco. Retrieved November 20, 2016, from https://www.rsaconference.com/writable/presentations/file_upload/tech-r01-ready-for-ssl-decryption-v2.pdf
5. ASE2000 RTU Test Set (Version 2) [Computer software]. (n.d.). Retrieved November 20, 2016, from http://www.ase-systems.com/ase2000-version-2/
6. SerialTest [Computer software]. (n.d.). Retrieved November 20, 2016, from http://www.fte.com/products/SerialAnalyzers.aspx

7. Edgar, T. W., Choi, E. Y., and Zabriskie, S. J. (n.d.). SerialTap [Program documentation]. Retrieved November 20, 2016, from https://www.dhs.gov/sites/default/files/publications/csd-ttp-technology-guide-volume-2.pdf
8. Kabiri, P., and Ghorbani, A. A. (2005). Research on intrusion detection and response: A survey. *IJ Network Security*, 1(2), 84−102.
9. Zhou, Y., and Feng, D. (2005). Side-Channel Attacks: Ten Years After Its Publication and the Impacts on Cryptographic Module Security Testing. *IACR Cryptology ePrint Archive*, 2005, 388.
10. Open Hardware Monitor [Computer software]. (n.d.). Retrieved November 20, 2016, from http://openhardwaremonitor.org/
11. Anderson, B. B., Kirwan, C. B., Jenkins, J. L., Eargle, D., Howard, S., and Vance, A. (2015, April). How polymorphic warnings reduce habituation in the brain: Insights from an fMRI study. In *Proceedings of the 33rd Annual ACM Conference on Human Factors in Computing Systems* (pp. 2883−2892). ACM.
12. Chuang, J., Nguyen, H., Wang, C., and Johnson, B. (2013, April). I think, therefore i am: Usability and security of authentication using brainwaves. In *International Conference on Financial Cryptography and Data Security* (pp. 1−16). Springer Berlin Heidelberg.
13. The Honeynet Project. (n.d.). Retrieved November 20, 2016, from https://honeynet.org/project
14. Rsyslog. (n.d.). Retrieved November 20, 2016, from https://wiki.debian.org/Rsyslog
15. Configure Computers to Forward and Collect Events. (n.d.). Retrieved November 20, 2016, from https://msdn.microsoft.com/en-us/library/cc748890(v = ws.11).aspx
16. Fluentd | Open Source Data Collector. (n.d.). Retrieved November 20, 2016, from http://www.fluentd.org/
17. Logstash [Computer software]. (n.d.). Retrieved November 20, 2016, from https://www.elastic.co/products/logstash
18. Kavnagh, K. M. and Rochford, O. (2015) Magic Quadrant for Security Information and Event Management, Gartner.
19. Gerhards, R., "The Syslog Protocol", RFC 5424, DOI 10.17487/RFC5424, March 2009, <http://www.rfc-editor.org/info/rfc5424>.
20. Trusted Network Connect Working Group. TNC IF-MAP Metadata for Network Security Version 1.1, Revision. May 2012. https://www.trustedcomputinggroup.org/wp-content/uploads/TNC_IFMAP_Metadata_For_Network_Security_v1_1r9.pdf
21. Welcome To Trusted Computing Group | Trusted Computing Group. (n.d.). Retrieved November 20, 2016, from https://www.trustedcomputinggroup.org/
22. TNC IF-MAP 2.1 FAQ. (2012, May 1). Retrieved November 20, 2016, from https://www.trustedcomputinggroup.org/tnc-if-map-2-1-faq/
23. Barnum, S., Martin, R., Worrell, B., & Kirillov, I. (2012). The CybOX Language Specification.
24. W. Stallings. 1998. SNMPv3: A security enhancement for SNMP. Commun. Surveys Tuts. 1, 1 (January 1998), 2-17. DOI = http://dx.doi.org/10.1109/COMST.1998.5340405
25. The Libpcap Format. TCPDump.https://wiki.wireshark.org/Development/LibpcapFileFormat
26. Tuexen, M., Ed., Risso, F., Bongertz, J., Combs, G., and Harris, G. (n.d.). PCAP Next Generation (pcapng) Capture File Format. Retrieved November 20, 2016, from http://xml2rfc.tools.ietf.org/cgi-bin/xml2rfc.cgi?url = https://raw.githubusercontent.com/pcapng/pcapng/master/draft-tuexen-opsawg-pcapng.xml&modeAsFormat = html/ascii&type = ascii
27. Claise, B., Ed., "Specification of the IP Flow Information Export (IPFIX) Protocol for the Exchange of IP Traffic Flow Information", RFC 5101, DOI 10.17487/RFC5101, January 2008, <http://www.rfc-editor.org/info/rfc5101>.
28. Quittek, J., Bryant, S., Claise, B., Aitken, P., and J. Meyer, "Information Model for IP Flow Information Export", RFC 5102, DOI 10.17487/RFC5102, January 2008, <http://www.rfc-editor.org/info/rfc5102>.
29. https://stixproject.github.io/
30. Time(7)—Linux manual page. (n.d.). Retrieved November 20, 2016, from http://man7.org/linux/man-pages/man7/time.7.html

31. Felter, W., Ferreira, A., Rajamony, R., and Rubio, J. (2015, March). *An updated performance comparison of virtual machines and linux containers.* In *Performance Analysis of Systems and Software (ISPASS), 2015 IEEE International Symposium On* (pp. 171-172). IEEE.
32. Matthews, J. N., Hu, W., Hapuarachchi, M., Deshane, T., Dimatos, D., Hamilton, G., ... and Owens, J. (2007, June). *Quantifying the performance isolation properties of virtualization systems.* In *Proceedings of the 2007 workshop on Experimental computer science* (p. 6). ACM.
33. CERT, "StepFWD." [Online]. Available: https://stepfwd.cert.org/vte.lms.web. [Accessed: March 15, 2015].
34. A. Sternstein, "Army Awards No-Bid Cyber Range Deal to Lockheed Martin." [Online]. Available: http://www.nextgov.com/cybersecurity/2014/05/army-awards-no-bid-cyber-range-deal-lockheed-martin/85186/
35. J. Mirkovic, T. V. Benzel, T. Faber, R. Braden, J. T. Wroclawski, and S. Schwab, "The DETER project: Advancing the science of cybersecurity experimentation and test," in Technologies for Homeland Security (HST), 2010 IEEE International Conference on, 2010, pp. 1–7.
36. T. Edgar, D. Manz, and T. Carroll, "Towards an experimental testbed facility for cyber-physical security research," in Proceedings of the Seventh Annual Workshop on Cybersecurity and Information Intelligence Research, Oak Ridge, Tennessee, USA, 2011.
37. J. Lepreau, "Emulab: Recent Work, Ongoing Work," in Talk at DETER Lab Community Meeting, 2006.
38. T. Yardley, "Testbed Cross-Cutting Research." [Online]. Available: https://tcipg.org/research/testbed-cross-cutting-research. [Accessed: March 15, 2015].
39. A. Hahn, A. Ashok, S. Sridhar, and M. Govindarasu, "Cyber-Physical Security Testbeds: Architecture, Application, and Evaluation for Smart Grid," Smart Grid, IEEE Transactions on, Vol. 4, pp. 847–855, 2013.
40. M. Benjamin, "INL's SCADA Test Bed." [Online.] Available: http://www4vip.inl.gov/research/national-supervisory-control-and-data-acquisition-test-bed. [Accessed: March 15, 2015].
41. L. Peterson, A. Bavier, M. E. Fiuczynski, and S. Muir, "Experiences building planetlab," in Proceedings of the 7th symposium on Operating systems design and implementation, 2006, pp. 351–366.
42. D. Raychaudhuri, I. Seskar, M. Ott, S. Ganu, K. Ramachandran, H. Kremo, et al., "Overview of the ORBIT radio grid testbed for evaluation of next-generation wireless network protocols," in Wireless Communications and Networking Conference, 2005 IEEE, 2005, pp. 1664–1669 Vol. 3.
43. D. Raychaudhuri, K. Nagaraja, and A. Venkataramani, "Mobilityfirst: a robust and trustworthy mobility-centric architecture for the future Internet," ACM SIGMOBILE Mobile Computing and Communications Review, vol. 16, pp. 2–13, 2012.
44. A. I. Avetisyan, R. Campbell, I. Gupta, M. T. Heath, S. Y. Ko, G. R. Ganger, et al., "Open Cirrus: A Global Cloud Computing Testbed," Computer, Vol. 43, pp. 35–43, 2010.
45. L. M. Rossey, R. K. Cunningham, D. J. Fried, J. C. Rabek, R. P. Lippmann, J. W. Haines, et al., "LARIAT: Lincoln adaptable real-time information assurance testbed," in Aerospace Conference Proceedings, 2002. IEEE, 2002, pp. 6-2671-2676, 6-2678-6-2682 Vol.6.
46. K. Gold, Z. J. Weber, B. Priest, J. Ziegler, K. Sittig, W. W. Streilein, et al., "Modeling how thinking about the past and future impacts network traffic with the gosmr architecture," in Proceedings of the 2013 international conference on Autonomous agents and multi-agent systems, 2013, pp. 127–134.
47. "Montage: Experiment Lifecycle Management." [Online]. Available: http://montage.deterlab.net/magi/index.html#. [Accessed: March 15, 2015].
48. T. Champion and R. Durst, "Skaion Corporation Capabilities Statement." [Online]. Accessible: http://www.skaion.com/capabilities.pdf. [Accessed: March 15, 2015].
49. Payne, B. D. (n.d.). *An Introduction to Virtual Machine Introspection Using LibVMI.* Speech presented at Annual Computer Security Applications Conference in CA, Los Angeles.
50. Balenson, D., Tinnel, L., & Benzel, T. (2015, July 31). *Cybersecurity Experimentation of the Future (CEF): Catalyzing a New Generation of Experimental Cybersecurity Research* (Rep.). Retrieved November 20, 2016, from National Science Foundation website: http://www.cyberexperimentation.org/files/2114/5027/2222/CEF_Final_Report_Bound_20150922.pdf

第 14 章 应对对手

网络安全的本质概念是以对手为基础的。安全的本质就是不让某人知道某物安全。本章将更详细地探讨这个"某人"的概念。例如，设计房屋时通常会考虑相关的安全因素，以应对察觉到的威胁。再如，因为担心传统的锁可能被撬，设计者可能会增加一个门闩，这就是一种基于漏洞的应对方法。也就是说，系统（你的家）的一个明显弱点被一个额外特性（一个更强的锁）减轻了。

然而，通常情况下，关于安全的决定往往是在没有彻底研究所谓威胁模型的情况下做出的。如果不了解保护"谁"反对"谁"，就会处于被动，下文将更详细地说明这一点。这可能需要你像一个罪犯一样思考，并意识到大玻璃窗旁边的门锁对于不介意破窗而入的罪犯来说根本不是问题。有必要进行研究，以提供必要数据，为对抗性安全措施提供信息。数据可以说明这个观点。以对抗为重点的家庭安全方法可能会观察到，39.1%的入室盗窃发生在白天[1]，排在前三的盗窃入口是前门、一楼窗户和后门[2]。此外，在 2014 年，美国入室盗窃的平均水平为每 10 万人中有 542.5 人，但华盛顿州里奇兰（Richland）的入室盗窃率为每 10 万人里 169 人[3]。为了做出更好的安全决策，研究对手是十分必要的。

了解对手对于理论和实验研究也都是至关重要的。在开展研究以应对涉及对抗行动或影响的问题中，建模和模拟对手的能力是基本要求。网络安全的对抗性是使其有别于大多数科学领域的关键特征之一，也使网络安全的实现变得困难。这一章将深入研究对抗挑战的具体细节。我们将描述含有对抗性成分的研究类别和特征，并讨论所研究对手面对的挑战和需求。

14.1 对手的定义

在最简单的定义中，网络对手（Adversary）是打算对其他网络资源执行恶意操作的某个人或团体。然而，定义对手时有很多细微的差别，这是简单定义所不能涵盖的。《美国国防部（DoD）联合出版物 3-0》将对手定义为："被认为对友好团体有潜在敌意的一方，可能会考虑对其使用武力"[4]。随后，美国国防科学委员会起草了一份关于《弹性军事系统和高级网络威胁》（Resilient Military Systems and the Advanced Cyber Threat）的特别工作组报告[5]，这份报告更详细地对网络对手进行了介绍，非常值得一读。具体来说，它将网络对手分类定义为 I～VI 级 6 个层级。

I、II 级对手，使用现成的漏洞和工具。

III、IV 级对手，拥有更多的资源和能力并且能够发现新的漏洞。

V、VI 级对手，可以投资数十亿美元和数年将漏洞开发成系统。

如图 14-1 所示，美国国防部网络对手层级说明了顶级对手可以为攻击提供难以想象的丰富资源，包括购买拦截终端、在设备安装前偷换硬件、社会工程攻击、内部攻击等。

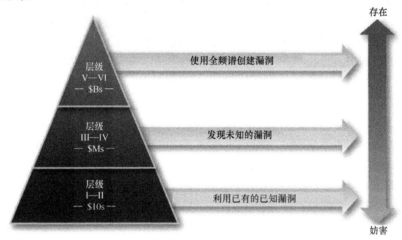

图 14-1　美国国防部网络对手层级

适当了解对手的性质可以帮助防御者制定适当的保护措施，以及帮助研究人员更全面地了解有争议的网络环境。还有其他对手分类法，有些人把它们分类为犯罪分子、激进黑客、脚本小子、民族国家、内部威胁等。这种方法的问题在于它可能会创建一个排名，其中民族国家位于顶部，脚本小子位于最底部。这掩盖了这样一个事实，即对手经常参与多个战线，并且可能跨越各种类别，对手还经常共享和使用相同的工具集，因此，脚本小子有时可以运用曾经只属于民族国家的能力[6]。尤其不应因为他们没有民族国家组织级别的资源，就低估犯罪分子对手。然而，对此类别对手意图的理解可能非常有用，我们将在后面讨论。

威胁与对手的概念相似，但是可以从更抽象的角度来考虑。威胁（Threat）是一个受保护实体可能遭受的蓄意伤害的来源。美国国家信息保障培训教育中心（National Information Assurance Training and Education Center）将威胁定义为威胁主体对自动化系统、设施或操作产生不利影响的能力或意图的手段。但是，威胁仍是一个广受争议的术语。许多业内人士用它来表示所有可能的伤害源（意外、环境、故障等），但是天气、硬盘故障和其他非智能的伤害源不应该被描述为威胁。简单地说，威胁首先应该是一个有能力和意图造成伤害的人。威胁的定义与对手非常相似，但是威胁是特定的伤害源，如已知的黑客、特定的人员等；对手是威胁的集合或有机组合，如黑客集体或民族国家组织。威胁有时符号表示为威胁方程：威胁（Threat）＝意图（Intent）×参力（Capabilities）。这可能在抽象层次上有用，但往往会将复杂问题和挑战减少到过于简单化的方程。威胁是威胁主体（Threat actor）、攻击者（Attacker）、竞争者（Competitor）和敌对者（Opponent）的同义词。

虽然威胁是一个宽泛的概念，但在网络安全领域有一些特定的威胁案例重复出现，其中之一就是内部威胁。内部威胁（Insider Threat）是存在于组织或系统中并具有合法访问权限的威胁（它不需要特权，但这会使情况变得更糟）。

> **深入挖掘：理解威胁**
>
> 威胁不是像一些文献描述的攻击（拒绝服务（DoS）、欺骗、篡改）、漏洞或故障[7-8]，理解威胁的简单方法是仔细考虑其逻辑含义。如果公司内部的自然故障、篡改攻击和天灾人祸都是威胁（如文献中所说），那么，这些难道不应该算作内部威胁吗？然而，尽管故障和攻击通常被归类为威胁，但当它们发生在组织内部时（如服务器机房被淹），却从未被标记为内部威胁。这可能是因为它们根本就不是真正的威胁。这是本领域一个不精确和不断演变术语的例子。

为了明确界定对威胁的定义，有必要定义全危险（All-hazards）。全危险视角包括可能降临到受保护实体上的所有伤害源，如恶意的威胁，以及包含事故、环境灾难和故障等的危害。全危险视角通常用于基于风险的安全方法，该方法评估所有可能危害的来源，确定事件的严重性和可能性以便规划最佳的缓解过程。这句话常用于应急管理和国家备灾[9]。全危险视角方法的第一个挑战在于如何稀释全危险的影响。并不是所有的危害都是相等的，但是如果结果是未知的，一个组织可能会分散其资源以试图解决全危险而不是减轻高价值的危害。第二个挑战是对一种危害的缓解和防御可能对其他危害没有任何作用甚至起到反作用。专业知识和相互依赖意识也很重要。

14.2 对抗性研究的挑战

通过定义对手和威胁，可以讨论如何将其应用于研究，并讨论它们带来的挑战。网络安全研究的一个主要部分是理解敌对关系中跨网络空间的人类互动。因此，当研究网络安全时，必须研究这种敌对关系以及其在网络和物理空间中的表现。针对对手的研究常常被看作是回答重大网络安全研究问题的关键。

然而，对手不会心甘情愿地被研究，这就构成了一个挑战。当他们采用的策略和方法被发现时会相应作出改变，而威胁的不易察觉特征导致了观察和实验研究的困难。从观察研究的角度来看，这导致了获取威胁数据的难度。缺乏高质量的数据集是网络安全研究领域的常见问题。当企业被攻击时，往往不愿意发布相关的数据，使收集数据变得愈加困难。

从实验的角度看，威胁带来的挑战是如何将其置于受控环境。这个问题归结为你希望如何像对手一样去建模威胁并进行仿真，因为在大多数情况下，对手是绝不会愿意加入实验的。威胁模型（Threat Model）就是表示特定对手（威胁）的形式化方法。从操作的角度来看，威胁模型通常是与你的组织、资源和实体及其功能和意图有关。但是，对于研究来说，威胁有各种各样的特征，可以围绕这些特征对威胁建模。

威胁建模的一种常见方法是对它们的能力建模，这通常是所谓威胁方程的关键部分。能力是与威胁相关的资源、手段、训练和可实现功能，对漏洞进行攻击以实现其目标并造成伤害。能力可以用金钱和时间（秒、天、月等）来衡量，但是需要再次强调的是网络空间是一个很好的均衡器。开发漏洞利用可能需要数百万美元和多年时间，但第二个威胁可能只需要几周时间就能采用这个漏洞利用实现其目标。此外，资源很少是专门的。也就是说，尽管专业知识很重要，但网络攻击的稀有性和独特性并不取决于高度受控的材料、过程或专有技术（与核武器或稀有的化学/生物样本相比）。网络空间无处不在，因此网络攻击（和防御）的能力可以成为一个很好的均衡器。

另一个被广泛接受的对威胁进行高层级分类的简单模型是围绕意图开发的，如表 14-1 所列基于意图分类威胁。过去，这些分类更倾向于表示能力，包括专业知识和资源。然而，随着漏洞和威胁利用的资本化，国家支持威胁使用的高级工具可以被非专家或所谓的脚本小子（Script-kiddies）购买和使用，这种分类方法现在更适合于遵循意图或目标。

表 14-1 基于意图分类威胁

威胁分类	意图描述
国家支持	以经济和军事破坏为基础的袭击，可能包括工业间谍活动和关键的基础设施破坏
集团犯罪	以利润为基础的攻击方案，它们通常代表了可供销售的工具开发人员的类别，并代表了可以通过工具或作为攻击平台提供机器人农场（Bot Farm）来购买的高技能能力
激进黑客	出于政治动机的攻击，他们的目标是通过网络攻击来表达他们的政治观点
黑客/怪客（又称犯罪黑客）	这一类是独立动机的威胁主体，这类威胁主体为黑市制造发现漏洞。脚本小子现在也被分在这个类别中，因为它们现在很容易得到非常强大的工具

在网络环境中，意图是指威胁的动机、目标和使命。威胁往往是有预谋的，但并非所有对抗性后果都是故意的。不同的威胁会有截然不同的意图。非预谋的风险来源不可能有意图，它是威胁的内在因素。值得注意的是，意图往往是刑事责任的关键因素。1962 年，美国法律研究所发布了《刑事法典范本》，旨在帮助减少美国

法院对罪责或犯罪意图的模糊认识。他们识别意图的程度包括蓄意的、明知故犯的、鲁莽的、无意的[10]。

威胁包括动机和意图,但他们必须使用工具来达到破坏效果。可以对威胁建模的另一个属性是它们的 TTP。TTP 这个技术术语代表网络行为的战术、技术和程序(Tactics, Techniques, and Procedures)(通常是犯罪或敌对性质的),由美国军方从传统冲突中总结而来,有时会扩展为工具、技术和程序。TTP 经常被用来描述敌人运作的过程。在传统的刑事侦查中,这可以被看作是一种作案手法或作案方式。重要的是要明白,就像网络空间中的大多数东西一样,TTP 是可以伪造的,所以使用 TTP 来验证身份本身可能会有问题。战术包括如何运用资源和技能来完成任务目标。技术描述了实现任务目标所使用的过程、方式和方法(参见网络空间中的相似之处)。程序是事件和行动的规定顺序或因果关系。工具是使用的设备和能力。考虑到在网络空间中对技术和工具的严重依赖,TTP 讨论还应包括对手利用的技术和工具。恶意软件是一种常见的威胁载体,在执行攻击的不同阶段被使用。与威胁主体一样,存在着各种类型的恶意软件。与威胁类似,我们也可以根据恶意软件的目标对其进行分类。表 14-2 描述了恶意软件分类。

表 14-2 恶意软件分类

种类	描述	举例
广告软件	恶意软件向用户体验中注入广告,诱使用户点击产品链接	邦子哥们(Bonzi Buddy)、赛门(Cydoor)、加藤(Gato)
勒索软件	恶意软件劫持,即通过加密或其他机制阻止访问网络资源,迫使用户支付赎金才能赎回	加密锁(CryptoLocker)、特斯拉地穴(TeslaCrypt)
病毒	恶意软件以未经授权的方式改变系统的操作,在执行时感染或复制到其他系统文件或资源	安娜·库尔尼科娃(Anna Kournikova)、我爱你(ILOVEYOU)
蠕虫	类似于病毒的恶意软件,但有能力在没有用户交互的情况下进行自我复制	冲击波(Blaster)、红色代码(Code Red)、振荡波(Sasser)
木马	看似无害,但实际上执行未经授权的行为	萨博 7(Sub7)、酷脸(Koobface)
后门/远程管理工具(RAT)	当执行时,对系统建立未经授权的访问	大无极(Sobig)、我的末日(MyDoom)、背孔(Back Orifice)
网上机器人(BOT)	执行一个自动代理 BOT,BOT 代替威胁主体执行动作	证实人(Confiker)、裂缝(Kraken)、宙斯(Zeus)
间谍软件	可以探测并收集用户的未经授权信息	芬斯比(Finspy)、兹洛布(Zlob)
隐匿技术	试图通过集成和使用操作系统内核资源来隐藏其存在	索尼 BMG 复制保护(Sony BMG copy Protection)

最后，可以根据实现攻击所必须采取的行动对威胁建模。洛克希德·马丁公司创造了"网络攻击链"（Cyber Kill Chain）这个术语，是威胁如何对目标系统进行攻击的一个模型[11]。另外，微软还引入了跨步威胁模型：欺骗、篡改、抵赖、不可抵赖、拒绝服务和提升特权[12]。

量化威胁的常用方法是通过风险建模。风险有时用一个方程来表示：风险（Rish）=威胁（Threat）×漏洞（Vulnerability）×后果（Consequence）。这可能在抽象层次上有用，但往往会减少复杂问题和挑战从而成为过于简单化的等式。该领域的许多人认为，静态代数方程并不能准确表达网络冲突的动态和不断变化的本质。有些人认为，这是一个函数，如风险=f（威胁、漏洞、后果），它封装了变量之间更复杂的关系。通常，试图将整个组织的风险降低到个位数字是一种误导，最终结果可能不如调查系统漏洞、评估企业严重后果和了解威胁情况的过程本身重要。可以通过承认、减轻/减少、转移、避免 4 种不同的方式解决风险。拥有或承认风险意味着已经进行了一个过程和审查，以了解风险的性质、对组织的影响，以及组织中各方已接受可容忍的风险水平。减轻风险是采取主动或被动控制以减少或消除风险发生的有害后果的损害。NIST SP 800-30 第一条款将风险定义为实体受到潜在环境或事件威胁的程度的度量。风险管理领域的风险是不确定性对目标的影响[13]。该标准中还定义了几个风险管理术语。虽然已经定义了威胁，但是我们还需要为风险方程定义另外两个变量。

> **深入挖掘：基于后果的风险分析**
>
> 我们提出基于后果的风险管理应该是评估网络风险的主要手段。对于任何组织来说，无论它们拥有多少资源，枚举、识别和理解所有漏洞都是不合理的。同样，虽然开源情报和信息源在提供威胁信息方面非常有用，但期望这些组织（超大型组织之外）向研究人员提供威胁情报分析也是不合理的，尽管他们可以监视和分析全球趋势和行动，以分析这些情况会如何转化为他们雇主的具体问题。这当然会带来非常不利的结果。每个人都应该准备好对后果或者影响进行评估。对你来说什么是最重要的？你的核心业务的功能是什么？你的客户的特点是什么？这并不是说后果分析很容易，通常远非如此（如隐藏和公开的依赖关系是什么），但任何运行良好的组织，从家庭到跨国公司，都应该明白什么样的破坏和伤害是最不能容忍的。在此基础上，可以为家庭火灾疏散制定计划，为公司个人身份信息（Personal Identifiable Information，PII）妥协准备新闻公关稿。最后，如果后果或影响成本可以很好地被进行量化，将有助于确定措施和补救的适当投资水平。

漏洞（Vulnerability）被定义为可以用来造成损害的弱点或限制。传统上，漏洞被认为是软件和硬件中的缺陷或故障，但重要的是要理解漏洞是任何可能造成伤害的东西。这可能包括在供应链中做出的假设或基于有缺陷的预测的财务决策等。虽然缺陷（Bug）（未经验证的输入、无界变量）通常是第一个作为漏洞类型出现的，但供应链安全、员工保留政策、拒绝服务（以几种形式）等问题也都是漏洞。NIST SP 800-30 第一条款将漏洞定义为信息系统、系统安全程序、内部控制或可被威胁源利用的弱点[14]。

风险方程中的最后一个变量是后果。后果一词常常与影响同义。传统上，这被理解为涉及对系统造成损害、破坏或损失的大小和类型。这种损害是由于被威胁利用的漏洞造成的，它可能并不是有意要造成所有的后果。影响或后果通常以定性或完全模糊的术语给出，如低、中、高。虽然这对顺序排序可能有用，但如果可以信赖它是公正和准确的，则后果的模糊性程度往往太高而无法进行数学或定量分析。但这并不是说不能这样做，后果驱动的设计（Consequence-driven Design）和其他方法（基于威胁的设计）可能是非常成功的，它们是基于后果的严格分析。后果也可以像能力一样，以收入、资源、时间甚至名誉的损失来衡量。虽然其中的大部分可以归结为金钱，但声誉、机会损失和员工等无形后果也不容忽视。风险方程的概念通常包括可能性的概念。基于威胁利用漏洞而发生这种后果的可能性有多大？历史上充满了防御者不理解可能性的例子。这通常是基于风险和后果的方法的弱点。可以说，应该对网络事件的可能性做出尽可能少的假设。后果应以每年的严重程度为依据。随着时间的推移，也许频率和可能性会得到更好的理解，这将对保险和精算领域有利。NIST SP 800-30 第一条款将影响定义为："威胁事件的影响程度是指未经授权的信息披露、未经授权的信息修改、未经授权的信息销毁、信息丢失或信息系统可用性损失可能导致的损害程度。"[15]

14.3　其他领域的对手

对抗性接触和理解的概念在网络安全领域并不新鲜。人类文明和历史充满了冲突。出于两个原因，可以对其他研究领域的冲突和对抗性理解进行探索。首先，不要重复其他领域的成功或失败。科学是理解和努力的结晶。在别人的肩膀上发展不仅是预期的，也是该领域的进步方式。其次，其他领域通常可以提供一些见解或新的思维方式，这些见解或新思维方式可能不会直接移植到网络空间，但可以作为进一步研究的起点或灵感。其他的研究领域可以带来一些有用的方法来观察问题并提供测量工具，可以在这里特别地应用到对抗性的理解中，包括军事科学、犯罪学、冲突研究、普通法，甚至科学合作。

军事科学本质上是一个对抗性的研究领域。这个特殊科学领域侧重于对冲突（战争）以及军事组织内部的系统和过程进行观察与理论探索。冲突研究分为战略战争、作战战争和战术战争（Tactical War）三大类。战略关注的是一个国家的顶层背景、政策和安全。毫无疑问，作战层面将战术和战略相结合，将高层目标映射到低层战术，并用战术结果告知战略决策。战术层面包括实现军事目标的方法和思路。战术战争可以称为"赢得战争的艺术和科学"[16]。听起来很耳熟，不是吗？此外，卡尔·冯·克劳塞维茨（Karl von Clausewitz）表示："与任何其他科学或艺术不同，在战争中，事物会做出反应。"[17]对于围绕网络安全的对话以及与智能对手打交道的挑战来说，这似乎非常熟悉。事实上，将科学或研究方法应用到军事上的探索常常会引起人们的愤怒，并且科学不能超出材料、技术等方面的应用。

> **深入挖掘：力量集中模型**
>
> 第一次世界大战期间，弗雷德里克·温斯洛·兰彻斯特（Frederick W. Lanchester）是一名汽车研究员。他努力用数学方程来表示对抗性战斗中力量的集中问题。他首先建立了一个近战混战的线性模型，随后，为远程战斗开发了一个平方律公式，这可以应用到炮兵和空降兵的领域，这些模型最适合于战术的、全面的部队作战。如果交战只利用了部分因素，包括天气、掩护、地形不对称、压制和火力控制，那么，当前模型的相关性和使用是有限的。注意：进一步探索这些模型如何应用于网络冲突（如果有）将是非常有趣的。

冲突研究作为一个领域，是西方对20世纪和21世纪战争、冲突与和平问题进行思考的产物。它有时称为和平与冲突研究（Peace and Conflict Studies，PACS），涉及社会科学、政治科学、地理、历史、经济和哲学的各个方面。一些人认为，和平与冲突研究部门是军事科学的对立面。也就是说，冲突研究的目的是研究和理解冲突、战争与和平，从而实现持久和平，而有些人则认为军事科学研究的是战争、冲突和获胜。这些观点过于简单，掩盖了在这些主题领域有相当多共通的事实。军事人员经常把和平与冲突研究作为他们课程的一部分。冲突研究还可以涵盖诸如公民权利、暴力和非暴力抗议、警察军事化、隐私、使用武力、公民权利等内部问题。在寻找理解和处理对手的方法时，定量方法在冲突研究中可能是有限的。虽然军事科学产生了兰彻斯特理论（Lanchester Doctrine），即在数学方程中需要多大的反对力量[18]，但和平和冲突研究可以为网络安全研究者提供定性的手段来理解敌对行动的意图与动机，包括背景和社会经济因素。

西方的法律框架虽然延伸得很远，但其本质上是一种敌对的思维模式。另外，民法也在欧洲、中南美洲、俄罗斯和殖民地的大部分地区广泛传播。民法也称为罗马法，以人民决定的成文民法或平民法为基础。这两种制度的区别在于法官的使用和司法调查结果。民法中的司法裁决仅限于案件本身，因此没有先例。在普通法中，判决常常设定或促成先例。这些普通法的司法调查结果通常是基于原告和被告之间的对抗性接触。民法中使用的是审讯制度。在调查制度中，法院本身参与调查和确定事实。

> **你知道吗？**
> 路易斯安那州的非刑法类似于世界其他地方的民法，是美国普通法的唯一例外。

> **深入挖掘：故意唱反调的人**
> "故意唱反调的人"是艾德沃卡图斯·迪亚伯里（Advocatus Diaboli）或信仰的捍卫者、信仰的倡导者的俗称，是天主教会的一种职位，是作为任何圣人候选人的对立面存在的。1587年，西克斯图斯五世首次确立了这一职位[19]。教皇约翰·保罗二世（Pope John Paul II）在1983年2月20日对这一职位做了补充说明[20]。此外，"对手"一词也被用来指代圣经中的魔鬼撒旦。事实上，希伯来语(?)除了撒旦还有对手的意思。

普通法由法院设立先例，也就是说，法院的裁决、裁决结果和意见经常在随后的法庭案件与法律中被引用。这与民法（Civil Laws）方法相反，民法方法没有授权法院定义法治本身，只允许由立法机关定义的法典或民法影响其后的调查结果（注意：这是一个非常高级的总结，有很多笼统的概括）。这里的目的不是要介绍西方的法律制度，而是要说明我们生活的另一个方面，需要对敌对行为有一个正式的理解，在这种情况下，正义得到伸张。原告和被告的角色都很清楚，而法律系统被用来理解和解决敌对背景。网络安全的应用首要的是网络安全法。网络安全防御者必须应对的许多行为，以及研究人员必须解决的问题，都是犯罪行为。在研究具体的网络安全法规或法律之前理解法律体系的应用情境，可以帮助理解规模更大的背景。法律滞后于技术，在网络环境和网络安全中也不例外。网络安全研究人员应该熟悉相关的法律和法律问题，这个主题将在第15章中进行更充分的讨论。其次是处理冲突的形式化方法。建立法律体系是为了承认和处理冲突。研究人员可以利用法律专业的语言、形式来帮助约束和形式化我们自己研究中的语言与信息表示。

14.4 思考威胁的不同方式

这一节将介绍敌对行为以及研究者可能面临的挑战。这些主题包括总结对手和威胁并为读者提供一些背景知识。并非每个项目的研究人员都要面对每个问题，但回顾这些主题将有助于确保在网络安全研究中考虑对手的适当背景。

根据前面关于对手、威胁、漏洞等主题的讨论，可以用不同的方法来理解、建模、限定和研究威胁。使用用于网络安全风险管理的行业标准NIST 800-37框架[21]，我们可以将威胁及其风险的对话分为 3 个层次：组织（治理）、业务/任务流程（信息和信息流的基本功能）和系统（IT/OT，操作环境）。这种描述对于理解不同类型的风险以及因此应对可能面临的不同威胁非常有用。

所有风险本质上都不是技术性的。例如，业务治理中（如没有 CISO 或 IT 与安全性之间没有足够的监督，或 IT 与物理安全性之间没有足够的监督）的缺陷很容易导致业务的被利用和破坏。同样，缺乏信息流（怎么备份？多长时间进行一次备份？在哪里？如何测试？）方面的知识，加上对第三方和客户如何与你的信息系统交互的过时理解，可能会导致南辕北辙。到目前为止，读者应该可以想象任何数量的系统漏洞将导致的破坏和损害。

14.4.1 对手视角

要意识到敌人不是孤立地看待目标系统的。如果他们想要从安全的服务器上窃取机密，可能会进行离线磁带备份或者通过有维护合同的第三方进行备份。注意：不要孤立地研究系统，NIST 标准 3 个层次是相互依赖的，这有助于突破和理解不同类型的风险，但不应孤立对待这些问题，因为在任意一层发生的事情无疑会影响到另一层。对手会研究整个系统，从副总裁送孩子上学的地方，到食品服务供应商的分包细节。对于防御方来说，这似乎是一个巨大的挑战，有时确实如此。但我们的目标是了解对手操作、思考和行动的方式方法。

既然已经讨论了有效的框架来阐明系统面临的风险，需要指出的是，本质上讲这不是对手的想法。这并不是说所有以前的想法或材料都应该被抛弃。关键的问题是，防御者对自己的系统、目的和目标的理解与对手对系统、目的和目标的理解明显不同。有两个例子可以帮助读者认清这种区别。

防御者可能会认为域控制器对企业是至关重要的，域控制器及其特权管理员提供的保护这一点至关重要，犹如"进入王国的钥匙"，因为正如我们在系统层面所了解的那样，如果攻击足够严重，会影响信息甚至组织层面。防御者可能会广泛关注域控制器保护。但是，要意识到对手想要的不是域控制器，而仅仅是攻击者获得目标的一种途径。如果他们想要特定文件，有多种方法可以实现这一目标。

14.4.2 将对手定义为威胁

研究和尝试理解对抗行为时有几个方面很重要。首先，做出目标假设时要小心。虚假旗帜（False Flag）或第五纵队（5th Column）活动可能会使看似简单的攻击变得复杂混乱。威胁目标是最难搞清楚的主题之一，除此之外，还需要继续了解对手的能力。回到图 14-1 美国国防部网络对手层级，我们要认识到，并非所有威胁都是平等的，并非所有威胁主体都拥有类似的技能、资源或能力，我们应该对网络安全研究的这一方面进行更细致的研究和观察。将对手置于你喜欢的任何模式（国防部级别）中（激进黑客、集团犯罪、民族国家等），都将比冗余的、不准确的黑客分类增加更多的精确度和保真度。

> **深入挖掘：虚假旗帜和第五纵队**
>
> "虚假旗帜"是间谍组织（Spycraft）的一个术语，指某一行动者将在其中种植或留下与另一个组织或国家有关的信息。这可以是简单地穿另一个国家的制服，或复杂地模仿 TTP、语言和风格细节的另一种网络表演。同样，第五纵队是一个组织或敌对组织中的一个隐藏元素，它暗中破坏了宿主的目标。这类似于一个内部威胁组织或内部威胁小组。

除了了解能力之外，还可以研究对手的战术、技术和程序，以更好地理解它们如何运作、意图是什么，甚至如何溯源到特定的组织。这种调查通常需要从整个对抗行动的各个 IT 系统收集相当多的信息。洛克希德·马丁公司（Lockheed Martin）提出的"网络攻击链"（Cyber Kill Chain）等模型可以用来收集信息（其中一些信息会在受害网络之外，很难获取），而其他的内部信息可能会被篡改为不可用。其他方法还包括在各种犯罪和半犯罪留言板、网站和暗网论坛中收集信息。开源信息通常由商业组织和其他研究人员免费提供给公众。通常，原始信息会丢失，但是这些信息可以作为一个合理的研究起点。具有适当风险容忍度的组织实际上可以建立一个蜜罐或蜜网[22]。这可能是一个很难建立和集成的系统，也可能会是一个无价的信息来源。关键的挑战是要确保蜜罐有足够的质量和真实性，这样复杂的威胁就不会意识到它们不是在一个真实的系统上。然而，不能让任何重要的资源被破坏或用于破坏。类似地，将蜜网集成到你的运营网络中可能是一个技术挑战。有关蜜罐的更多细节请参阅第 13 章。

14.4.3 溯源

溯源（Attribution）是确定哪个威胁主体实施了攻击的过程。要了解威胁主体，有必要将行动溯源于他们，这是一项复杂的工作。根据不同的研究背景和目标所体现出的特异性可能是一个主要的障碍或不成问题的问题。这里首先要强调的问题是，溯源是很难做到的。追溯攻击、恶意软件或事件的源头充满了技术、政治、司法、文化和金融等多方面的障碍，通常只有在法庭（刑事和民事法庭程序）、民族国家组织行动以及最近的政治论辩中才需要用到溯源。即使解决了各种各样的挑战，网络空间和真实空间、计算机和用户之间的最终映射也往往是难以应用的。很多研究不关心溯源，因为在通常情况下，匿名行动才是保障研究人员最大利益的所在。如果你正在进行采访或调查在网络上活跃的人物，使他们匿名和免责是非常重要的。确保收集到的信息不会溯源于个人，可能是确保个人合作的唯一有效方法。

其他问题包括收集、处理和展示网络犯罪证据所需的法律责任等。虽然世界各地的法院都有各自的处理方式,但在适当的方法、充分的尽职调查等方面几乎没有达成共识。事实上,一些现实中用于收集、检查和展示 DNA、指纹与子弹轨迹的常用方法往往由于缺乏科学依据而受到质疑[23-25]。这对网络安全取证来说并不是好事。

另一个问题是反向黑客攻击,有时也称为主动防御(Active Defense)。如果更多的组织认为他们有可靠的溯源,他们可能会采取公开或秘密的行动来消除威胁并阻止未来的行动。虽然通常是完全非法的,但仍存在一些灰色地带。对于正在采取这一行动的公司来说,与执法部门合作也是一种选择。从研究角度来说,这方面还没有被完全理解。由于很难确定传播范围,而且随着科技不断渗透到我们的生活中,反向黑客攻击领域甚至可能会扩张。第 15 章将会讨论反向攻击的伦理学。

14.5 将对手模型集成到研究中

对抗性模型对防御者、研究者、理论家和实践者来说意味着不同的东西。鉴于本文的研究重点,我们将使用这个短语来表示对对手进行科学研究的模型(注意:这个模型不需要模拟,甚至不需要数学计算,就可以成为对抗性模型)。

14.5.1 方法

建模对手的研究方法有很多种,一个传统模式是密码学夏娃(Cryptographic Eve)。在密码学研究中,研究者和学生们假设爱丽丝(Alice)和鲍勃(Bob)是合法通信方的系统[26]。夏娃(Eve)是一个爱偷听的人,她想要暗中干扰他们的交流。为了实现安全验证,夏娃被赋予不同级别的访问和能力。要确定加密算法在什么情况下是安全的,就必须考虑夏娃、爱丽丝和鲍勃知道什么信息,有哪些方法可以保护通信(对称和非对称加密),以及夏娃可以使用哪些资源。一般来说,夏娃并不拥有无限的资源,但是未来几年内她所拥有的资源大致相当于整个地球的计算资源。确定资源的数量和种类(如量子计算)是讨论中一个重要却容易被忽略的方面。在这种情况下,密码学试图证明明文的数字加密在数学基础上仍然是安全的,如替换−置换密码(Rijndael 和 AES)、离散日志(公钥)、质因数分解(散列),而密码分析试图破解它们。

另一种常用的研究敌对行为的方法是博弈论。关于这一主题的书籍有很多,关于它在网络安全竞赛中应用的论文也很多。然而,在将博弈论应用于网络安全时有几个要点需要考虑,博弈论不能很好地处理不确定性。对博弈状态的不完全了解,对动作或行为的不完全了解(包括你自己和对手),甚至无法得到可能出现的动作的范围,都使得使用博弈论变得非常困难。若要更深入地讨论将博弈论应用于网络安全,请参阅第 7 章。

实验研究中存在一个红队（Red Teaming）。红队也称为老虎队、渗透测试（Penetration（pen）Testing）、安全评估/测试等。在红队中，方法是确定一个具有高度网络安全培训和经验的核心团队，尤其是进攻方面。有多种方式使用红队。传统上，红队包括搜索环境中的漏洞和进入系统的路径。这可以涵盖从一个桌面计划和各种批评，一直到为期数月的全方位网络安全、社会工程、妥协行动，以及进入正在评估的操作系统。需要两个关键技能集，第一个技能集是如何攻击、占用和利用目标系统的相关信息，这种技能显然会随测试系统的不同而变化。第二个技能集同样重要但始终不变，那就是沟通、记录和推荐的能力。推荐通常与具体情境有关，包括团队在如何解决他们发现的漏洞和弱点方面的经验。

使用红队时还有两个非常重要的附加要点：覆盖率和有效性。第一，鉴于这种模型高度以人类专家为中心的性质，几乎无法保证所有的漏洞都得到解决，也没有什么办法保证是否有其他东西还在隐藏。没有人会保证这一点，也没有人会对此有过高期待。理想情况下，基于共享优先级方案的分类被用来确保高价值和高结果，而对手相关性被用来决定评估的对象。即使连续的渗透测试（Pen Test）也不能保证完全覆盖。第二，确定你所使用的红色团队对实际对手的有效性或通用性。渗透测试人员来自各行各业，但是在没有大量资源的情况下，要确保包含多个对抗程序是非常困难的。

最后，实验的第二个工具是模拟或仿真威胁。模拟敌人可以采用多种形式，如在协议上进行简单的模糊测试或在设备上进行压力测试以模拟一般的异常使用和行为。其他工具可能包括硬件和网络模拟器，如河床钢铁中心（Steel Central from Riverbed）（前身为 OPNET[27]）和 NS3[28]等技术通常用于网络流量。这些技术理解并使用环境来建模网络系统的各个方面，但是对手组件仍然是一个挑战。归根结底，我们要求的是一个完整的、消息灵通的、动态的人类代理模型，这是目前人工智能研究领域最优秀的成果也无法企及的。然而，它的一部分技术是可用的，如 Simspace[29]、阻止代理模拟人类（Deter Agents Simulating Humans）[30]，以及开放的解决方案如 Python[31]。建模所有人类代理的替代方法可以将挑战分解为更容易处理的问题。例如，娱乐网站或新闻的 HTTP 流量模型可以用于提供组件，以便随着时间的推移进行开发。有关模拟在网络安全研究中如何使用的详细信息，请参阅第 8 章。

14.5.2 挑战

随着将各种方法集成到敌对行为研究中，挑战和问题也随之而来。其中一些已经提到，但有一些值得特别提及。

1. 共同进化

网络安全的基本属性之一是网络冲突的共同进化性质。对手采取一些偷窃、破坏或戏弄行动，这使得防御者团体循环开发保护、构建防火墙和周边传感器、开发访问控制和行为策略。这反过来又鼓励对手开发新技术和新手段来实现其目标。他们转移到防御者现在关注的地方（硬件、操作系统、浏览器、插件、用户，最终对他们来说并不重要）。我们可以称为网络军备竞赛，也可以称其为人类的本性，但网络安全研究与大多数其他科学的区别就在此。物理科学和自然科学中，宇宙并不是主动和智慧地合谋对抗我们。医学和犯罪学领域中，研究对象可能会撒谎、误导和做出别有用心的行为，但科学家和防御者的可用资源通常也会超过其研究对象。在网络领域，进攻资源和开发远远超过防守，传统上，存在多个同样有用的切入点让对手可以利用。在关于防守和进攻的讨论中往往忽略对意想不到的后果的研究，这也可以理解为一种倒退。

恶意软件的开发者清楚地意识到，一旦公开发布源码，任何人都可以理解、调试和使用（无论是防御者还是其他攻击者）。当需要针对某些特定机器进行精确或有限影响时，将是一个不小的挑战。更重要的是，理解行动的后果以及其他人复制同样行动的潜在可能性是一项难以理解的挑战。例如，一个动能武器或者一个炸弹被投放到一个目标很可能会有预期的结果，在一个给定的半径内有一个已知的正负范围内的结果和面积。

一个给定目标的网络武器会有一个预期的结果或一个最初的已知区域，而所有下游区域都可以被获取。这种二分法具有双重本质。首先，对于复杂系统（如网络或物理网络）中后果如何决定，人们还没有很好地理解。其次，与销毁动能武器不同（尽管留下了大量证据），网络武器很难完全销毁。此外，与动能武器不同的是，拥有网络武器会更接近于真正地使用它们。当然，这种共同进化的本质是双向的。由于部署了新的防御技术，应该很好地理解其影响（无论是在成本还是性能方面），并探索预期的适应性。也许最好的方式是保持现状以免鼓励对手的发展和改变，因为这可能会使防守方处于更加危险的境地。无论如何，理解网络冲突的影响、下游后果和适应性是网络冲突的关键所在。

2．标准化

如何标准化衡量和量化网络安全能力是挑战。假定在没有威胁的情况下不需要安全，或者假设系统当前不受攻击，你将如何度量安全性、状态、操作、进度、成本、剩余容量、赤字等？只有当一个聪明的、有动力的、有资源的对手加入进来时，情况才会变得复杂。经验的标准化也是挑战。也就是说，作为一个研究人员，我们可能会在实验室中引入一种新型技术，严格测试其性能、成本、效果、颜色等。剩下的挑战是将其与任何现成的解决方案进行比较，以确定它在具体情境中的表现。然而，这并不是一个公平的挑战，因为对手有时间仔细检查测试、评估并打破竞争的平衡，但防御方没有时间在工具上复现测试。这个问题使得这种比较存在疑问，但在研究中很难解决。最终，虽然可以通过受限测试来评估这方面的问题，但应该注意，这个限制与所有其他限制都应被标记下来。

这一标准化挑战的必然结果是将红队纳入网络安全研究。先暂且忽略红队对对手的有效性，应该考虑如何使红队标准化，以便在研究期间有一个一致的、公平的评估力量。例如，如果有人想要红队商业解决方案和研究解决方案，你需要多少红队？如果你有不止一个，你如何确保他们的熟练性？如何确保他们具有相同的操作条件？你是否给红队评估你的技术源代码、设计规范等，以提供公平的竞争环境？假设你首先针对商业工具实现一个对抗，然后他们会在第二个对抗中使用这个结果所获得的知识吗？如果他们从商业工具转向研究工具，他们如何确保知识和过程的一致性？使人类自身标准化非常困难，而这正是主题专家（SME）、渗透测试或红队真正要做的事情。这个问题需要正确认识所有的限制和问题，并且各个组织要反复进行试验以了解在这种情况下哪种协议和方法最有效。

3. 建模应用群体知识

与标准化挑战相似的是度量群体知识影响的挑战。即使是缺乏经验和技能的威胁主体也能利用高度先进的工具，使他们能够像有组织犯罪或民族国家组织那样进行破坏。通过黑市和论坛，很容易得到一些防御良好的系统的相关知识和技术。这就带来了应用实验中量化效应的挑战。使用红队或现有的开发套件来评估新应用解决方案的安全性能是一种常见方法。然而，对群体知识投资的混杂变量几乎从未被考虑过。为了改进，重要的是讨论为什么这个变量很重要，我们将提供一些处理它的手段。

红队和威胁源使用的渗透测试工具与漏洞利用工具包，包括一套用于查找和利用已发现漏洞的功能。每一个工具都包含了大量的前期投入，用于研究和发现可利用的漏洞，将这些漏洞武器化，使其在攻击工具中可用。使用这些工具来评估新解决方案相对于以前解决方案的性能时，度量标准通常是成功地破坏系统所需的时间。然而，这并不是一个公平的比较。在研究当前解决方案弱点的工具上投入时间非常重要。因此，如果存在能够轻松利用当前解决方案的工具，你就不能仅仅衡量运行这些工具所需的时间，还必须考虑为开发它们所付出的努力。这种不公平的比较通常会导致对当前解决方案的快速利用，而新解决方案的利用速度要慢得多或不成功，这使得当前解决方案似乎看起来性能更好。然而，如果在当前解决方案中使用的工具投入了 6 个月的研究和开发投入，那么，公平的比较是给红队或研究人员 6 个月的时间，看看他们是否可以提出一个同等或更快的方法来开发新的解决方案。

鉴于这一挑战，问题是如何最好地将其整合到研究过程。由于很难也无法量化在工具上投入了多少时间，因此，需要一种方法来获取相对成本。幸运的是，市场已经围绕漏洞利用的量化价值形成[32]。其中一些价值是由目标市场的规模引起的，这是令人困惑的。然而，这个价值主要是基于需求，与供应不足和开发难度有关，非常适合需求。因此，如果用金额表示努力程度，如每小时的努力等于 200 美元，那么，就有了努力的度量标准。现在，如果在一个应用实验中使用了一个预先打包的漏洞利用工具，就可以量化需要先前付出多少努力才能对新解决方案的防御性能进行更公平的评估。

14.6　小结

与对手打交道是网络安全研究中最具挑战性，也是最有趣和最重要的方面之一。我们鼓励读者，为了你的研究或开发，不要担心去理解或设计近乎完美表现的对手。相反，应该确保在你工作的所有方面都考虑对手视角。完美从来都不是必需的，但勤奋才是，要承认你的研究可能偏离对抗性行为、建模的局限性或你自己的理解。关于我们自身局限性、假设和条件，能分享的信息越多，其他研究人员就越有可能继承衣钵，推动研究向前发展。

这并不意味着要放弃对抗性研究。事实恰恰相反，很多研究往往是在缺乏对抗意识、建模或考虑的情况下进行的。设计更安全的计算机或网络，而不了解对手（或你自己的用户）如何操作是注定要失败的。人们在研究冲突和人的能动性等其他领域已经做了大量工作，在网络安全研究和开发时可以充分利用。此外，目前有大量工作成果可以用于描述敌对意图、方法、能力、资源等，也存在描述情景对抗行为的各种技术模型。这一领域还充满了局限性和挑战，但随着研究人员继续研究并解决关于对手网络防御者交互的问题，整个领域都在进步，并在更加坚实的知识基础上快速发展。

参考文献

1. FBI: Uniform Crime Reporting. (June 22, 2015). *Offense Analysis Number and Percent Change, 2013–2014*. Retrieved February 25, 2017, from https://ucr.fbi.gov/crime-in-the-u.s/2014/crime-in-the-u.s.-2014/tables/table-23
2. Gromicko, N. and Shepard, K. *Burglar-Resistant Homes*. Retrieved February 25, 2017, from https://www.nachi.org/burglar-resistant.htm
3. FBI: Uniform Crime Reporting. (August 20, 2015). *Crime in the United States by Metropolitan Statistical Area, 2014*. Retrieved February 25, 2017, from https://ucr.fbi.gov/crime-in-the-u.s/2014/crime-in-the-u.s.-2014/offenses-known-to-law-enforcement/murder.
4. JP 3-0 Joint Operations. (August 11, 2011). Retrieved February 25, 2017, from http://www.dtic.mil/doctrine/new_pubs/jp3_0.pdf.
5. Defense Science Board Department of Defense. (January 2013). *Resilient Military Systems and the Advanced Cyber Threat*. Retrieved February 25, 2017, from www.acq.osd.mil/dsb/reports/ResilientMilitarySystems.CyberThreat.pdf.
6. Nixon, A., Costello, J., and Wikholm, Z. (November 29, 2016). *An After-Action Analysis of the*

Mirai Botnet Attacks on Dyn. Retrieved February 26, 2017, from https://www.flashpoint-intel.com/action-analysis-mirai-botnet-attacks-dyn/.

7. Muckin, M., and Finch, S. C. *A Threat-Driven Approach to Cyber Security.* Retrieved February 25, 2017, from http://lockheedmartin.com/content/dam/lockheed/data/isgs/documents/Threat-Driven%20Approach%20whitepaper.pdf.
8. Microsoft. (2005). *The STRIDE Threat Model.* Retrieved February 26, 2017, from https://msdn.microsoft.com/en-us/library/ee823878(v = cs.20).aspx.
9. Blanchard, B. W. (October 27, 2008). *Guide to Emergency Management and Related Terms, Definitions, Concepts, Acronyms, Organizations, Programs, Guidance, Executive Orders & Legislation.* Retrieved February 25, 2017, from https://training.fema.gov/hiedu/docs/terms%20and%20definitions/terms%20and%20definitions.pdf.
10. Model Penal Code and Commentaries (Official Draft and Revised Comments) (1985).
11. Martin, L. (2014). "Cyber Kill Chain®." http://cyber.lockheedmartin.com/hubfs/Gaining_the_Advantage_Cyber_Kill _Chain. pdf.
12. 9. Microsoft. (2005). *The STRIDE Threat Model.* Retrieved February 26, 2017, from https://msdn.microsoft.com/en-us/library/ee823878(v = cs.20).aspx.
13. ISO/Guide 73:2009(en). (2009). Retrieved February 26, 2017, from https://www.iso.org/obp/ui/#iso:std:iso:guide:73:ed-1:v1:en.
14. NIST Special Publication 800-30 Revision 1. (September 2012). Retrieved February 25, 2017, from http://nvlpubs.nist.gov/nistpubs/Legacy/SP/nistspecialpublication800-30r1.pdf.
15. NIST Special Publication 800-30 Revision 1. (September 2012). Retrieved February 25, 2017, from http://nvlpubs.nist.gov/nistpubs/Legacy/SP/nistspecialpublication800-30r1.pdf.
16. US Marine Corps. (June 20, 1997). *Warfighting.* Retrieved February 25, 2017, from http://www.marines.mil/Portals/59/Publications/MCDP%201%20Warfighting.pdf.
17. Gat, A. (1992). The Development of Military Thought: The Nineteenth Century. Oxford University Press.
18. Johnson, R. L. (1989). Lanchester's Square Law in theory and practice. Army Command and General Staff Coll Fort Leavenworth KS School of Advanced Military Studies.
19. Burtsell, R. (April 3, 2015). "Advocatus Diaboli." The Catholic Encyclopedia. Vol. 1. New York: Robert Appleton Company, 1907.
20. John-Paul, I. I. (1983). Divinus Perfectionis Magister.
21. NIST, S. (2010). 800-37, Revision 1. Guide for Applying the Risk Management Framework to Federal Information Systems: A Security Life Cycle Approach, 16.
22. The Honeynet Project. Retrieved February 26, 2017, from https://www.honeynet.org/.
23. Worth, K. (June 26, 2015). *The Surprisingly Imperfect Science of DNA Testing.* Retrieved February 26, 2017, from http://stories.frontline.org/dna.
24. National Research Council. (2009). *Strengthening Forensic Science in the United States: A Path Forward.* National Academies Press.
25. Ferrero, E. (March 11, 2009). *U.S. Department of Justice Failing to Enforce Critical Forensic Oversight, New Innocence Project Report Finds.* Retrieved February 26, 2017, from http://www.innocenceproject.org/u-s-department-of-justice-failing-to-enforce-critical-forensic-oversight-new-innocence-project-report-finds/.
26. Alice, Bob. (February 24, 2017). Retrieved February 26, 2017, from https://en.wikipedia.org/wiki/Alice_and_Bob.
27. Riverbed. *OPNET Technologies—Network Simulator.* Retrieved February 26, 2017, from http://www.riverbed.com/products/steelcentral/opnet.html?redirect = opnet.
28. Nsnam. Ns-3. Retrieved February 26, 2017, from https://www.nsnam.org/.
29. SimSpace. *Cyber Range Capabilities.* Retrieved February 26, 2017, from https://www.simspace.com/products-components/.
30. The DETER Project. *DETERLab Capabilities.* Retrieved February 26, 2017, from http://deter-project.org/deterlab_capabilities#dash.
31. Project Mesa Team. (January 29, 2017). *Mesa (Version 0.8.0).* Retrieved February 25, 2017, from https://pypi.python.org/pypi/Mesa/.
32. Zerodium. *Exploit Acquisition Program.* Retrieved February 26, 2017, from https://www.zerodium.com/program.html.

第 15 章 科学伦理

典型的学术观点是，科学是一种纯粹的知识生产形式，不受结果或成本的束缚。或者更明确地说，从科学中获得的所有知识都值得为其付出努力。然而，世界往往不那么简单。研究总是有成本的，这包括经济成本、时间成本，还有情感成本。有时候，由于获取某些知识的成本太高而失去意义，或者科学的成本（Cost of the Science）大于知识的收益。人类的总目标应该是减少自身和他人的痛苦，这种理念也适用于科学研究。科学伦理（Scientific Ethics）定义了研究世界的规范，指导什么是哲学上可接受的和实践中合理的科学。

伦理就是通过确保科学家以合理的方式行事，在所有科学中发挥重要作用。由于网络安全涉及保护用户免受攻击，因此，研究人员不要让用户在追求知识的过程中面临额外风险，这一点至关重要。网络安全研究伦理定义了哪些类型的研究是有风险的，以及确保研究符合伦理的过程。然而，伦理的应用并不总是清晰可辨的。在本章中，我们将概述当前网络安全研究的伦理，并讨论一些落入伦理灰色地带的常见场景。

15.1 针对科学的伦理

作为网络安全专业人士，目标应该是让世界变得更美好。也就是说，研究应该有助于改善网络空间用户的安全性。然而，科学可能被误用，从而导致造成的伤害大于好处。所有科学家都有责任评估研究的价值，而不仅仅是从新颖性和影响力的角度来权衡研究结果的有用性与成本。每个研究领域都有一套伦理指导着什么是可以接受的研究，什么是不可以接受的研究。

道德（Morality）是一套判断是非的指导原则。道德往往是从个人的角度来看待的。然而，在一个群体或社会范围内对道德的研究和应用就是伦理。伦理（Ethics），在一般意义上，定义了一个群体内可接受的个人行为。每个群体都会定义自己的伦理，并随着时间的推移而发展。

科学伦理是一套公认的准则，指导什么是正当的研究行为，什么是不可容忍的行为。虽然在所有研究中都有一些普遍持有的伦理，如故意对人造成身体伤害是不可接受的，但每个研究领域都有独特的伦理。专业机构经常编纂这些伦理，期刊和会议通过阻止不道德研究的出版来推行这些伦理。

你可能会问，伦理为什么对研究如此重要？当研究走得太远时，这不应该是显而易见的吗？这并不总是一个简单的答案。例如，研究治疗疾病的方法，通过感染疾病患者来了解他们的行为和对不同治疗的反应的实验方法可能非常有效，用这种方法可以找到治疗某些疾病的方法。然而，这可能导致许多受试者死亡，这就引出了道德问题。为了潜在地挽救许多人，造成少数人的死亡是不是值得的？根据每人的指导哲学，任何一个回答都是合理的。

虽然有许多不同的思想哲学，但研究中通常涉及两种哲学。共同利益哲学（Common Good Philosophy）是一种伦理结构，它审视整个体系的状况。因此，个人利益被认为不如集体利益重要。如果群体受益更大，某些个体可能受到伤害的情况允许发生。个人权利（Individual Rights）哲学是对立观点，认为个人利益大于集体权利。在这种哲学下，如果对一个研究对象造成不利影响，即使能够改善其他研究对象的状况，也是不好的。虽说具体情况应该具体对待，尤其是经常出现的告诫情况，但当前的科学研究伦理强烈地倾向于将个人权利作为正当性的指导哲学。重要的是，不要将研究伦理与其他哲学可以发挥作用的政治或社会伦理联系起来。

讨论和思考网络安全研究中的伦理很重要。由于网络空间是一个相对较新且不断演变的现象（Phenomenon），我们的行为和对它的理解仍在增长。网络和物理空间之间的相同差异是网络安全的开放性问题，这导致了在网络安全研究中伦理的适当应用问题。什么构成网络空间中的用户损害？我想我们都同意让人们进行身份盗窃是有害的，但隐私呢？虽然研究界已就网络安全研究伦理的某些方面做出了决定，但仍有许多悬而未决的伦理问题有待商榷。

（1）反蠕虫（Antiworm Use）。研究人员经常发现为利用漏洞而实施的新的威胁载体和恶意软件。这些研究人员可以创建网络接种，可以发送出去，很像恶意软件，修补系统被发现的弱点，防止进一步漏洞利用。研究界已经认定这是不符合伦理的行为，因为大多数组织都希望控制他们的补丁程序，以确保补丁不会导致系统稳定性问题。

（2）反击（Attack Back）。很像前面的例子，研究人员可能发现自己处于威胁行动的第一线。例如，僵尸网络研究人员通常是第一个发现僵尸网络有多大以及如何控制它的人。这使他们能够攻击僵尸网络并接管它。由于僵尸网络不是攻击者的计算机，而是受害者的计算机，攻击被威胁者操纵的受害者计算机是否合乎伦理？这是伦理行为的灰色地带。一般情况下，从伦理上来说，研究人员不应该攻击像 15.2 节定义的那样未授权系统。然而，有了正确的法律授权，研究人员已经成为[1]并将继续成为[2]关闭僵尸网络的指挥和控制基础设施不可或缺的部分。

> **你知道吗?**
>
> 在2001年的电影《箭鱼》(Swordfish)中,约翰·特拉沃尔塔(John Travolta)的角色加布里埃尔(Gabriel)是一名美国中央情报局特工流氓,使用共同利益哲学来证明他对恐怖分子的反击方法是合理的。他绑架并谋杀了一些人,抢劫银行,用大笔资金资助他的反恐战争。特拉沃尔塔的加布里埃尔和休杰·克曼(Hugh Jackman)的斯坦利(Stanley)之间的对话强调了这一哲学:
>
> 斯坦利:"你怎么能证明这一切?"
>
> 加布里埃尔:"斯坦利,你需要从大局出发。你有能力治愈世界上所有的疾病,但代价是你必须杀死一个无辜的孩子,你能杀死那个孩子吗,斯坦利?"
>
> 斯坦利:"不能。"
>
> 加布里埃尔:"你让我很失望,上面这种方式其实是最好的。"
>
> 斯坦利:"那杀10个无辜者怎么样?"
>
> 加布里埃尔:"现在你明白了,杀100个能怎么样?1000个又能怎么样?我们不是要拯救世界,而是要保护我们的生活方式。"

(3) 未经授权访问计算机/数据(Unauthorized Access to Computer/Data)。如果研究人员能够访问他们想要的任何系统,可以学到很多关于用户和系统行为的知识。使用与恶意用户相同的技术,研究人员可能会访问任何系统。但是,这种访问将是非自愿的和未经授权的。学术界认为这是不符合伦理的行为,并且已经记录在我们稍后将讨论的各种伦理准则中。同样重要的是,要注意到这种行为在许多国家也被归类为非法行为,并可能产生刑事或民事后果。

(4) 不义之财的研究用途(Research Use of Ill-gotten Goods)。不义之财(Ill-gotten Goods)是指非法获得的物品。通过非法手段收集的数据集经常被公开发布。利用这些数据集进行研究是否合乎伦理?许多研究论文[3-4]使用了非法发表的数据集。这是一个仍在争论的伦理问题[5],但在这一点上,似乎如果这个案例可以为共同利益辩护,那么,使用已经公布的数据集就是合乎伦理的。稍后我们将在数据隐私部分更详细地讨论这个问题。

(5) 隐私(Privacy)。网络空间融入我们的生活以后,隐私是世界上的一个主要话题。隐私的定义仍在争论中,研究中如何确保隐私仍不确定。有大量的研究案例表明,很多充分匿名的数据集仍然暴露了私人信息[6]。我们将在本章后面更详细地讨论数据隐私问题。

(6) 最终用户许可协议(End User License Agreement,EULA)和服务条款(Terms of Service,TOS)。随着计算机世界从所有权模型向许可模型转变,最终用户许可协议和服务条款已经成为网络空间的重要组成部分。最终用户许可协议通常包括对软件和服务允许的限制。限制通常包括与网络安全研究相关的项目,如限制反向工程或数据收集和网络抓取。合理使用，这个概念决定了什么是在版权法允许的教育目的，在这里发挥了作用，但这并不是一个明确的伦理问题。已有研究打破了服务条款，但什么时候在伦理上接受为了研究不再顾及是否打破服务条款[7]或最终用户许可协议，仍然是一个公开的争论[8]。

（7）漏洞披露（Vulnerability Disclosure）。漏洞披露是网络安全伦理研究中讨论最多的话题之一。网络安全研究人员的核心工作是发现网络空间漏洞，披露漏洞的过程是一种伦理困境。从个人角度讲，研究人员无权公开披露漏洞，除非有一个防止漏洞利用的方法支持这个做法。研究人员需要将漏洞情况通知软件和服务供应商。然而，尽管供应商应该修复漏洞，但并没有任何法律或责任上的理由强制他们这样做。人们渐渐发现，并不是所有的供应商都采取合乎伦理的行为，这让信息披露陷入了两难境地。如果供应商不修复这些漏洞，就会让用户公开面对漏洞利用[9]。在这种情况下，更合乎伦理的做法是公开披露漏洞，称为全面披露（Full Disclosure），并告知用户哪些供应商优先考虑安全。虽然这种伦理状况尚未得到明确的认可，但目前流行的做法称为负责任披露[10]。在负责任披露（Responsible Disclosure）中，漏洞首先是私下向供应商披露的。如果他们在 6 个月内没有提供足够的证据来解决漏洞，那么，就会被公开披露。

15.2 网络安全伦理史

就像一个科学领域一样，伦理研究随着时间的推移而成长和发展。随着研究人员突破知识的界限，他们也推动了社会可接受性的界限。当有问题的研究发生时，它迫使国际科学界制定伦理准则，以防止其他人重蹈覆辙。科学史上有许多"坏"研究的例子导致了我们目前的伦理实践。其中一些伦理非常具有攻击性，以至于他们的研究成果可以推广到包括网络安全在内的所有研究领域。

第二次世界大战时，纳粹为战俘建立了集中营。在这些集中营里，纳粹医生在囚犯身上做实验。显然，这些囚犯没有同意，也没有自愿参与实验。这项研究是第二次世界大战中最大的暴行之一。战后参与研究的人被送上法庭，引发了对伦理和合法性研究的定义需求，由此开发了《纽伦堡法典》（Nuremberg Code）[11]。《纽伦堡法典》规定了人类受试者研究（Human Subjects Research）的原则，包括参与者知情同意的要求、使用胁迫的限制以及限制参与者的风险。

大约在同一时间，直到 20 世纪 70 年代，塔斯基吉梅毒实验才开始。这项研究包括研究非洲裔美国人男性未经治疗的梅毒进展。这项研究的前提是参与者在项目中可以得到免费的治疗。然而，大多数参与者既没有被告知他们患有梅毒，也没有被告知在研究中发现的治疗方法。青霉素在 20 世纪 40 年代末成为所有梅毒诊断的治疗方法，但研究人员既没有告知参与者这一点，也没有提供任何治疗。这项研究一直延续到 1972 年，直到告密者将信息泄露给公共媒体[12]。这项研究中发现的伦理问题导致了贝尔蒙特（Belmont）报告，该报告为医学和行为研究参与者的伦理治疗提供了指导。这还导致了机构审查委员会（机构审查委员会）的产生，作为对伦理实践的一种制衡。机构审查委员会已经成为人类课题研究的一个重要组成部分，我们将在本章后面进行更详细讨论。

网络安全领域研究始于电话飞客（Phreaker）的草根运动。盗拨（Phreaking），也称为电话盗用（Phone Freaking），是一种由对研究、理解和操纵电话通信系统感兴趣的技术人员组成的文化运动。电话飞客对硬件和模拟通信协议进行逆向工程，以了解电话系统的工作和操作方式。这项研究和实验的主要目标之一是开发操作与利用系统的方法，以获得免费服务，如长途电话。盗拨文化是网络安全研究的二元性和伦理困境的首次体现，研究和实验电话系统并不违法或不合乎伦理。直到运动中的一些人利用所获得的知识来实现免费电话，才跨越了法律的界限。

20 世纪 80 年代末，康奈尔大学（Cornell University）的研究生罗伯特·莫里斯（Robert Morris）想要研究互联网的规模。为了执行这项研究，他创建并传播了第一个蠕虫，使用了在 ARPANET 上主流部署的 Unix 平台上的易受攻击服务的多个漏洞利用。莫里斯在开发并繁殖蠕虫的过程中犯了一个错误，以至于多次使病毒感染机器并阻止了正常操作。这是第一个被广泛宣传的网络蠕虫病毒。在其他不知情的计算机中强行插入代码的行为不仅不合乎伦理，而且是非法的。莫里斯是第一个根据《计算机欺诈和滥用法案》被判重罪的人。

> **你知道吗？**
>
> 电话飞客（Phreaker）用来获得免费长途电话的第一种方法是将 2600Hz 音调播放到电话中。约翰·德雷珀（John Draper）发现，装在嘎呲船长（Captain Crunch）麦片盒中的玩具口哨能吹出完美的 2600Hz 音调，使长距离线路被认为未使用（空闲），以用于盗拨（Phreaking）。由于这一发现，德雷珀获得了嘎吱船长的绰号。

红色代码蠕虫（the Code Red Worm）是 2001 年的重大安全事件，它造成了广泛的破坏。红色代码蠕虫利用 Microsoft IIS Web 服务器中的漏洞进行传播。20 天后，受感染的系统将开始对 IP 地址列表拒绝服务（DoS）。针对这种蠕虫病毒，两位漏洞研究人员开发了针对代码红虫的修复程序，并将其打包成蠕虫病毒[13]。一个绿色命名代码将监视代码红色的攻击，并将阻止漏洞利用，然后将自身复制到攻击机器进行清理。这种方式中，绿色代码是一个自我传播的修补蠕虫。但是，业界认为这不符合伦理，并且会对未经授权修补的系统造成风险。研究人员也同意这一观点，他们只发布了修补蠕虫的源代码。绿色代码蠕虫虽然从未被释放，但其想法经常被重现,并且再次被认为[14]可以对抗最近看到的大规模 DDoS 攻击[15]。

2001 年,两组研究人员受数字版权管理(DRM)研究人员的影响[16],埃德·费尔顿(Ed Felton)和一组研究人员撰写了一篇论文,讨论了安全数字媒体计划(Secure Digital Media Initiative,SMDI)数字版权管理系统的弱点。在第四届国际信息研讨会上发表论文之前,SMDI 代表联系了费尔顿,声称如果公开发布有关其数字版权管理软件的任何信息,根据"数字千年版权法案"(DMCA)他将被起诉。费尔顿没有公开他的研究结果。后来,在电子前沿基金会(Electronic Frontier Foundation)的帮助下,法院停止了诉讼,而费尔顿也最终在优思尼克斯安全研讨会(Usenix Security Workshop)上发表了这篇论文。在 2001 年,德米特里·斯凯拉罗夫(Dmitry Skylarov)为他的雇主易康软件(ElcomSoft)开发了一个电子书处理软件,该软件规避了 Adobe 电子书技术的 DRM 安全保护。在斯凯拉罗夫(Skylarov)介绍他如何破解 DefCon 的 ROT-13 DRM 保护后,他被捕并被指控违反了"数字千年版权法案"。最终,虽然指控被取消,但这两个案例都突出了与网络安全和版权法的紧张关系。

2005 年,安全研究员迈克尔·林恩(Michael Lynn)准备展示思科 iOS 系统中的漏洞。思科威胁说,如果林恩(Lynn)出席发布会,思科将对他提起诉讼[17]。林恩的雇主互联网安全系统(ISS)公司也试图阻止他的研究。林恩选择放弃他的工作并展示了他发现的漏洞。思科和 ISS 提起诉讼,这些诉讼在庭外和解中得到了禁止进一步发布研究报告的禁令。这个事件是围绕公开漏洞披露是否符合伦理的最广为人知的事件之一。虽然不是绝对的,但研究界已经就负责任披露达成了一致。

2011 年,艾伦·斯沃茨(Aaron Swartz)基于《计算机欺诈与滥用法案》(Computer Fraud and Abuse Act)被捕,原因是他在麻省理工学院(MIT)校园内将一台计算机与一个网络壁橱的开关连接起来,从 JSTOR 学术知识库自动下载论文,并作为开放科学运动的一部分公开[18]。美国政府根据《计算机欺诈与滥用法案》(Computer Fraud and Abuse Act)的 13 项不同条款起诉了斯沃茨[19],最终导致他在 2013 年自杀。这个关于新兴的开放科学运动及其与法律条文之间冲突的案例广受关注。此后,一些活动人士和政府官员提出了《亚伦法》(Aaron's Law)以修改《计算机滥用与欺诈法案》(Computer Abuse and Fraud Act,CFAA),将违反服务条款的行为视为刑事犯罪。

15.3 伦理标准

网络安全研究没有具体的伦理行为标准。但有一些通用的行为标准可以作为指导行为参考。本节描述的伦理标准与网络安全研究相关。但这些标准并没有涵盖网络安全研究的所有情况。因此，虽然遵循这些标准是好的，但这些标准并不假定未涵盖的场景是自动合乎伦理的。

15.3.1 美国计算机协会

美国计算机协会（Association for Computing Machinery，ACM）是从事通用计算研究的主要专业组织之一。ACM 采用了一套适用于其支持的所有研究领域的通用伦理。这些适用于网络安全，但缺乏对网络安全用例的唯一性。ACM 的伦理和职业行为准则所概述的指导方针期望每个成员遵守和遵从[20]。以下是 ACM 定义的伦理准则的简要概述。

1. 一般道德责任

ACM 成员应该承担如下职责：

1.1 为社会和人类福祉做贡献。

1.2 避免伤害他人。

1.3 诚实可靠。

1.4 公平对待，不采取歧视的行动。

1.5 尊重产权包括版权和专利。

1.6 给予知识产权适当的信用。

1.7 尊重他人隐私。

1.8 保守保密。

2. 更具体的专业职责

ACM 计算专业人员应该承担如下职责：

2.1 力求在专业工作的过程和产品中达到最高的质量、效率和尊严。

2.2 获得并保持专业能力。

2.3 了解并尊重与专业工作有关的现行法律。

2.4 接受并提供适当的专业评审。

2.5 对计算机系统及其影响进行全面、彻底的评估，包括对可能存在的风险进行分析。

2.6 履行合同、协议和分配的职责。

2.7 提高公众对计算及其后果的理解。

2.8 只有在获得授权时才访问计算和通信资源。

3. 组织领导责任

ACM 会员和组织的领导应该完成如下职责：

3.1 明确组织单位成员的社会责任，并鼓励他们充分承担这些责任。

3.2 管理人员和资源，设计和构建信息系统，确认和支持组织计算与通信资源并授权其使用。

3.3 确保用户和受系统影响的人在评估与设计需求时清楚地表达他们的需求并对系统进行验证以满足需求。

3.4 明确并保护受计算系统影响的用户和其他人的权利的政策。

3.5 为组织成员创造学习计算机系统原理和局限性的机会。

4. 遵守守则

ACM 会员应该完成如下职责：

4.1 维护和推广本准则的原则。

4.2 将违反本准则的行为视为与 ACM 的成员资格不一致。

> **你知道吗？**
>
> ACM 准则定义的"损害"是指伤害或负面后果，如意外的信息损失、财产损失、财产损害或有害的环境影响等。这一原则禁止使用计算技术时损害用户、公众、雇员、雇主任何一方利益。有害的行为包括故意破坏或修改文件和程序，导致严重的资源损失或不必要的人力资源开支，如清除系统中的"计算机病毒"所需的时间和精力。
>
> "善意的行为，包括那些完成任务的行为，可能会导致意外伤害。在这种情况下，责任人有义务尽可能地消除或减轻消极后果。避免意外伤害的方法是仔细考虑在设计和实现过程中做出的决策对所有受影响的人的潜在影响。"这似乎与网络安全问题特别相关。

ACM 提供一项服务，会员可以向 ACM 伦理学家委员会提出伦理问题。提出的一些问题在专栏中得到了回答。但是，由于 ACM 是一个研究团体组织，该建议并不是法律建议或 ACM 组织的正式认可。但这对于有问题的研究来说可能是一个有用的途径。

15.3.2 电气和电子工程师学会

电气和电子工程师学会（Institute of Electrical and Electronics Engineers，IEEE）是另一个从事技术领域研究的大型专业协会。IEEE 还定义了一套广泛的所有成员应该遵守的伦理准则。

15.3.3 IEEE 伦理准则

IEEE 认识到其技术对世界各地的生活质量有重要影响，要求成员履行对专业、同事、服务团体的应尽义务，承诺遵守最高伦理和职业操守[21]，具体如下：

（1）承担与公众安全、健康和福利相一致的决策责任，及时披露可能危及公众或环境的因素；

（2）尽可能避免实际或察觉到的利益冲突，并在确实存在时将其披露给受影响的各方；

（3）根据现有数据如实陈述或估算赔偿金额；

（4）拒绝一切形式的贿赂；

（5）提高对技术、适当应用以及潜在后果的认识；

（6）保持和提高我们的技术能力，并仅在经过培训或实践证明合格，或在充分披露相关限制后，才为他人承担技术任务；

（7）寻求、接受和提出诚恳的技术工作批评，承认并纠正错误，正确评价他人的贡献；

（8）公平对待所有人，不从事基于种族、宗教、性别、残疾、年龄、国籍、性取向、性别认同或性别表达的歧视行为；

（9）避免以虚假或者恶意的行为损害他人及其财产、名誉或者就业；

（10）协助同事和合作者的专业发展，并支持他们遵守本伦理准则。

只有在满足以下条件后，才会修改 IEEE 伦理准则。

（1）提议的修改应至少在董事会最终审议前 3 个月在研究院（THE INSTITUTE）公布，并征求意见。

（2）所有 IEEE 主要董事应有机会在董事会采取最终行动之前讨论拟议的修改。

（3）在会议法定人数出席条件下，在表决时出席会议的董事会成员的 2/3 投赞成票，则需要做出修改。

15.3.4　计算机伦理十诫

计算机伦理研究所（CEI）是一个公共政策机构，其宗旨是利用技术来定义伦理行为。CEI 是最早为计算机使用定义伦理的组织之一。计算机伦理十诫（Ten Commandments of Computer Ethics）[22]如下。

（1）不应使用计算机伤害他人。

（2）不应干涉他人的计算机工作。

（3）不应窥探别人的计算机文件。

（4）不应使用计算机进行盗窃。

（5）不应使用计算机作伪证。

（6）不应复制或使用未付费的专有软件。

（7）不应使用未经授权或适当补偿的他人计算机资源。

（8）不应盗用他人的智力成果。

（9）应考虑正在编写的程序或正在设计的系统的社会后果。

（10）应始终以确保考虑和尊重人类同胞的方式使用计算机。

15.3.5 认证机构伦理

有 SANS[23]、ISC[2,24]、ISACA[25]和 ASIS[26]多个网络安全认证机构。由于这些机构提供的认证面向的是专业的网络安全从业人员而非研究人员，因此，他们的伦理更倾向于执行网络安全评估和处理用户服务。这些认证机构组成了一个联合伦理委员会，试图创建一个合并的伦理标准。但这个团队还没有生产出任何东西。

15.4 网络安全专家分类

网络安全专业人士（Cyber Security Professionals）与恶意黑客（Malicious Hackers）的区别在于他们所表现出的意图和伦理行为。由于网络安全专业人员使用的工具和技术可能与恶意黑客使用的工具和技术相同，在网络安全成为一种职业的早期，对于共享技术，存在负面观点。为了解决这个问题，网络安全专业人员根据他们的伦理和法律观点定义了不同的分类。这些分类是为了明确区分合乎伦理的安全专业人员和不合乎伦理的恶意黑客。

黑帽黑客（Black Hat Hacker）是指通过恶意或威胁行为研究并使用网络安全技术和工具获取个人利益的人。

白帽黑客（White Hat Hacker）是遵循伦理和法律行为的安全专业人员。他们的目标是帮助改善网络安全。

> **你知道吗？**
>
> 著名的软件自由拥护者理查德·斯托曼（Richard Stallman）创造了黑帽黑客和白帽黑客这两个术语。黑客一词最初的意思是了解和修补技术的人，与其流行含义网络罪犯不一致。因此，斯托曼（Stallman）基于西方老电影中的传统，好人戴白帽子、坏人戴黑帽子的原则，创造了黑帽这个词来代表犯罪黑客，而相对的是善意的白帽黑客。

灰帽黑客（Grey Hat Hacker）有改善安全的意图，但会做一些不合乎伦理的事情，如进行未经授权的黑客攻击或在没有向供应商提供前置时间的情况下完全披露漏洞。

15.5 网络安全和法律

伦理和法律在概念上有交叉部分，即两者都关注是非对错。然而，伦理和法律通常是不一致的。违法往往是不合乎伦理的，但也不是所有合法的事情都是合乎伦理的。一些伦理选择可能不会上升到犯罪的程度，但仍然是社会不能接受的行为。这些差异是因为伦理和法律由不同机构定义而造成的。

网络空间基本上没有任何国家边界。这使得网络安全的法律方面非常混乱，而且难以解释。研究有时会遇到甚至跨越合法性界限。虽然法律中对研究有一些允许，但它们并不总是能够保证合法性。因此，在进行研究时，了解网络安全的相关法律是很重要的。

法律总是在不断变化，但还是通常落后于技术的变化速度。技术进步速度很快，社会在接受技术之前需要一段时间。本节将描述一些可能影响研究的网络安全的国际性法规。这份清单并不全面，其重点是计算机滥用和数据隐私法，因为这是对数据收集和实验控制最有影响力的法律。因此，在开始进行研究之前有必要研究一下当地有关网络安全的法律。重要的是，要明白这些法律只能代表目前的情况，今天研究的合法内容未来可能不会合法，反之亦然。

15.5.1　美国

1．数字千年版权法案[27]

《数字千年版权法案》（Digital Millennium Copyright Act，DMCA）属于版权法，内容包括计算机软件和服务。DMCA 规定，破坏访问控制和密码机制是非法的。随着时间的推移，针对不同的合理使用情况添加了豁免权的概念。**合理使用（Fair Use）**是美国法律中的一个概念，它定义了在特定条件下某人可以合法使用受版权保护的材料而无须事先获得版权所有者的许可。DMCA 中的合理使用豁免权主要是为了实现互操作性和教育追求。然而，DMCA 已被用作针对从事逆向工程和漏洞发现研究人员的法律行动的工具。

2．计算机滥用和欺诈法案[28]

《计算机滥用和欺诈法案》（Computer Abuse and Fraud Act，CAFA）对非法使用计算机的行为进行了定义，并规定了处罚。这项法案已经随着时间的推移进行了修订，现在仍有人提议对其进行修改。这项法律已经多次被用来反对研究人员，所以了解研究人员在美国的法律地位是很重要的。在艾伦·斯沃茨（Aaron Swartz）案发生后，一个议员提出了一项修正案，将违反服务条款的行为定义为刑事犯罪。

3．电子通信隐私法案[29]

《电子通信隐私法案》（Electronic Communications Privacy Act，ECPA）是一项法律，规定通过电线窃听或捕获通信是非法的。除了 ECPA 之外，还有涉及窃听合法性的州法律。对于研究人员来说，了解这些法律的重要内容是如何获得许可。要合法地获取电子通信，需要得到许可。谁的许可取决于你的研究属于哪个法律管辖范围。有些国家要求双重许可，这意味着所有通信方都必须同意数据采集，而另一些国家只要求单一许可,即有一个通信方同意即可。由于许多网络安全研究都包括电子通信,了解这些法律是很重要的。

4. 个人信息的法律

网络空间被用于生活的方方面面,这意味着个人信息经常出现在网络空间中。美国已经制定了一些法律来保护个人信息。《金融服务现代化法案》规定,金融机构必须公开其对客户收集哪些个人信息,以及这些信息如何共享和使用[30]。此外,要求允许用户可以选择不使用和共享其数据。医疗保险可携带性和责任法案(Health Insurance Portability and Accountability Act,HIPPA)定义了私人健康信息(Private Health Information,PHI)以及医疗机构如何使用这些信息[31]。

15.5.2 加拿大

1. 刑法[32]

加拿大刑法规定了数据隐私,即未经授权访问通信数据是非法的。这一法律适用于任何通信,只要其中一个主体位于加拿大,就不允许拦截任何数据。

2. 个人信息保护和电子数据法案[33]

与欧盟一样,加拿大也制定了《个人信息保护和电子数据法案》(Personal Information Protection and Electronics Data Act,PIPEDA),定义有关组织如何从公众收集、使用和披露个人数据的规定。它要求公司在收集和披露数据时获得许可,并提供选择退出的权利。该法案包括多个行业部门,包括对医疗、航空和金融机构的规定。

15.5.3 英国

英国的《计算机滥用法案》(Computer Misuse Act)[34]规定了对计算机系统的非法访问、修改或使用情况。它还规定了对不同非法行为的惩罚,其中包括关于因滥用计算机而取得或出售物品合法性的规定。这项法律因其未能对违法者等级进行分类而招致批评。此外,它在获取和使用用于计算机滥用工具方面的规定也受到了批评,因为许多网络安全专业人员和研究人员利用符合这一定义的工具。

15.5.4 法国

法国的《数据保护法案》(Data Protection Act)[35]定义了个人数据以及数据控制者如何使用这些数据。该法案包括许可和披露规则。此外,还定义了无法捕获或处理的敏感个人数据的保护条款。

15.5.5 欧盟

欧洲联盟于1995年颁布了《数据保护指令》(第36号)[36],为成员国制定了保护数据隐私的指导方针，许多欧盟国家制定了后续的数据保护法案。后来通过了《通用数据保护条例》（General Data Protection Regulation，GDPR）[37]，取代数据保护指令，从2018年开始，成为所有欧盟成员国保护数据和隐私的唯一法律。

15.5.6 日本

1. 禁止未经授权访问法[38]

《禁止未经授权访问法》（Act on the Prohibition of Unauthorized Access）是日本法律，它定义了什么是未经授权的计算机系统访问和数据损害。

2. 个人信息保护法[39]

《个人信息保护法》（Act on the Protection of Personal Information）是涵盖企业数据收集和保存的日本法律，它包括数据隐私条款和选择退出以及数据共享指南。

15.5.7 韩国

《个人信息保护法案》（Personal Information Protection Act）[40]定义了数据隐私法。这项法律规定的与侵犯隐私相关的惩罚是世界上最高级别、最严厉的。

> **深入挖掘：网络安全研究与法律研讨会**
>
> 如何在现行法律定义下应对网络安全研究的挑战是一个紧迫的问题。因此，美国国家科学基金会（National Science Foundation）资助了这一主题的研讨会。该研讨会定义了这些挑战，了解了哪些研究受到阻碍，以及对法律的哪些修改会改善这种情况[41]。虽然这个研讨会以美国法律为中心，但它很好地概述了挑战以及可以制定哪些标准来改善网络安全研究与法律之间的互动。

15.6 人类受试者研究

接受任何美国联邦政府资助的组织都需要建立一个机构审查委员会。机构审查委员会也称为伦理审查委员会（Ethics Review Board）、独立伦理审查委员会（Independent Ethics Review）、研究伦理委员会（Research Ethics Board）等，是任何机构正式指定负责审查可能涉及人类（和其他敏感）受试者的研究。这个目的不是要满足绝对的标准，而是要确定研究的收益是否大于潜在的风险。有各种联邦法规将适用，如《联邦法规法典》（CFR）第45篇第56部分"保护人类主体"[42]。此外，由美国联邦药物管理局（Federal Drug Administration）资助的研究适用CFR第21篇第56部分"机构审查委员会"（INSTITUTIONAL REVIEW BOARDS）[43]，其中详细介绍了如何创建和使用机构审查委员会。动物福利的类似机构是动物保护和使用委员会（Institutional Animal Care and Use Committee，IACUC）。这项审查同样需要美国联邦政府资助。这些以及其他许多法规都是源于第二次世界大战产生的错误和恐怖事件。当纳粹和其他人以科学的名义进行可怕的研究与实验时，美国本土附近的组织推动了这些法律。例如，在20世纪（历经40年），美国公共卫生服务（Public Health Service）招募了600名自愿参加一项研究以换取食物、医疗和丧葬保险的男性，但他们没有接受治疗。这项研究从来没有告知他们患有任何疾病。他们从来没有治疗过病人（他们的资金用完了），即使普通的治疗方法是已知的和可用的。他们甚至阻止病人到别处寻求治疗。随后，研究人员通过不作为的方式，将40对夫妻和19名儿童暴露在梅毒感染环境中[44]。最近，在20世纪70年代，美国土著妇女被强迫或诱骗被迫绝育。这是一个糟糕的研究悲剧，因此，在10万~15万名育龄妇女中有4300~7万人绝育[45]。

> **深入挖掘：关于在研究中使用社交媒体的指导**
>
> 美国联邦政府经常落后于时代，不提供技术或社会趋势相关的建议。然而，国家健康研究所确实提供了在研究中使用社交媒体的指导：
>
> https://www.nih.gov/health-information/nih-clinical-research-trials-you/guidance-regardingsocial-media-tools
>
> 本指南有助于解决研究参与者、数据控制、研究计划和其他相关主题的潜在风险。

为了应对这些事件，美国国家生物医学和行为研究人类受试者保护委员会（National Commission for Protection of Human Subjects of Biomedical and Behavioral Research）的研究人员召集并起草了一份关于伦理研究的报告。所谓的《贝尔蒙特报告》（Belmont report），以其所在地命名，描述了涉及人类研究的伦理原则和指导方针，即尊重人、仁慈和正义[46]。最近，美国国土安全部（Department of Homeland Security）召集了一个小组，为网络、计算机和计算机网络研究人员制定了类似的指导方针，即《门洛报告：指导信息和通信技术研究的伦理原则》（the Menlo Report: Ethical Principles Guiding Information and Communication Technology Research）[47]。该文件还确定了以《贝尔蒙特报告》为基础的指导原则。他们采用了原来的3项原则，并将其应用于信息通信技术领域。他们还增加了第四项"尊重法律和公共利益"。随后，发布了一份有关更详细信息和示例网络安全研究的配套报告，即《将伦理原则应用于信息和通信技术研究：门洛报告的配套》（Applying Ethical Principles to Information and Communication Technology Research: A Companion to the Menlo Report）[48]。

15.6.1 机构审查委员会

贝尔蒙特报告的主要成果之一是机构审查委员会的定义和建立。机构审查委员会是作为对人类受试者研究的独立审查和检查而建立的。在发生多次对人类参与者有害的不合乎伦理的研究事件后，美国创造了机构审查委员会概念。机构审查委员会是一个由具有不同专业知识和经验的不同个体组成的组织。一般来说，由科学家和个人组成，以代表更广泛的利益。美国联邦药品管理局（Federal Drug Administration）为机构审查委员会制定了指导方针。

机构审查委员会审查包括研究计划的介绍以及伦理和风险因素与研究收益的权衡。每个机构都有自己的特定文件指南，指导如何定义研究计划提交给机构审查委员会。请研究机构审查委员会的监督内容以及他们提出的审查文件需求。为机构审查委员会填写文件可能很乏味，但它也促成经过深思熟虑和有组织的研究计划，因此，无论如何你都应该做这项工作。对研究计划的全面审查通常需要机构审查委员会的大多数成员参与。通常情况下，机构审查委员会每个月开 1~2 次会，所以你需要为审查做好安排。

受保护群体：

受保护群体（Protected Groups）是指受保护免于成为测试对象的人群。受保护群体包括经济弱势群体、种族和少数民族、儿童、老人、无家可归者、囚犯和精神病患者。把目标对准这样的群体是不合乎伦理的，这些人要么没有权利说不，要么可能无法理解风险和后果。

15.7　数据使用伦理

数据是研究的基石，也是我们观察和理解世界的门户。数据可以包含大量的信息。虽然数据提供的大部分信息与回答研究问题相关且有用，但其他信息也随之而来。一些辅助信息如果被暴露或深入研究，可能会产生负面影响。你需要了解数据以及可能存在的其他信息，以确定数据提供者面临的风险，以及是否需要采取适当的缓解措施。

由于网络空间在很大程度上是物理空间行为的投影，关于人及其行为的信息往往会出现在网络数据中。虽然这些信息很多都是无害的，但有些数据与人们的生活有关。隐私是网络数据的一个重要话题。正如法律所讨论的那样，数据的收集、保护和使用可能是一个敏感的过程，可能属于非法领域。即使是在合法的范围内，在收集和使用数据进行研究时也有一些重要的数据问题需要考虑。

15.7.1　许可

许可（Consent）是数据收集中最重要的方面之一。在收集个人数据时，重要的是，要得到他们的许可以确保其合法性和合乎伦理。许可通常包括用户签署许可书或同意许可通知。在某些情况下,许可是作为服务条款或最终用户许可协议(EULA)的一部分。许可是通过机构审查委员会审查的关键因素。

有些情况下,收集数据是为了操作目的。一般来说,以一种理由收集的数据不能以另一种理由使用。在这些情况下,通常可以对数据进行匿名化或汇总以从数据中删除个人信息。如果研究人员无法确定或发现数据来源,那么,普遍的做法是他们不再征得许可[49]。

有一些情况下,可以给予完全许可的豁免。如果一个研究人员正在研究东西的结果可能会受到参与者的知识的影响,机构审查委员会可能会允许欺骗或不完全披露[50]。研究结束后,参与者被告知实验内容,并得到事后的许可。

在严格的指导方针下,许可也可以被放弃[51]。这些放弃与网络安全研究有关。如果许可书是将参与者的身份与研究联系在一起的唯一文件,那么,失去保密性可能会造成伤害。这是一项重要的特权,因为它使人们能够研究诸如犯罪行为等敏感主题,而受试者发现参与可能会引起恶劣后果。

机构审查委员会可以很好地检查研究计划,并且可能是一些出版物的要求。然而,由于网络安全通常作为计算机科学的一个分支学科来教授,大多数网络安全研究人员并不了解它们,也不知道何时使用它们。当研究是由美国联邦基金资助,并包括人类受试者,应联系机构审查委员会。通常情况下,由于不符合要求,研究免于机构审查委员会审查,但重要的是从机构审查委员会代表那里获得豁免。

个人身份信息:

在收集网络数据时,很容易捕捉到一些个人身份信息(Personally Identifiable Information,PII)。PII 能够唯一识别或定位个人的信息。美国国家标准与技术研究院(NIST)提供的特殊出版物 800-122 的 PII 例子列表如表 15-1 所列。如你所见,一些网络数据,如电子邮件地址甚至 IP 地址就是个人身份信息。因此,在设计数据收集、存储和分析机制时,必须考虑 PII。发布 PII 有多重影响,低级别意味着发布信息的影响只会给受试者带来不便,或者会破坏受试者数据保密的协议;中等级别意味着个人身份信息发布将导致财务损失、身份盗用或公开羞辱;最终级别的影响程度高,会造成人身伤害、财产损失或监禁。

表 15-1 NIST 提供的特殊出版物 800-112 的 PII 例子

类别	例子
姓名	全名、婚前姓名、母亲的婚前姓名或别名
个人身份证号码	社会安全号码(SSN)、护照号码、驾驶执照号码、纳税人识别号码、患者识别号码、金融账户或信用卡号码
地址信息	街道地址或电子邮件地址
资产信息	互联网协议(IP)或媒体访问控制(MAC)地址或其他特定于主机的持久性静态标识符,它始终链接到特定人员或小型、明确定义的人群

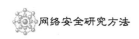

(续)

类别	例子
电话号码	移动、商业和个人号码
人物的特征	摄影图像（尤其是脸部或其他区别特征）、X射线、指纹或其他生物识别图像或模板数据（如视网膜扫描、语音签名、面部几何）
个人拥有的财产识别	车辆登记号码或标题号码及相关信息
关于与上述之一链接或链接的个人信息	出生日期、出生地、种族、宗教、体重、活动、地理指标、就业信息、医疗信息、教育信息、财务信息

在收集数据时，重要的是，要了解数据中的内容、收集到的不同信息暴露给所有者的风险，以及为了确保维护用户隐私所需的缓解措施。一些示例安全控制可以是加密存储、匿名化技术或用于获取数据访问权限的访问控制。有关 PII、如何正确评估风险以及使用何种安全控制的更多深入讨论，请参阅 NIST 特殊出版物 800-122。

15.7.2 违法发布数据

网络安全研究中常常会使用其他组织或研究人员发布的数据集。由于针对特定类型的场景（如攻击）的数据很难被研究人员获取，所以当数据集可用时，他们会成群结队地使用这些数据集。然而，并不是所有的数据都是按照合乎伦理地进行收集和发布。在这些情况下，研究人员能使用犯罪行为中收集的数据吗？

即服务攻击（Doxing Attacks）已经变得越来越常见，攻击者侵入系统，收集大量数据，将数据出售或发布给公众，以展示他们的技能，羞辱受害者。这些数据集可以包含大量通常不可用的信息：人们的通信习惯、使用的密码模式、登录模式等。研究这些数据集可以提供很好的见解和有用的知识。然而，这些数据中的用户从未许可他们的信息被用于研究。

这是一个网络安全研究领域尚未回答的伦理问题，已经有使用被盗数据的论文发表。然而，随着越来越多的数据从攻击中发布出来，这有可能成为一种更常见的情况。业界需要更深入地讨论这种情况的伦理问题，并为研究人员制定指导方针。在此之前，我们相信你必须回答的伦理问题是研究结果的效用。通过他人的漏洞利用获得的数据是否值得使用？

15.8 个人责任

15.8.1 抄袭

最常见的伦理问题之一是抄袭（Plagiarism）。抄袭就是复制他人的想法、图像、作品或内容，并将其呈现为自己的研究成果。正如人们所期望和所推进的，研究是建立在过去的结果上，因此，科学文献中很容易发生抄袭。当别人或你自己引用以前的作品时，正确引用是很重要的。有多种引用样式指南，如 MLA、APA 或 CMS。每个出版物通常都提供引用风格的指南。

为了出版而抄袭的一些常见案例包括复制别人的想法、复制自己以前的作品或者未经引用而使用别人的图形。在引用别人的观点时，重要的是，要明白抄袭不仅仅是直接复制文本，还包括重写的句子或段落。如果你在使用别人的内容，应该引用它。另一个失误是自我抄袭。自我抄袭是指你复制自己之前发表的文章。自我抄袭的问题源于出版过程和版权转让。在一般情况下，当你的论文被接受时，你就将出版物的版权转让给出版商。这意味着出版商现在"拥有"要出版的作品。当你复制作品并试图再次出版时，你是在试图转让你不再控制的版权。自我抄袭的最大问题之一是没有任何通用的指南。一些出版商提供具体指南，但是 ACM[52]或者 IEEE[53]都没有提供关于可接受的材料重用量的具体指南，以构成新的原始贡献。同事之间总有一些草根方法，但这些规则很少被记录下来，也很难找到作为参考[54]。你最好的选择是明确哪些材料被重复使用，并为你的出版商和特定的研究子领域做功课，遵循指导方针，以了解多少以前的作品可以被参考。抄袭的最后一个常见问题是图片的重复使用。抄袭不仅仅是针对文本，也是针对某人创造的所有创造性内容。因此，在使用互联网图片时必须小心。你应该假设必须引用你在论文和演讲中使用的图片。在过去几年的开源运动中，公共版权（Copyleft）就像知识共享一样发展起来。使用其中一些公共版权的图片允许你不加引用地使用它们，但是你需要确保这是许可的一部分。

在"要么出版、要么死"的压力成为常态的情况下，为了更快地出版更多的出版物，抄袭是很有诱惑力的。然而，确保符合伦理是每个研究者的个人责任，需要正确地引用所有的参考文献和制作原创材料。如果被发现抄袭，你就会被从专业组织中开除，并影响个人的职业生涯。

15.8.2 署名

与抄袭行为密切相关的伦理难题是署名信用（Authorship Credit）。出版物已经成为衡量研究人员在学术领域取得成功的唯一指标。其后果是每个研究人员都被迫发表尽可能多的论文，这会导致作者填充（Author Padding）[55]。作者填充是指将其他姓名作为作者添加到出版物中，以赞许更多人。如果你曾经评阅过论文，总有 1~2 篇论文列出了一长串作者，你总在想他们是否都对论文做出了重大贡献。论文应该是对科学界的原创贡献，只有那些对论文创作做出重大贡献的人才应被列入作者名单[56]。

虽然我们都喜欢对彼此友好和慷慨，但这不应该导致在论文中增加作者。此外，也可能有这样的情况，有权威的人可能会要求把他们写进论文，而他们不应该写进去。相反，你可以通过多种方式来感谢那些不在作者名单上的人的帮助。你可以在论文中加入致谢部分，感谢他人的帮助和支持。出版过程的完整性取决于那些制作新内容和原创内容的人的信用。

> **你知道吗？**
>
> 署名指南因研究领域而异。粒子物理和天文学等领域的研究发展需要非常昂贵的仪器，需要许多研究人员和研究机构的多年合作生成数据集来回答科学问题。这些领域论文的作者可以有数百人之多，说明多年来众多研究人员参与，才能实现这些结果。最近的一个例子是首次发现引力波，这为爱因斯坦的广义相对论提供了证据。探测引力波需要数亿美元和 20 年的工作。因此，第一篇检测论文[57]包括来自 133 个研究机构的 1011 名作者。

15.9　小结

本章讨论了网络安全伦理的不同方面。正如你所看到的，伦理可以基于专业组织制定的标准，可以来自法律，甚至可以是由其他人在过去所做研究制定的事实上的标准。在伦理问题上，行为合乎伦理的责任落在每个个体研究者的肩上。你的工作是确保你在研究中采取的研究设计、方法和数据收集行为合乎伦理。科学界已经建立了同行评审和机构审查委员会等机制与流程以发现不合乎伦理的行为，但何时使用由研究人员自行决定。成为研究人员可以让你了解和改变世界，但是这种能力伴随着确保你不会造成损害或伤害的责任。伦理应该是每个研究项目和计划的组成部分。在研究的每一步，你都应该问问自己和你的同事，你所做的是否合乎伦理。只有把伦理作为一项高度优先的事项，科学界才能确保世界变得更美好，而不是制造暴行。

参考文献

1. BBC. (July 19, 2012). *Huge Spam Botnet Grum Is Taken Out by Security Researchers*. Retrieved February 26, 2017, from http://www.bbc.com/news/technology-18898971.
2. Goodin, D. (April 09, 2016). *Researchers Help Shut Down Spam Botnet That Enslaved 4,000 Linux Machines*. Retrieved February 26, 2017, from http://arstechnica.com/security/2016/04/researchers-help-shut-down-spam-botnet-that-enslaved-4000-linux-machines/.
3. Weir, M., Aggarwal, S., Collins, M., and Stern, H. (2010). "Testing metrics for password creation policies by attacking large sets of revealed passwords," in *Proceedings of the 17th ACM Conference on Computer and Communications Security (CCS'10)*.

4. Dickey, R. (2015). Taking a Closer Look at Cracked Ashley Madison Passwords. Avast, September.
5. Egelman, S., Bonneau, J., Chiasson, S., Dittrich, D., and Schechter, S. (February 2012). "It's not stealing if you need it: A panel on the ethics of performing research using public data of illicit origin," in *International Conference on Financial Cryptography and Data Security* (pp. 124–132). Springer Berlin Heidelberg.
6. Ohm, P. (2010). Broken Promises of Privacy: Responding to the Surprising Failure of Anonymization. *UCLA Law Review, 57,* 1701.
7. Kirkegaard, E. and Bjerrekær, J. D. (2014). *The OKCupid Dataset: A Very Large Public Dataset of Dating Site Users.* Open Differential Psychology.
8. Electronic Frontier Foundation. (January 08, 2016). *Coders' Rights Project Reverse Engineering FAQ.* Retrieved February 26, 2017, from https://www.eff.org/issues/coders/reverse-engineering-faq.
9. Schneier, B. (January 23, 2007). *Debating Full Disclosure.* Retrieved February 26, 2017, from https://www.schneier.com/blog/archives/2007/01/debating_full_d.html.
10. Berinato, S. (January 01, 2007). *Software Vulnerability Disclosure: The Chilling Effect.* Retrieved February 26, 2017, from http://www.csoonline.com/article/2121727/application-security/software-vulnerability-disclosure–the-chilling-effect.html.
11. Code, N. (1949). The Nuremberg Code. Trials of war criminals before the Nuremberg military tribunals Under Control Council Law 10, 181–182.
12. United States. (1978). *The Belmont Report: Ethical Principles and Guidelines for the Protection of Human Subjects of Research.* Bethesda, MD: The Commission.
13. Edwards, M. (September 3, 2001). *Code Red Turns CodeGreen.* Retrieved February 26, 2017, from http://windowsitpro.com/security/code-red-turns-codegreen.
14. Pauli, D. (October 31, 2016). *Boffin's Anti-Worm Bot Could Silence Epic Mirai DDoS Attack Army.* Retrieved February 26, 2017, from http://www.theregister.co.uk/2016/10/31/this_antiworm_patch_bot_could_silence_epic_mirai_ddos_attack_army/.
15. Arghire, I. (October 28, 2016). *Mirai Botnet Infects Devices in 164 Countries.* Retrieved February 26, 2017, from http://www.securityweek.com/mirai-botnet-infects-devices-164-countries.
16. Electronic Privacy Information Center. (March 29, 2004). *EPIC Digital Rights Management and Privacy Page.* Retrieved February 26, 2017, from https://epic.org/privacy/drm/.
17. Lemos, R. (July 27, 2005). *Cisco, ISS File Suit Against Rogue Researcher.* Retrieved February 26, 2017, from http://www.securityfocus.com/news/11259.
18. Sieradski, D. J. (March 30, 2014). *Aaron Swartz and MIT: The Inside Story—The Boston Globe.* Retrieved February 26, 2017, from https://www.bostonglobe.com/metro/2014/03/29/the-inside-story-mit-and-aaron-swartz/YvJZ5P6VHaPJusReuaN7SI/story.html.
19. United States of America v. Aaron Swartz (United States District Court District of Massachusetts July 14, 2011).
20. Association for Computing Machinery. (July 29, 2016). *Code of Ethics.* Retrieved February 26, 2017, from http://ethics.acm.org/code-of-ethics/.
21. Institute of Electrical and Electronics Engineers. *IEEE Code of Ethics.* Retrieved February 26, 2017, from http://www.ieee.org/about/corporate/governance/p7-8.html.
22. Computer Ethics Institute. *Ten Commandments of Computer Ethics.* Retrieved February 26, 2017, from http://computerethicsinstitute.org/publications/tencommandments.html.
23. SANS. (April 24, 2004). *IT Code of Ethics.* Retrieved February 26, 2017, from https://www.sans.org/security-resources/ethics.
24. (ISC)². (n.d.). *(ISC)² Code of Ethics.* Retrieved February 26, 2017, from https://www.isc2.org/ethics/default.aspx?terms = code of ethics.
25. ISACA. *Code of Professional Ethics and ISACA Harassment Policy.* Retrieved February 26, 2017, from http://www.isaca.org/Certification/Code-of-Professional-Ethics/Pages/default.aspx.
26. ASIS. *Code of Ethics.* Retrieved February 26, 2017, from https://www.asisonline.org/About-ASIS/Pages/Code-of-Ethics.aspx.

27. Digital Millennium Copyright Act, Pub. L. No. 105-304, 112 Stat. 2860 (Oct. 28, 1998), codified at 17 U.S.C. 512, 1201-05, 1301-22; 28 U.S.C. 4001.
28. U.S. Code § 1030—Fraud and Related Activity in Connection With Computers.
29. Justice Information Sharing. (July 30, 2013). *Electronic Communications Privacy Act of 1986*. Retrieved February 26, 2017, from https://it.ojp.gov/privacyliberty/authorities/statutes/1285.
30. Federal Trade Commission. (July 01, 2002). *In Brief: The Financial Privacy Requirements of the Gramm-Leach-Bliley Act*. Retrieved February 26, 2017, from https://www.ftc.gov/tips-advice/business-center/guidance/brief-financial-privacy-requirements-gramm-leach-bliley-act.
31. U.S. Department of Health & Human Services Office for Civil Rights. (April 16, 2015). *The HIPAA Privacy Rule*. Retrieved February 26, 2017, from https://www.hhs.gov/hipaa/for-professionals/privacy/.
32. Government of Canada Justice Laws. (February 09, 2017). *Consolidated Federal Laws of Canada, Criminal Code*. Retrieved February 26, 2017, from http://laws-lois.justice.gc.ca/eng/acts/C-46/page-40.html#h-61.
33. Act, P. I. P. E. D. (2000). Personal Information Protection and Electronic Documents Act. Department of Justice, Canada. Full text available at http://laws.justice.gc.ca/en/P-8.6/text.Html.
34. The National Archives. (June 29, 1990). *Computer Misuse Act 1990*. Retrieved February 26, 2017, from http://www.legislation.gov.uk/ukpga/1990/18/contents.
35. Act N 78-17 of 6 January 1978 On Information Technology, Data Files and Civil Liberties, France
36. Directive, E. U. (1995). Directive 95/46/EC of the European Parliament and of the Council, 24 October.
37. General Data Protection Regulation. (April 27, 2016). Regulation (EU) 2016/679 of the European Parliament and of the Council.
38. Japan. (2013). *Act on Prohibition of Unauthorized Computer Access (Tentative translation)*. Retrieved February 26, 2017, from https://www.npa.go.jp/cyber/english/legislation/uca_Tentative.pdf.
39. Japan. (June 5, 2009). *Act on the Protection of Personal Information Act No. 57 of (Tentative Translation)*. Retrieved February 26, 2017, from http://www.cas.go.jp/jp/seisaku/hourei/data/APPI.pdf.
40. South Korea. (March 29, 2011). *Personal Information Protection Act*. Retrieved February 26, 2017, from http://koreanlii.or.kr/w/images/0/0e/KoreanDPAct2011.pdf.
41. Mulligan, D. and Doty, N. (September 28, 2015). *Cybersecurity Research: Addressing the Legal Barriers and Disincentives. Report of a Workshop convened by the Berkeley Center for Law & Technology, the UC Berkeley School of Information and the International Computer Science Institute under a grant from the National Science Foundation*. Retrieved February 26, 2017, from https://www.ischool.berkeley.edu/sites/default/files/cybersec-research-nsf-workshop.pdf.
42. U.S. Department of Health & Human Services. (February 16, 2016). *45 CFR 46*. Retrieved February 26, 2017, from http://www.hhs.gov/ohrp/regulations-and-policy/regulations/45-cfr-46/index.html.
43. US Food & Drug Administration. (September 21, 2016). *CFR—Code of Federal Regulations Title 21*. Retrieved February 26, 2017, from https://www.accessdata.fda.gov/scripts/cdrh/cfdocs/cfcfr/CFRSearch.cfm?CFRPart = 56.
44. Tuskegee Syphilis Experiment. In Wikipedia. Retrieved February 26, 2017, from https://en.wikipedia.org/wiki/Tuskegee_syphilis_experiment.
45. Ralstin-Lewis, D. M. (2005). The Continuing Struggle against Genocide: Indigenous Women's Reproductive Rights. *Wicazo Sa Review 20*(1), 71-95. University of Minnesota Press. Retrieved February 26, 2017, from Project MUSE database.
46. National Commission for the Protection of Human Subjects of Biome Beha Resea and Ryan, K. J. P. (1978). The Belmont Report: Ethical Principles and Guidelines for the Protection of Human Subjects of Research-the National Commission for the Protection of Human Subjects of Biomedical and Behavioral Research. US Government Printing Office.
47. Kenneally, E. and Dittrich, D. (2012). The Menlo Report: Ethical Principles Guiding Information and Communication Technology Research.

48. Dittrich, D., Kenneally, E., and Bailey, M. (2013). Applying Ethical Principles to Information and Communication Technology Research: A Companion to the Menlo Report.
49. US Department of Health and Human Services. (2014). Guidance Regarding Methods For De-Identification of Protected Health Information In Accordance With the Health Insurance Portability and Accountability Act (HIPAA) Privacy Rule.
50. University of California, Berkeley Committee for Protection of Human Subjects. (July 2015). *Deception and Incomplete Disclosure in Research*. Retrieved February 26, 2017, from http://cphs.berkeley.edu/deception.pdf.
51. US Department of Health and Human Services. (2005). Code of Federal Regulations (45 CFR 46). Section §46.117 Documentation of Informed Consent.
52. Association for Computing Machinery. (June 2010). *Plagiarism Policy*. Retrieved February 26, 2017, from http://www.acm.org/publications/policies/plagiarism.
53. Institute of Electrical and Electronics Engineers. *IEEE Identifying Plagiarism*. Retrieved February 26, 2017, from https://www.ieee.org/publications_standards/publications/rights/ID_Plagiarism.html.
54. Bretag, T. and Mahmud, S. (2009). "Self-plagiarism or appropriate textual re-use?." *Journal of Academic Ethics*, 7(3). 193–205.
55. Lozano, G. A. (2013). The Elephant in the Room: Multi-Authorship and the Assessment of Individual Researchers. arXiv preprint arXiv:1307.1330.
56. American Psychological Association. (n.d.). *Publication Practices & Responsible Authorship*. Retrieved February 26, 2017, from http://www.apa.org/research/responsible/publication/.
57. Abbott, B. P., Abbott, R., Abbott, T. D., Abernathy, M. R., Acernese, F., Ackley, K., ..., and Adya, V. B. (2016). Observation of Gravitational Waves From a Binary Black Hole Merger. *Physical Review Letters*, 116(6), 061102.

作 者 简 介

托马斯·W. 埃德加（Thomas W. Edgar）是美国太平洋西北国家实验室（PNNL）资深网络安全研究科学家。他完成了安全通信协议、密码信任管理、关键基础设施保护和开发网络安全科学方法等领域的研究。**埃德加**的研究兴趣包括网络安全的科学基础，以及将基于科学的网络安全解决方案应用于企业和关键基础设施环境。他的专长包括科学流程、关键基础设施安全、协议开发、网络取证、网络安全、测试平台和实验建设。埃德加拥有塔尔萨大学（University of Tulsa）计算机科学学士和硕士学位，专业是信息保障。

戴维·O. 曼兹（David O. Manz）目前是美国太平洋西北国家实验室国家安全理事会的高级网络安全科学家。他持有俄勒冈大学（University of Oregon）克拉克荣誉学院计算机和信息科学学士学位，爱达荷大学（University of Idaho）计算机科学博士学位。**曼兹**在 PNNL 的工作包括企业应变能力和网络安全、安全控制系统通信和关键基础设施安全。这也使得他的研究成为网络安全（网络安全科学）相关研究方法的应用。在 PNNL 工作之前，**曼兹**在爱达荷大学安全可靠系统中心担任了 5 年的组密钥管理协议研究员。**曼兹**也有爱达荷大学计算机科学课程本科和研究生教学经验，并在华盛顿州立大学作为兼职教师。**曼兹**在网络安全、控制系统安全和密码密钥管理方面与人合作撰写了很多论文和演讲。